YIBIAO WEIXIUGONG SHIYONG JINENG XIANGJIE

仪表维修工

实用技能详解

王景芝　编

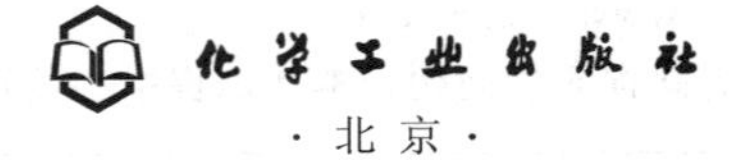

·北京·

图书在版编目（CIP）数据

仪表维修工实用技能详解/王景芝编．—北京：化学工业出版社，2013.1（2025.2重印）
ISBN 978-7-122-15629-7

Ⅰ.①仪…　Ⅱ.①王…　Ⅲ.①仪表-维修
Ⅳ.①TH707

中国版本图书馆 CIP 数据核字（2012）第 246277 号

责任编辑：卢小林　　文字编辑：云　雷
责任校对：王素芹　　装帧设计：王晓宇

出版发行：化学工业出版社（北京市东城区青年湖南街 13 号　邮政编码 100011）
印　　装：北京天宇星印刷厂
850mm×1168mm　1/32　印张 11　字数 294 千字
2025 年 2 月北京第 1 版第 17 次印刷

购书咨询：010-64518888　　售后服务：010-64518899
网　　址：http://www.cip.com.cn
凡购买本书，如有缺损质量问题，本社销售中心负责调换。

定　　价：29.00 元

前　言

自动化仪表和控制系统是生产装置的神经中枢、运行中心和安全屏障，生产中，仪表故障时有发生，能否快速、准确地判断、熟练及时地处理故障关系到生产的安全、优质、高效，同时也反映了仪表维修人员的技术水平和操作能力。

生产实践中，仪表故障千差万别，但也有一定的规律性，而处理各类仪表故障的一些成功经验，能给仪表维修人员日常工作提供解决问题的捷径和一定的帮助，促进仪表维修人员技能的提高，有益于生产安全运行。

本书结合生产实际，以仪表维护—常见故障处理—故障实例为主线，第1、2章简单介绍了仪表维修常用的仪器及工具的使用、自动化装置的故障诊断方法，第3～13章分别介绍了压力测量仪表、物位测量仪表、流量测量仪表、温度测量仪表、在线分析仪表、调节阀、安全栅等辅助单元仪表、控制系统、DCS、PLC与ESD、旋转机械状态监测系统等的维护、常见故障与处理及故障实例分析。

本书在编写过程中得到了王荣文、董亚春、张会泉、王野、国海东、侯英杰、高文革、姜海光、张敦鹏、钟永金、王洪希、田伟的支持和帮助，在此表示衷心感谢。

由于编者水平有限，难免存在不妥之处，恳请读者批评指正。

编者

前言

编者

目　　录

第 1 章 仪表维修基础

1.1 常用仪器及工具的使用

1.1.1 常用仪表工具及使用

（1）验电器

低压验电器又称试电笔或电笔，其结构如图 1-1 所示，通常有笔式和螺丝刀式两种，是用来检测低压线路和电气设备是否带电的一种常用工具，检测的电压范围为 60～500V。它由笔尖、降压电阻、氖管、弹簧、笔握金属体等组成。检测时，氖管亮表示被测物体带电。

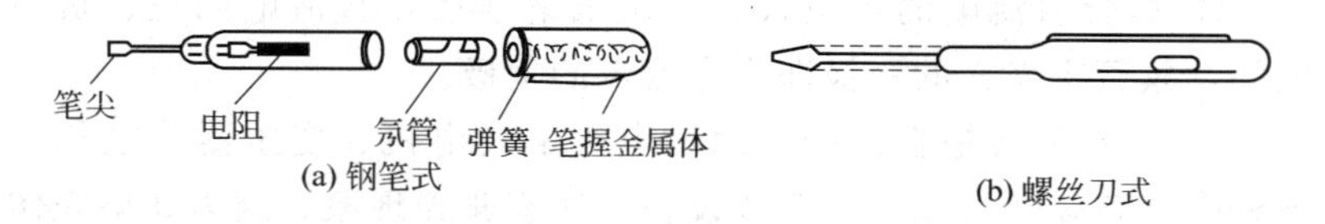

图 1-1 低压验电器

低压验电器的使用方法和注意事项如下。

① 正确握笔，手指（或某部位）应触及笔握的金属体（钢笔式）或测电笔顶部的螺钉（螺丝刀式），如图 1-2 所示。要防止笔尖金属体触及皮肤，以免触电。

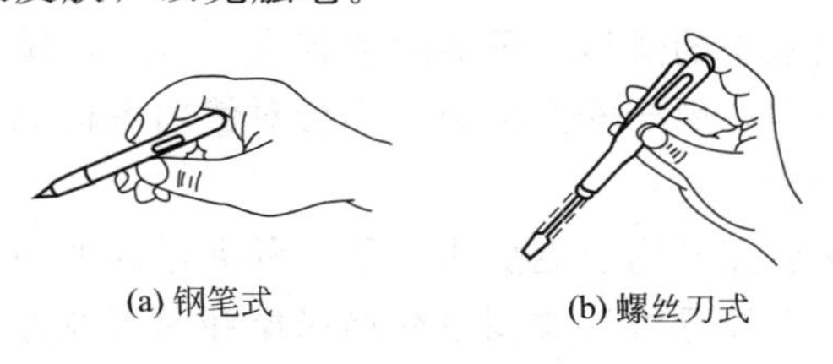

图 1-2 低压验电器的握法

② 使用前先要在有电的导体上检查电笔能否正常发光。

③ 应避光检测，看清氖管的辉光。

④ 电笔的金属探头虽与螺丝刀相同，但它只能承受很小的扭矩，使用时注意以防损坏。

⑤ 笔不可受潮，不可随意拆装或受到剧烈振动，以保证测试可靠。

低压验电笔除了用于检查低压电气设备或线路是否带电外，还可用于：

① 判断电压高低。测试时可根据氖管发光的强弱来判断电压的高低。

② 区分相线与零线。在交流电路中，当试电笔触及导线时，氖管发光的即为相线。正常情况下，触及零线是不会发光的。

③ 区分直流电与交流电。交流电通过试电笔时，氖管里的两极同时发光；直流电通过试电笔时，氖管里的两极中只有一极发光。

④ 区分直流电的正负极。把试电笔连接在直流电的正、负极之间，氖管中发光的一极即为直流电的负极。

⑤ 判断相线是否碰壳。用试电笔触及电机、变压器等电气设备外壳，若氖管发光，说明该设备相线有碰壳现象。因为如果壳体上有良好的接地装置，氖管是不会发光的。

⑥ 判断相线是否接地。用试电笔触及正常供电的星形接法三相三线制交流电时，如果有两根相线比较亮，而另一根比较暗，则说明亮度较暗的相线与地有短路现象，但不太严重；如果两根相线很亮，而另一根不亮，则说明这一根相线与地短路。

由于试电笔中的降压电阻的阻值很大，因此，试电时，流过人体的电流很微弱，属于安全电流，不会对使用者构成危险。

（2）钢丝钳

钢丝钳又名克丝钳、老虎钳，是一种夹钳和剪切工具，常用来剪切、钳夹或弯绞导线、拉剥电线绝缘层和紧固及拧松螺钉等。通常剪切导线用刀口、剪切钢丝用侧口、紧固螺母用齿口、弯绞导线用钳口。结构和用途如图 1-3 所示。常用的规格有 150mm、175mm 和 200mm 三种。

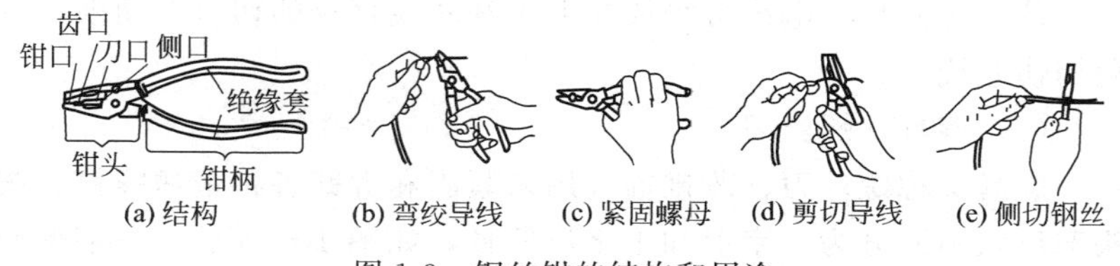

图 1-3　钢丝钳的结构和用途

钢丝钳的使用及注意事项：

① 钳把须有良好的保护绝缘，否则不能带电操作。

② 使用时须使钳口朝内侧，便于控制剪切部位。

③ 剪切带电导体时，须单根进行，以免造成短路事故。

④ 钳头不可当锤子用，以免变形。钳头的轴、销应经常加机油润滑。

(3) 尖嘴钳

尖嘴钳的头部尖细，适用于在狭小的空间操作。刀口用于剪断细小的导线、金属丝等，钳头用于夹持较小的螺钉、垫圈、导线和将导线端头弯曲成所需形状。其外形如图 1-4 所示。其规格按全长分为 130mm、160mm、180mm 和 200mm 四种。电工用尖嘴钳手柄套有耐压 500V 的绝缘套。

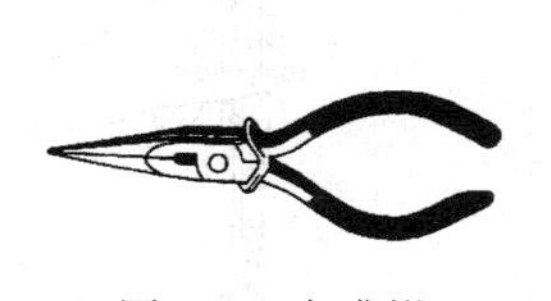

图 1-4　尖嘴钳

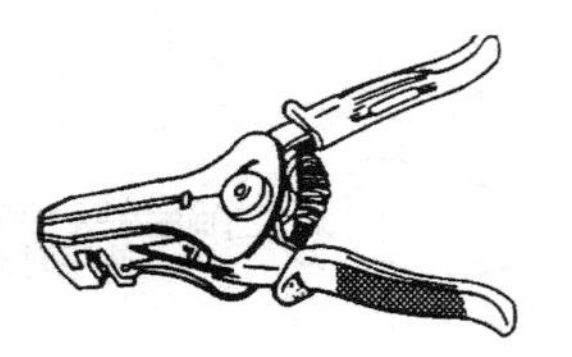

图 1-5　剥线钳

(4) 剥线钳

剥线钳用于剥削直径 3mm（截面积 $6mm^2$）以下塑料或橡胶绝缘导线的绝缘层。其钳口有 0.5～3mm 多个直径切口，以适应不同规格的线芯剥削。其外形如图 1-5 所示。它的规格以全长表示，常用的有140mm和180mm两种。剥线钳柄上套有耐压为500V的绝缘套管。

使用时注意：电线必须放在大于其芯线直径的切口上切削，以免切伤芯线。

(5) 旋具（螺丝刀）

旋具又称螺丝刀、改锥等，用来紧固和拆卸各种带槽螺钉。按头部形状不同分为一字形和十字形两种，如图1-6所示。一字形旋具用来紧固或拆卸带一字槽的螺钉，其规格用柄部以外的体部长度来表示，电工用的有50mm、150mm两种。而十字形旋具是用来紧固或拆卸带十字槽的螺钉，其规格有四种：Ⅰ号适用于螺钉直径为2～2.5mm，Ⅱ号为3～5mm，Ⅲ号为6～8mm，Ⅳ号为10～12mm。

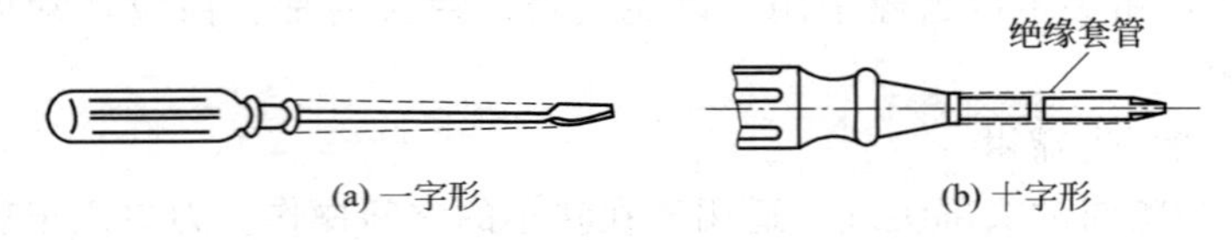

图1-6　旋具

旋具使用方法及注意事项：

① 旋具上的绝缘柄应绝缘良好，以免造成触电事故。

② 旋具的正确握法如图1-7所示。

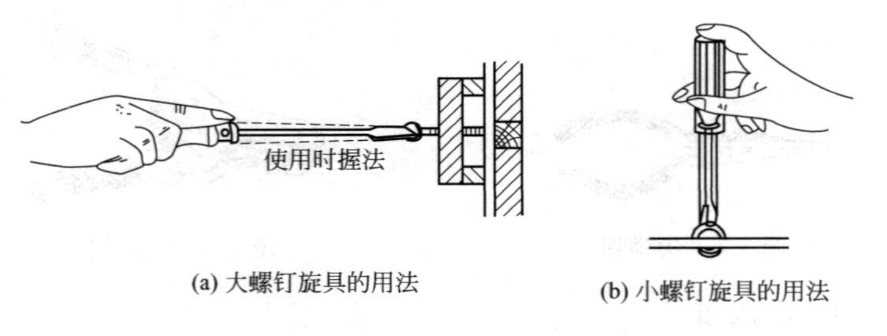

图1-7　旋具的使用

③ 旋具头部形状和尺寸应与螺钉尾部槽形和大小相匹配。不用小旋具去拧大螺钉，以防拧豁螺钉尾槽或损坏旋具头部；

同样也不能用大旋具去拧小螺钉，以防因力矩过大而导致小螺钉滑扣。

④ 使用时应使旋具头部顶紧螺钉槽口，以防打滑而损坏槽口。

（6）电工刀

电工刀是用来剖削或切割电工器材的常用工具，其外形如图1-8所示。电工刀有普通形和多用形两种。多用形电工刀除具有刀片外，还有折叠式的锯片、锥针和螺丝刀，可锯削电线槽板和锥钻木螺钉的低孔等。

使用方法和注意事项：

① 电工刀的刀口常在单面上磨出呈弧状的刃口，在剖削电线绝缘层时，可把刀略向内倾斜，用刀刃的圆角抵住线芯，刀向外推出。这样刀口就不会损坏芯线，又防止操作者自己受伤。

② 用毕即将刀折入刀体内。

③ 电工刀的刀柄无绝缘，严禁在带电体上使用。

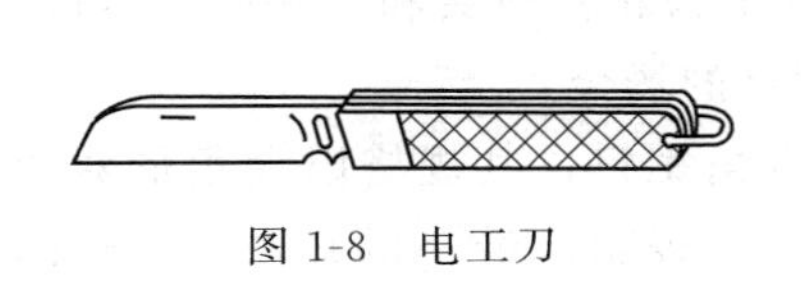

图1-8　电工刀

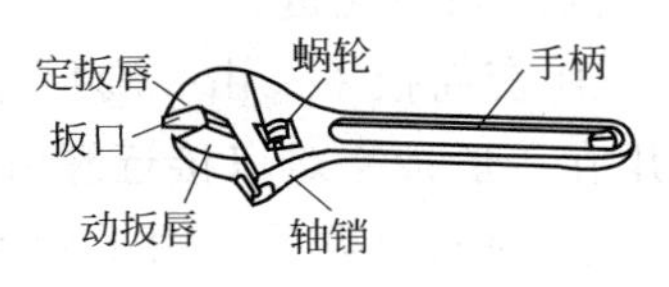

图1-9　活络扳手

（7）活络扳手

活络扳手是用来紧固或拧松螺母的一种专用工具，其结构如图1-9所示。常用的有150mm、200mm、250mm和300mm四种。

使用方法及注意事项：

① 旋动蜗轮将扳口调到比螺母稍大些，卡住螺母，再旋动蜗轮，使扳口紧压螺母。

② 握住扳头施力，握法如图1-10所示。在扳动小螺母时，手指可随时旋调蜗轮，收紧活扳唇，以防打滑。

③ 活络扳手不可反用或用钢管接长柄施力，以免损坏活络扳唇。

④ 活络扳手不可作为撬棒和手锤使用。

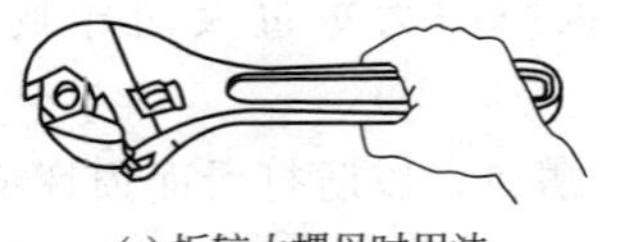

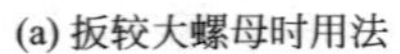

(a) 扳较大螺母时用法

(b) 扳较小螺母时用法

图 1-10　活络扳手握法

其他常用扳手：

① 呆扳手。又称死扳手，其开口宽度不能调节，有单端开口和两端开口两种形式，分别称为单头扳手和双头扳手，单头扳手的规格以开口宽度表示，双头扳手的规格以两端开口宽度表示。

② 梅花扳手。双头形式，工作部分为封闭圆，封闭圆内分布了 12 个可与六角螺钉或螺母相配的牙型，其规格表示与双头扳手相同。

③ 两用扳手。其一端与单头扳手相同，另一端与梅花扳手相同，两端同一规格。

④ 套筒扳手。由一套尺寸不同的梅花套筒头和一些附件组成，可用在一般扳手难以接近螺钉和螺母的场合。

⑤ 内六角扳手。用于旋动内六角螺钉，其规格以六角形对边的尺寸来表示，最小的规格为 3mm，最大的为 27mm。

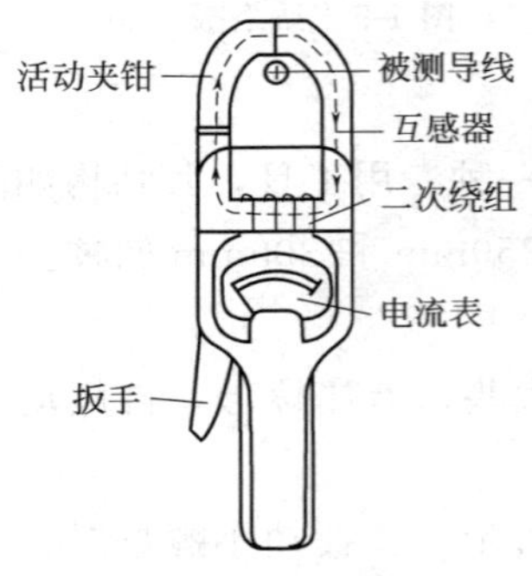

图 1-11　钳形电流表

1.1.2　钳形电流表的使用

钳形电流表又称钳形表，是电流互感器的一种变形，其准确度较低，一般在 2.5 级以下，通常在不断开电路的情况下直接测量，其外形如图 1-11 所示。

使用方法及注意事项：

① 根据被测对象不同，选择不同的钳形电流表。例如，测量交流电流时，应选用交流钳形电流表；测量直流电流时，则应选用交直流两用的钳形电流表。

② 检查钳口开合情况，要求钳口可动部分开合自如，两边钳口结合面接触紧密。

③ 检查电流表指针是否在零位，否则调节调零旋钮使其指向零。

④ 量程选择旋钮置于适当位置（若无法估计被测电流，应先用较大量程试测，再逐步换成合适的量程。对指针式表，应使指针偏转满刻度的2/3以上；对数字式表，应使读数最接近所选量程的上限值），不准在测量过程中切换电流量程开关。

⑤ 将被测导线置于钳口内中心位置即可读数，钳口必须闭紧。

⑥ 测量较小电流，为使读数准确，条件许可时，可将被测导线多绕几圈，再放进钳口进行测量，实际电流值等于仪表读数除以放进钳口中的导线圈数。

⑦ 在变、配电所或动力配电箱内要测量母线排的电流时，为了防止钳口张开而引起相间短路，最好在母线排之间用绝缘板隔开。

⑧ 为了消除钳形电流表铁心中剩磁对测量结果的影响，在测量较大的电流之后，若立即测量较小的电流，应将钳口开、合数次，以消除铁心中的剩磁。

⑨ 测量结束后将量程选择旋钮置于最高挡，以免下次使用时不慎损坏仪表。

部分钳形电流表的型号和技术数据如表1-1所示。

表1-1　部分钳形电流表的型号和技术数据

<table>
<tr><th>名称</th><th>型号</th><th>准确度等级</th><th>测量范围</th><th>1min内绝缘耐压/V</th></tr>
<tr><td>交流钳形电流表</td><td>MG4</td><td>2.5</td><td>电流：0～10～30～300～1000A
电压：0～150～300～600V</td><td>2000</td></tr>
<tr><td rowspan="2">交直流钳形电流表</td><td>MG21</td><td rowspan="2">5.0</td><td rowspan="2">0～200A，0～300A，0～400A，
0～500A，0～600A</td><td rowspan="2">2000</td></tr>
<tr><td>MG21</td></tr>
<tr><td>交流钳形电流表</td><td>MG24</td><td>2.5</td><td>电流：0～5～25～50～250A
电压：0～300～600V</td><td>2000</td></tr>
<tr><td>交流钳形电流表</td><td>T-301</td><td>2.5</td><td>0～10～25～50～100～250A
0～10～25～100～300～600A
0～10～30～100～300～1000A</td><td>2000</td></tr>
</table>

1.1.3 万用表的使用

万用表又称多用表、三用表、万能表等，是一种多功能、多量程的携带式测量仪表，一般可用来测量交直流电压、直流电流和直流电阻等多种物理量，有些还可测量交流电流、电感、电容和晶体管直流放大系数等。

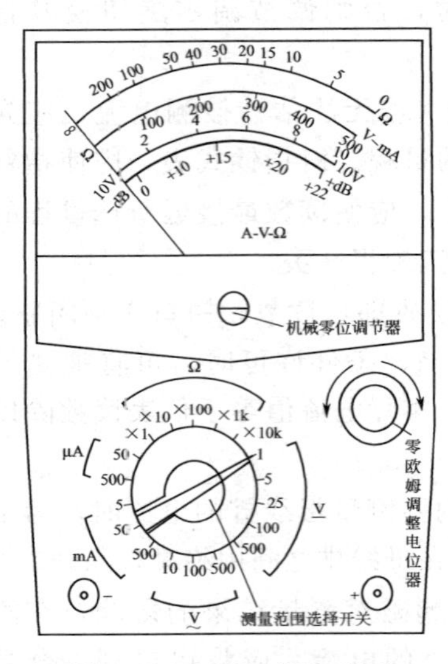

图 1-12 MF30 指针式万用表的面板图

(1) 指针式万用表

指针式万用表的型号很多，但使用方法基本相同，现以 MF30 为例介绍它的使用方法及注意事项，图 1-12 为它的面板图。

MF30 指针式万用表的使用方法及注意事项：

① 测试棒要完整、绝缘要好。

② 观察表头指针是否指向电压、电流的零位，若不是则调整机械零位调节器使其指零。

③ 根据被测参数种类和大小选择转换开关位置和量程，应尽量使表头指针偏转到满刻度的 2/3 处。如事先不知道被测量的范围，应从最大量程挡开始逐渐减小至适当的量程挡。

④ 测量电阻前，应先对相应的欧姆挡调零（即将两表棒相碰，旋转调零旋钮，示在 0Ω 处）。每换一次欧姆挡都要进行调零。如旋转调零旋钮指针无法达到零位，则可能是表内电池电压不足，需更换新电池。测量时将被测电阻与电路分开，不能带电操作。

⑤ 测量直流量时注意极性和接法：测直流电流时，电流从“＋”端流入，从“－”端流出；测直流电压时，红表棒接高电位，黑表棒接低电位。

⑥ 读数时要从相应的标尺上去读，并注意量程。若被测量是电压或电流时，满刻度即量；若被测量是电阻时，则读数二标尺读

数×倍率。

⑦ 测量时手不要触碰表棒的金属部分，以保证安全和测量准确性。

⑧ 不能带电转动转换开关。

⑨ 不要用万用表直接测微安表、检流计等灵敏电表的内阻。

⑩ 测晶体管参数时，要用低压高倍率挡（$R\times100\Omega$ 或 $R\times1\mathrm{k}\Omega$）。注意“－”为内电源的正端，“＋”为内电源的负端。

⑪ 测量完毕后，应将转换开关旋至交流电压最高挡，有“OFF”挡的则旋至“OFF”。

（2）数字式万用表

数字式万用表与指针式万用表相比有很多优点：灵敏度和准确度高、显示直观、功能齐全、性能稳定、小巧灵便，并具有极性选择、过载保护和过量程显示等。数字式万用表的型号也较多，下面以 DT890 为例介绍它的使用方法和注意事项，图 1-13 为它的面板图。

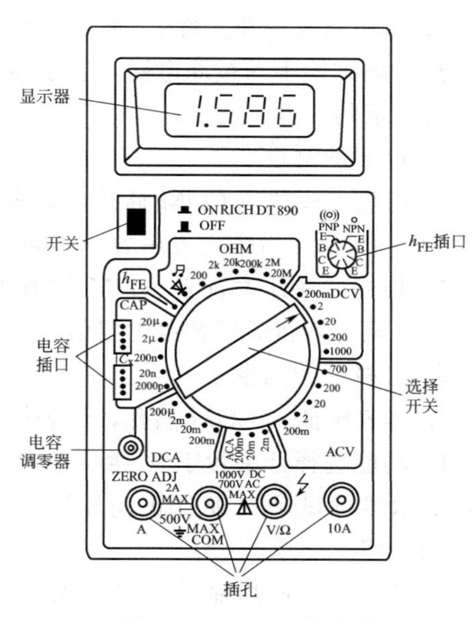

图 1-13　DT890 数字式万用表面板图

操作前将电源开关置于“ON”位置，若显示“LOBAT”或“BATT”字符，则表示表内电池电压不足，需更换电池，否则可继续使用。

① 交直流电压的测量

a. 将黑表棒插入 COM 插孔，红表棒插入 V/Ω 插孔。

b. 将功能选择开关置于 DCV（直流）或 ACV（交流）的适当量程挡（若事先不知道被测电压的范围，应从最高量程挡开始逐步减至适当量程挡），并将表棒连接到被测电路两端，显示器将显示被测电压值和红表棒的极性（若显示器只显示“1”，表示超量程，应使功能选择开关置于更高量程挡）。

c. 测试笔插孔旁的△表示直流电压不要高于1000V，交流电压不要高于700V。

② 交直流电流的测量

a. 将黑表棒插入COM插孔，当被测电流续≤200mA时，红表棒插入A孔，被测电流在200mA～10A之间时，将红表棒插入10A插孔。

b. 将功能选择开关置于DCA（直流）或ACA（交流）的适当量程挡，测试棒串入被测电路，显示器在显示电流大小的同时还显示红表棒端的极性。

③ 电阻的测量

a. 将黑表棒插入COM插孔，红表棒插入V/Ω插孔（红表棒极性为“+”，与指针式万用表不相同）。

b. 功能选择开关置于OHM的适当量程挡，将表棒接到被测电阻上，显示器将显示被测电阻值。

④ 二极管的测量

a. 黑表棒插入COM插孔，红表棒插入V/Ω插孔。

b. 功能选择开关置于“—▷|—”挡，将表棒接到被测二极管两端，显示器将显示二极管正向压降的mV值。当二极管反向时，则显示“1”。

c. 若两个方向均显示“1”，表示二极管开路；若两个方向均显示“0”，表示二极管击穿短路。这两种情况均说明二极管已损坏，不能使用。

d. 该量程挡还可作带声响的通断测试，即当所测电路的电阻在70Ω以下，表内的蜂鸣器发声，表示电路导通。

⑤ 晶体管放大系数h_{FE}的测试

a. 将功能选择开关置于h_{FE}挡。

b. 确认晶体管是PNP型还是NPN型，将E、B、C三脚分别插入相应的插孔，显示器将显示晶体管放大系数 h_{FE} 的近似值（测试条件是 $I_B=10\mu A$，$U_{CE}=2.8V$）。

⑥ 电容量的测量

a. 将功能选择开关置于CAP适当量程挡，调节电容调零器使显示器为0。

b. 将被测电容器插入“Cx”测试座中，显示器将显示其电容值。

1.1.4　示波器的使用

示波器能直接观察电信号的波形，分析和研究电信号的变化规律，还可测试多种电量，如：幅值、频率、相位差和时间等。若配以传感器，还能对一些非电量进行测量。下面以SR-8型双踪示波器为例介绍它的面板旋钮和使用方法。

（1）SR-8型双踪示波器使用

SR-8型双踪示波器是全晶体管化的便携式通用示波器。它的频带宽度为DC15MHz，可以同时观察和测定两种不同电信号的瞬间过程，并把它们的波形同时显示在屏幕上，以便进行分析比较。该双踪示波器可以把两个电信号叠加后再显示出来，也可作单踪示波器使用。

① Y轴系统　该系统的前置放大器分别由两个结构相仿的电路组成，借助电子开关能同时观察和测定两个时间信号，因此，前置通道YA和YB的性能和精度是相同的。

a. 输入灵敏度：10mV/div～20V/div，按1－2－5进位分11挡级，处于校准位置时，误差≤5%，微调增益比≥2.5∶1。

b. 频带宽度。“AC”（交流耦合）：10Hz～15MHz，≤3dB；“DC”（直流耦合）：0～15MHz，≤3dB。

c. 输入阻抗。直接输入，1MΩ/35pF。经探极耦合（10∶1），10MΩ/15pF。

d. 最大输入电压。DC耦合：250V[DC＋(ACp-p)]。AC耦合：500V(ACp-p)。

② X轴系统

a. 扫描速度：0.2μs/div～1s/div，按 1－2－5 进位分 21 挡级，误差≤5%。微调比>2.5∶1。扩展×10 时，其最快扫描速度可以达到 20ns/div。误差除了 0.2μs/div 挡≤15%外，其余各挡均≤10%。

b. 频带宽度。0Hz～500kHz，≤3dB。

c. 输入阻抗。1MΩ/35pF。

d. X 外接灵敏度≤3V/div。

③ 主机校准信号

a. 波形，矩形波。

b. 频率：1kHz，误差≤2%。

幅度：1V，误差≤3%。

工作环境：温度为（－10～＋40)℃；相对湿度≤85%。电源：电压为 220V±10%，频率为 50Hz±4%。功率消耗：约 55V·A。连续工作时间：8h。

（2）SR-8 型双踪示波器面板旋钮及说明

该示波器面板图如图 1-14 所示。

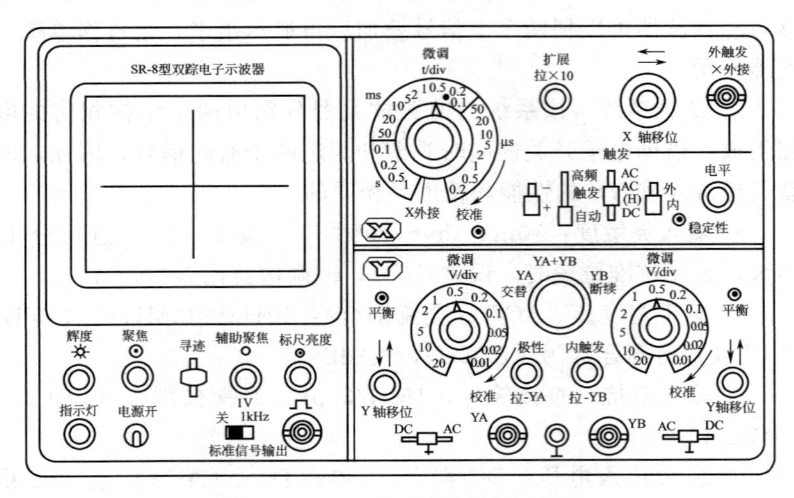

图 1-14　SR-8 型双踪示波器面板图

① 显示部分

a. “电源开”。控制本机的总电源开关。当此开关接通后，指示灯立即发光，表示仪器已接通电源。

b. “指示灯”。为接通电源的指示标志。

c. “*—辉度”。用于调节波形或光点的亮度。顺时针转动时，亮度增加；逆时针转动时，亮度减弱直至显示亮度消失。

d. “⊙—聚焦”。用于调节波形或光点的清晰度。

e. “○—辅助聚焦”。它与“聚焦”控制旋钮相互配合调节，提高显示器有效工作面内波形或光点的清晰度。

f. “⊕—标尺亮度”。用于调节坐标轴上刻度线亮度的控制旋钮。当顺时针旋转时，刻度线亮度将增加；反之则减弱。

g. “寻迹”。当按键向下按时，偏离荧光屏的光点回到显示区域，从而寻到光点的所在位置，实际上它的作用是降低Y轴和X轴放大器的放大量，同时使时基发生器处于自励状态。

h. “校准信号输出”。此插座为BNC型。校准信号由此插座输出。

② Y轴插件

a. 显示方式开关。用作转换两个Y轴前置放大器Y_A及Y_B工作状态的控制件，它有五个作用位置。

“交替”，Y_A和Y_B通道处于交替工作状态。它的交替工作转换是受扫描重复频率所控制，以便显示双踪信号。

“Y_A”，Y_A通道放大器单独工作。仪器作为单踪示波器使用。

“Y_A+Y_B”，Y_A和Y_B两通道同时工作。通过Y_A通道的“极性”作用开关，可以显示两通道输入信号的和或差。

“Y_B”，Y_B通道放大器单独工作，“断续”受电子开关的自励振荡频率（约200kHz）的控制，使两通道交换工作，从而显示双踪信号。

“断续”，电子开关以250kHz的固定频率，轮换接通Y_A和Y_B通道，从而实现双踪显示，适用于信号频率较低时。

b. “DC－⊥－AC”——Y轴输入选择开关。用以选择被测信号反馈至示波器输入端的耦合方法。置于“DC”位置时，能观察到含有直流分量的输入信号。当置于“AC”位置时，只耦合交流分量，切断输入信号中含有的直流分量。当开关置于“⊥”位置时，Y轴放大器的输入端与被测输入信号切断，仪器内放大器的输入端接地，这时很容易检查地电位的显示位置，它有操作简便的优点，一般在测试直流电平时作参考用。

c. “微调 Y/div”——灵敏度选择开关及其微调装置。灵敏度选择开关系套轴装置，黑色旋钮是Y轴灵敏度的粗调装置，从10mV/div～20V/div分11个挡级，可按被测信号的幅度选择最适当的挡级，以便观测。

当“微调”装置的红色旋钮以顺时针方向转至满度时，即“校准”位置，可按黑色旋钮所指示的面板上标称值读取被测信号的幅度值。

“微调”的红色旋钮是用来连续调节输入信号增益的细调装置，当此旋钮以逆时针转到满度（非校准位置）处时，其变化范围应大于2.5倍，因此，可连续调节“微调”装置，以获得各挡级之间的灵敏度覆盖。唯在作定量测试时，此旋钮应处在顺时针满度的“校准”位置上。

d. “平衡”。当Y轴放大器输入级电路出现不平衡时，显示的光点或波形会随“V/div”开关的“微调”转动而作Y轴轴向位移，“平衡”控制器可把这种变化调至最小。

e. “↓↑—Y轴移位”。它是用来调节波形或光点的垂直位置。当显示位置高于所要求的位置时，可逆时针方向调节，使波形向下移，如位置偏低，可顺时针方向调节，使显示的被测波形向上移动，调到所需的位置上。

f. “极性拉—Y_A”。在YA通道系统中，设有极性转换按拉式开关，当此开关拉出时，YA通道为倒相显示。

g. “内触发拉—Y_B”。该按拉式开关用于选择内触发源。在“按”的位置上（常态），扫描的触发信号取自经放大后Y_A及Y_B通道的输入信号。在“拉”的位置上，扫描的触发信号只取自Y_B通道的输入信号，通常适用于有时间关系的两路跟踪信号显示。

h. Y轴输入插座。为BNC型插座。被测信号由此直接或经探头输入。

③ X轴插件

a. “微调 t/div”——扫描速度开关。在用示波器显示电压与时间关系曲线时，通常以Y轴表示电压，X轴表示时间。

示波管屏幕上光点沿X轴方向的移动速度由扫描速度开关“t/div”所决定。该开关上“微调”电位器按顺时针方向转至满度，并接上开关后，即为“校准”位置，此时面板上所指示的标称值即扫描速度值。

b. “微调”。置于扫描速度选择套轴开关上的红色旋钮，是用来连续改变扫描速度的细调装置。此旋钮以逆时针旋至满度时为非校准位置，其扫描速度变化范围应大于2.5倍。当以顺时针转至满度并接通开关时是“校准”位置。

c. “校准”。此为扫描速度校准装置，可借助较高精度的时标信号对扫描速度校准。

d. “扩展拉×10”。本机的扩展装置系按拉式开关。在“按”的位置上仪器作正常使用。在“拉”的位置时，X轴放大显示，可扩大10倍，此时，面板上的扫速标称值应以10倍计算，放大后的允许误差值应相应增加。

e. “⇆—X轴移位”。为套轴旋钮，用来调节时基线或光点的位置。顺时针旋转时，时基线向右移；逆时针旋转时，时基线向左移。其套轴上的小旋钮系细调装置。

f. “外触发X外接”插座。为BNC型插座。可作为连接外触发信号的插座。也可用作X轴放大器外接信号输入插座。

g. “电平”。用来选择输入信号波形的触发点，使在某一所需的电平上启动扫描。当触发电平的位置越过触发区域时，扫描将不被启动，屏幕上无波形显示。

h. “稳定性”。系半调整器件。用来调整扫描电路的工作状态，以达到稳定的触发扫描，调准后不需经常调节。

i. “内外”——触发源选择开关。在“内”的位置上，扫描触发信号取自Y轴通道的被测信号；在“外”的位置上，触发信号取自外来信号源，即取自“外触发×外接”输入端的外触发信号。

j. “ACAC(H)DC”——触发耦合方式选择开关。有三种耦合方式。在外触发输入方式时，也可以同时选择输入信号的耦合方式。

“AC”触发形式属交流耦合方式，由于触发信号的直流分量已被切断，因而其触发性能不受直流分量的影响。

“AC（H）”触发形式属低频抑制状态，通过高通滤波器进行耦合，高通滤波器起抑制低频噪声或低频信号的作用。

“DC”触发形式属直流耦合方式，可用于对变化缓慢的信号进行触发扫描。

k. “高频触发自动”——触发方式开关。其作用是按不同的目的或用途转换触发方式。置于“高频”时，扫描处于“高频”同步状态，机内产生约50kHz的自励信号，对被测信号进行同步扫描，本方式通常用作观察较高频率信号的波形。开关置于“触发”时，是观察脉冲信号常用的触发扫描方式，由来自Y轴或外接触发源的输入信号进行触发扫描。开关置于“自动”时，扫描处于自励状态，不必调整“电平”旋钮，即能自动显示扫描线，适用于观测较低频率信号。

“＋－”——触发极性开关。用于选择触发信号的上升沿或下降沿部分来对扫描进行触发。

“＋”扫描是以输入触发信号波形的上升沿进行触发并使扫描启动。

“－”扫描是以输入触发信号波形的下降沿进行触发并使扫描启动。

④ 后面板　电源插座专供本机总电源输入用。采用本机提供的电源插头插保险丝座，用1A的保险丝管。

⑤ 底盖板　“Y_A增益校准”、“Y_B增益校准”分别调准Y_A、Y_B通道的灵敏度。

（3）使用方法

① 时基线的调节　将各控制件位置置于表1-2所示位置。如看不到光迹，判断光迹偏离方向，然后松开按键，把光迹移至荧光屏中心位置。

表1-2　时基线显示时控制件作用位置

控制件名称	作用位置	控制件名称	作用位置
辉度	适当	DC—⊥—AC	⊥
显示方式	Y_A 或 Y_B	触发方式	自动或高频
极性拉—Y_A	常态(按)	扩展拉×10	常态(按)
Y轴位移(↓↑)	居中	X轴移位(⇆)	居中

② 聚焦及辅助聚焦的调节　聚焦调节旋钮用于调节光迹的聚焦（粗细）程度，使用时以图形清晰为佳。把光点或时基线移至荧光屏中心位置，然后调节聚焦及辅助聚焦，使光点或时基线最清晰。

③ 输入信号的连接　以显示校准信号（1V1000Hz方波）为例，用同轴电缆将校准信号接入 Y_A 通道，Y_A 通道的输入耦合开关置于“AC”位置，根据输入信号的幅度调节旋钮的位置，灵敏度开关（V/div）置于“0.2”挡，并将其微调旋至满度的校准位置上，触发方式置于“自动”。将旋钮指示的数值（如0.2V/div，表示垂直方向每格幅度为0.2V）乘以被测信号在屏幕垂直方向所占格数，即得出该被测信号的幅度，此时，荧光屏上应显示出约5div的矩形波。

调节扫描速度，应根据输入信号的频率调节旋钮的位置，将该旋钮指示数值（如0.5ms/div，表示水平方向每格时间为0.5ms），乘以被测信号一个周期占有格数，即得出该信号的周期，也可以换算成频率。

④ 高频探头的应用　在使用高频探头测量时，输入阻抗提高到10MΩ，但同时也引进了10∶1的衰减，使测量灵敏度下降到未使用高频探头的1/10。所以在使用高频探头测量电压时，被测电压的实际值应是荧光屏上读数的10倍。

在使用高频探头测量快速变化的信号时，必须注意探头的接地点应选择在被测点附近。

⑤“交替”与“断续”的选择

a.“交替”显示方式的特点是：扫描周期要比被测信号周期长，即扫描频率要比信号频率低，否则就无法观测到完整的一个周期的波形。这种显示方式在采用低速扫描时，会产生明显的闪烁现象，甚至可以看出两个通道的转换过程。因此，“交替”显示方式不适用于观测频率较低的信号。

b.“断续”显示方式的特点是：电子开关频率要比扫描频率高得多，否则当二者频率相近时，波形将产生明显的间断现象。因此，“断续”显示方式不适用于观测频率较高的信号。

c.“交替”或“断续”显示方式的触发都应选择“内触发”，因为采用这两种显示方式所显示的波形都是经多次扫描形成的，只有取用被测信号本身做触发信号，才能做到每次扫描起点一致，也才能保证所显示的波形稳定。

对两个信号做一般比较时，如观测频率、幅度、波形失真等，采用上述“内触发”方式是可以的，但是，当涉及这两个信号之间的相位关系及时间关系时，因为触发信号是有极性的，所以只能采用其中一个通道的信号作为触发信号，这样就有了一个统一的时间标准，相位关系就能如实地显示出来。例如，SR-8 型双踪示波器的“拉—Y_B”拉出后，扫描的触发信号即取自 Y_B 通道的输入信号。两个输入信号中，选哪一个信号作为触发信号，就应把该信号从 Y_B 输入端输入。

还应注意，在观测脉冲信号时，触发方式开关应置“常态”。

(4) 使用示波器的注意事项

① 使用前，应检查电网电压是否与仪器的电源电压要求一致。检查旋钮、开关、电源线有无问题，示波器的电源线应选用三芯插头线，机壳应良好接地，防止机壳带电引发事故。

② 使用时，辉度不宜调得过亮，不能让光点长期停留在一点。若暂不观测波形，应将辉度调暗。

③ 调聚焦时应注意采用光点聚焦而不要用扫描线聚焦，这样才能使电子束在X、Y方向都能很好地聚拢。

④ 输入电压幅度不能超过示波器允许的最大输入电压。

⑤ 注意信号连接线的使用。当被测信号为几百千赫以下信号时，可用一般导线连接；当信号幅度较小时，应当用屏蔽线连接，以防干扰；测量脉冲信号和高频信号时，必须用高频同轴电缆连接。

⑥ 要合理使用探头。在测量低频高压电路时，应选用电阻分压器套头；在测量高频脉冲电路时，应选用低电容探头，并注意调节微调电容，以保证高频补偿良好。探头和示波器应配套使用，一般不能互换，否则会导致误差增加或高频补偿不当。

⑦ 定量观测应在屏幕的中心区域进行，以减小测量误差。

⑧ 对于X轴扫描带有扩展的示波器，若利用示波器本身的扫描频率能正常测试，则应尽量少用扩展功能，因为利用扩展功能要增大亮度，有损示波器的寿命。

⑨ 示波器不能在强磁场或电场中使用，以免测量时受干扰。

1.1.5　标准电桥的使用

电桥是常用仪器，它的主要特点是灵敏度和准确度高，分为直流电桥和交流电桥两大类。直流电桥主要用于测量电阻，根据结构不同，又可分为单臂电桥和双臂电桥两种。交流电桥主要用于测量电容、电感和阻抗等参数。万用阻抗电桥兼有直流电桥和交流电桥的功能。I×R数字测量仪则是一种高性能的自动阻抗测量电桥。

(1) 直流单臂电桥

直流单臂电桥又称惠斯登电桥，是一种精密测量中值电阻（1Ω～1MΩ）的直流平衡电桥。通常用来测量各种电机、变压器及电器的直流电阻。常用的有QJ23型携带式直流单臂电桥，图1-15为它的面板图。

① 面板图说明

a. 比率臂转换开关共分七挡，分别是0.001，0.01，0.1，1，10，100，1000。

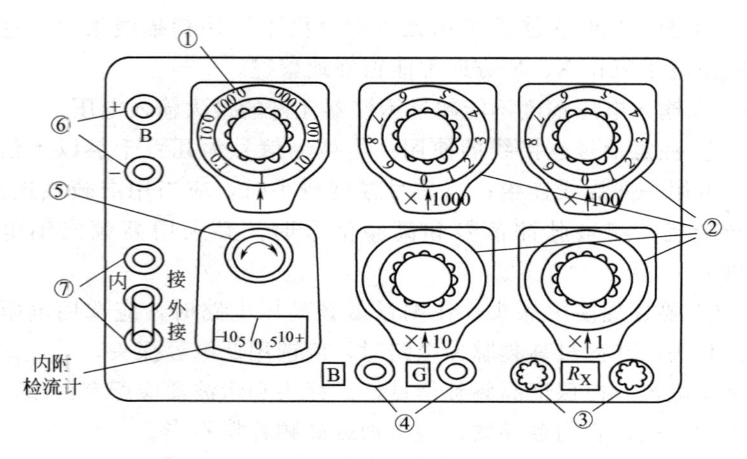

图 1-15　QJ23 型直流单臂电桥面板图

b. 比较臂转换开关由四组可调电阻串联而成，每组均有九个相同的电阻，分别为九个 1Ω，九个 10Ω，九个 100Ω，九个 1000Ω。调节面板上的四个读数盘，可得到 0～9999Ω 范围内任意一个电阻值（其最小步进值为 1Ω）。

c. 被测电阻接线端钮。

d. 按钮开关。B 为电源开关，G 为检流计支路开关。电桥不用时，应将 G 锁住（顺时针旋转），以免检流计受振损坏。

e. 检流计机械调零旋钮。

f. 外接电源接线端钮。

g. 检流计短路片及内、外接端钮。当使用机内检流计时，短路片应与“外接”端连接。当使用外接检流计时，短路片应与“内接”端连接。外接检流计从“外接”端与公共端接入。

② 测量步骤

a. 将检流计锁扣打开，调节机械调零旋钮，使检流计指针指向零。

b. 接上被测电阻 R_X，根据 I_t 阻值范围选择适当倍率，使最高倍率（×1000）示数不为零为宜。

c. 测量时，先按下电源按钮“B”，再按下检流计按钮“G”，若检流计指针偏向“＋”，则应增大比较臂电阻；若指针偏向“－”，则应减小比较臂电阻。调解平衡过程中不能把检流计按钮按死，待调到电桥接近平衡时，才可将检流计按钮锁定进行细调，直至指针调零，电桥达到平衡。

d. 根据比率臂和比较臂，按下式计算被测电阻 R_X 的值：

$$R_X = \text{比率臂比率} \times \text{比较臂电阻}$$

③ 使用直流单臂电桥注意事项

a. 测量前先将检流计指针调零。

b. 注意测量范围。直流单臂电桥以测量 1Ω～1MΩ 电阻为宜。用粗短导线将被测电阻牢固地接至标有“R_X”的两个接线端钮之间，尤其是测量小电阻时（如小于 0.1Ω 时），引线电阻和接触电阻皆不可忽略，避免带来很大测量误差。

c. 根据被测电阻的大小，选择适当的桥臂比率。在选择比率臂倍率时，应使比较臂的 4 挡电阻都能用上。这样容易把电桥调到平衡，保证测量结果的有效数字，提高其测量精度。比率臂比率选择如表 1-3 所示。

表 1-3　比率臂比率与被测电阻关系

被测电阻	比率臂	被测电阻	比率臂
1～10Ω	0.001	10～100kΩ	10
10～100Ω	0.01	100kΩ～1MΩ	100
100～1000Ω	0.1	1～10MΩ	1000
1～10kΩ	1		

d. 电流线路接通后，按钮不可长时间按下，以免标准电阻因长时间通过电流而使阻值改变。

e. 测量电感线圈的直流电阻时，应先按下电源按钮，再按检流计按钮；测量结束，应先断开检流计按钮，再断开电源，以免被测线圈的自感电动势造成检流计的损坏。

f. 发现电池电压不足时应及时更换，否则将影响检流计的灵敏度，外接电源时，应符合说明书上规定电压值。若长时间不用，应取出电池。

g. 电桥使用完毕，应先切断电源，然后拆除被测电阻，还要将检流计锁扣锁上，以防搬动过程中振坏检流计。对于没有锁扣的检流计，应将按钮断开，它的常闭接点会自动将检流计短路，从而使可动部分得到保护。

h. 测量高阻值（大于 1MΩ）电阻时，因电路中电流较小，平衡点不明显，可使用外接电源和高灵敏度检流计，但外接电压应按规定选择，过高会损坏桥臂电阻。

（2）直流双臂电桥

直流双臂电桥又称凯尔文电桥，是一种适用于测量 1Ω 以下的小电阻。在电气工程中，常常要测量金属的电导率、分流器的电阻值、电机或变压器绕组的电阻值等，在用直流单臂电桥测量这些小阻值电阻时，接线电阻和接触电阻会给测量结果带来不可忽视的误差。直流双臂电桥正是为了消除和减小这种误差而设计的。图 1-16 为直流双臂电桥 QJ103 型面板图。

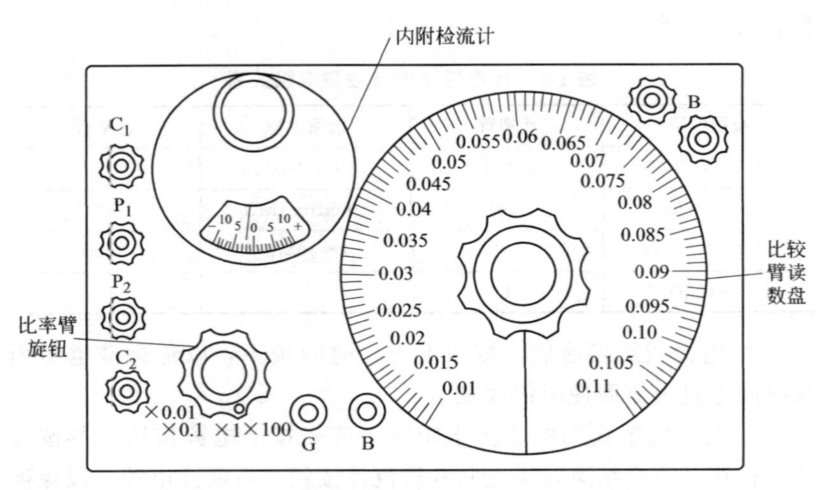

图 1-16　QJ103 型直流双臂电桥面板图

调节比率臂和比较臂转盘使电桥平衡，则：

$$被测电阻\ R_x = 比率臂比率 \times 比较臂电阻$$

使用直流双臂电桥方法与直流单臂电桥基本相同，但还应注意：

① 直流双臂电桥有四个接线端，即 P_1，P_2，C_1，C_2，其中 P_1、P_2 是电位端钮，C_1、C_2 是电流端钮。被测电阻的电流端钮和电位端钮应和双臂电桥的对应端钮正确连接。当被测电阻没有专门的电位端钮和电流端钮时，要设法引出四根线与双臂电桥连接，并用内侧的一对导线接到电桥的电位端钮上，两对接头线不能绞在一起，接线图如图1-17所示。

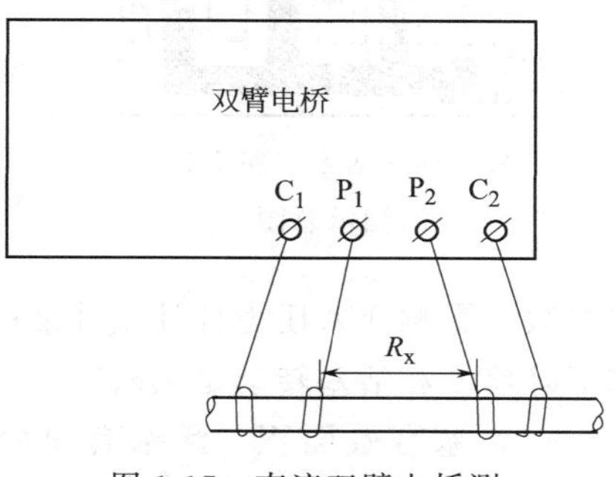

图1-17　直流双臂电桥测电阻接线示意图

② 连接导线应尽量短而粗，导线接头要除尽污物，应接触良好，并且要连接牢靠，尽量减少接触电阻，以提高测量精度。

③ 直流双臂电桥工作电流很大，测量时“B”按钮不要锁定，且使用电池测量时，操作速度要快，以避免耗电过多。测量结束后，应立即切断电源。

1.1.6　压力常用标准仪器仪表的使用

（1）活塞压力计的使用

活塞压力计是利用流体静力平衡（即作用在活塞有效面积上的流体压力与其所负荷的重力相平衡）原理进行压力测量的计量标准器。它可以向精密压力表、压力变送器、差压变送器、压力传感器、压力信号发生器及数字压力计等仪表进行信号传递，具有量程宽、精度高、技术性能稳定和使用方便等特点。一般由活塞系统、专用砝码、校验器组成。

① 活塞式压力计常见类型　按活塞有效面积的大小、力的作用部位及工作介质的不同，活塞压力计（图1-18）有以下几种类型。

a. 按工作介质分为油压式和气体式。油压式常用的工作液体

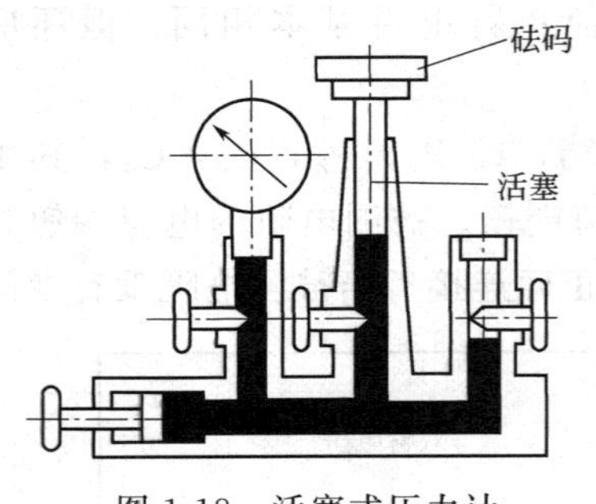

图 1-18 活塞式压力计结构示意图

有变压器油、药用蓖麻油、甘油加乙二醇混合液等。常用的工作气体有空气、氨气等。

b. 按活塞与活塞筒的结构和加载砝码方式分类。

负荷式活塞压力计、带增压器的活塞式压力计、可控间隙活塞压力计、带平衡装置的活塞式压力计。

② 活塞压力计计量性能的基本参数 影响活塞压力计计量性能的基本参数有活塞有效面积、活塞下降速度和活塞转动延续时间。

a. 活塞有效面积。活塞有效面积是活塞压力计的仪器常数。它的数值是活塞、承重底盘和砝码的合重力与活塞底部压力的比值。

b. 活塞下降速度。在规定压力下，流体从活塞间隙中泄漏所引起的活塞下降的速度。如果下降速度太大，就无法使用活塞式压力计进行压力测量。

c. 活塞转动延续时间。在规定的起始速度条件下，活塞自由旋转的时间称为活塞转动延续时间。在使用活塞式压力计时，假如活塞静止不动，则有静摩擦力减轻砝码重力；若活塞自由旋转，使活塞与活塞筒相对运动，尽可能消除它们之间直接接触而产生的机械摩擦，从而提高压力计量的准确度。因此，工作时应使活塞有一定的自由时间。

活塞压力计必须表明标称范围和测量范围，测量范围下限无法确定的按测量范围上限的10%计算。

活塞压力计的测量范围上限可在0.6MPa、6MPa、25MPa、60MPa、100MPa、160MPa、250MPa、500MPa 中选取。若与上述量程不一致，可按最近以上量程的数值选取。

压力计的基本参数如表 1-4 所示。

表 1-4 压力计基本参数

参数名称	型号									
	0.6		6		25		60		250	
测量上限/MPa	0.6		6		25		60		250	
测量下限/MPa	0.04		0.1		0.5		1		5	
活塞公称面积/cm^2	1		0.5		0.2		0.1		0.05	
带有底盘装置的活塞质量/kg	0.4		0.5		1		1		2.5	
带有底盘装置的活塞产生压力/MPa	0.04		0.1		0.5		1		5	
专用砝码公称质量/kg	0.1	0.5	0.5	2.5	1	5	1	5	2.5	5
专用砝码产生压力/MPa	0.01	0.05	0.1	0.5	0.5	2.5	1	5	5	10
专用砝码个数	6	10	4	11	4	9	4	11	1	24
工作液体	变压器油					药用蓖麻油				

d. 使用条件

温度：二等压力计使用温度为（20±2)℃；三等压力计使用温度为（20±5)℃。相对湿度：80%以下。

③ 使用方法

a. 活塞压力计应安装在便于操作、牢固无振动的工作台上，台面用坚固而富有弹性的材料制成。

b. 新购置的活塞式压力计要用高标汽油对活塞系统、压力泵、油杯、管路进行反复清洗。待汽油全部挥发后，向校验器注入清洁的工作介质，并用手轮打压，反复几次，直到校验器与活塞连接口处无气泡渗出后，将活塞筒安装在校验器上，用手轮加压至活塞筒内充满介质，再把活塞杆表面涂上工作介质后插入活塞筒内，以确保活塞系统内没有空气存在。

c. 压力计工作介质的选用非常重要。应选择在量程范围内有效的流动性，压缩率小及没有腐蚀的工作介质。一般可以选用变压器油、变压器油和煤油的混合液及药用蓖麻油。使用前一定要对其介质的运动黏度及 pH 值进行测定，符合要求后方可使用。具体要求见检定规程。

d. 活塞式压力计在工作前一定要调好水平。具体做法是：用手轮打压，使活塞升到工作位置，将条形水准仪放在承重杆托盘的平面上，转动活塞分别在水平面0°、45°、90°及135°处反复调整至符合要求。这实际上要求承重底盘平面与活塞中心线保持垂直，使砝码重力垂直作用在活塞有效面积上，二、三等级活塞式压力计的不垂直度不得超过5′。

e. 活塞式压力计的工作位置。不带限止器的活塞式压力计，活塞浸入活塞筒的位置，应为活塞全长的2/4～3/4；带有限止器的活塞不得触及限止器；带滑动轴承和带滚珠轴承的压力计，将活塞升至工作位置的指示线为活塞式压力计的工作位置。

f. 当活塞升压至所需要的压力值时，活塞在工作位置上须按顺时针方向，以30～60r/min的初角速度旋转，并能保持在工作位置。

g. 活塞式压力计的专用砝码要保持清洁。使用时轻拿轻放。加放砝码时，一定要保证砝码与砝码之间配合紧密。否则，压力计工作时转动活塞容易将砝码甩出，误伤操作人员或损坏仪器设备。

h. 活塞式压力计与专用砝码一定要按要求配套使用，因为压力计的活塞有效面积不同，与之配套专用砝码的质量也不同。

i. 活塞式压力计使用时应缓慢升压和降压，如急速加、减压力，不仅会冲击活塞，而且会有危险。

④ 注意事项

a. 活塞式压力计不使用时，应用防尘罩罩好，以防灰尘和异物落在压力计上。

b. 当二、三等压力计使用温度超过（20±5)℃时，需要进行温度修正。

c. 活塞式压力计工作介质每隔半年更换一次，同时应对压力计活塞转动延续时间、下降速度进行校验。具体要求见检定规程。

d. 使用活塞式压力计过程中，泄压时不要直接打开泄压阀，以免砝码迅速下移砸断活塞杆。先反方向旋转加压杆，待压力卸完再打开泄压阀。

e. 活塞式压力计检定周期最长为2年。

(2) 标准浮球压力计的使用

标准浮球压力计（图1-19）是一种高精度的气体压力信号源。它能进行压力量值传递和校验各种压力仪表。主要由浮球、喷嘴、砝码架、专用砝码、流量调节器、气体过滤器、压力稳定器等组成。

浮球压力计按流量调节方式分为自动调节式和手动调节式两种。

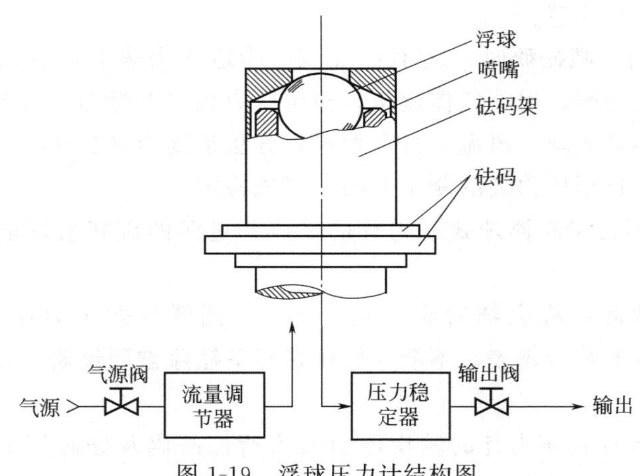

图1-19　浮球压力计结构图

① 使用条件

a. 温度：浮球式压力计应安置在温度尽可能接近于20℃，一等浮球压力计为(20±2)℃，二等浮球压力计为(20±5)℃。

b. 湿度：使用中环境空气相对湿度不大于80%。

c. 周围空气流动不大，不含有腐蚀性介质和没有任何振动源的环境中，安置浮球式压力计的工作台应稳固且便于操作。

d. 气体：使用的气体应为洁净、干燥、无油的压缩空气或瓶装氮气。气体的温度应尽量接近使用环境温度，否则应进行温度误差修正。

② 使用方法

a. 浮球压力计在使用前，先将输入、输出气路连接好，气路不允许有漏气。将气源压力调节到浮球压力计所需要的压力值。

b. 浮球压力计工作时，接通气源，将浮球置于喷嘴上，使其自由悬浮，待其稳定后再将砝码架放在浮球上。

c. 待浮球浮起后，压力计即输出一个砝码架上所标志的(0.001MPa 或 0.005MPa) 压力值。逐一按被测仪表的要求在砝码架上增、减所需压力值的砝码，调节气体流量，压力计就可以输出不同的压力信号。

操作须注意：

a. 增、减砝码时一次不宜太多，检定压力表时，在砝码架上逐步增加砝码，增加气体流量，检定压力表的上行程，直至检到压力表的测量上限，再做下行程检定，方法是逐步减少砝码，降低气体流量，直至压力表的测量下限，完成检定。

b. 不必旋转浮球式压力计的砝码，过多的旋转会影响仪器的精确度。

c. 检测进程完结后应去除砝码、关闭浮球式压力计气源阀，然后再取下被校仪表。不能在加压状态下撤除被测仪表，以免冲击浮球。

d. 浮球式压力计的输出压力值为所加砝码及砝码架上标明的压力数值之和，输出压力值的误差不超过该值的±0.05%。当输出压力值小于压力计上限值的 10%时，误差不超过上限值 10%的±0.05%。

③ 注意事项

a. 被测的仪表与浮球压力计应放置在同一水平上。若其放置的高度相差较大，则应考虑连接管内气体重力对被测仪表的影响。

b. 浮球式压力计应经常用无水乙醇清洗浮球和喷嘴。还必须对输出管路定期进行清洗和吹洗，至少每年一次。

c. 压力计的浮球、喷嘴、砝码和砝码架必须按仪器同一出厂编号配套使用，不得互换。

d. 使用时不允许有汞或任何液体进入压力计内。如浮球压力计必须与带液体的仪表连接使用时，应加装专用隔离装置；

e. 压力计上的浮球、喷嘴、砝码等零件均为不锈钢材料制造，不得加涂任何防锈油脂。

(3) 数字压力计的使用

数字压力计（或数字压力表）是采用数字显示被测压力量值的压力计，可用于测量表压、差压和绝压，具有高精度、高可靠性、高稳定性。压力测量精度达1‰和5‰，显示直观清晰、操作简便、携带方便。另外，输出模拟电压信号供数据采集系统采集处理。

其工作原理如图1-20所示，被测压力经传压介质作用于压力传感器上，压力传感器输出相应的电信号或数字信号，由信号处理单元处理后在显示器上直接显示出被测压力的量值。

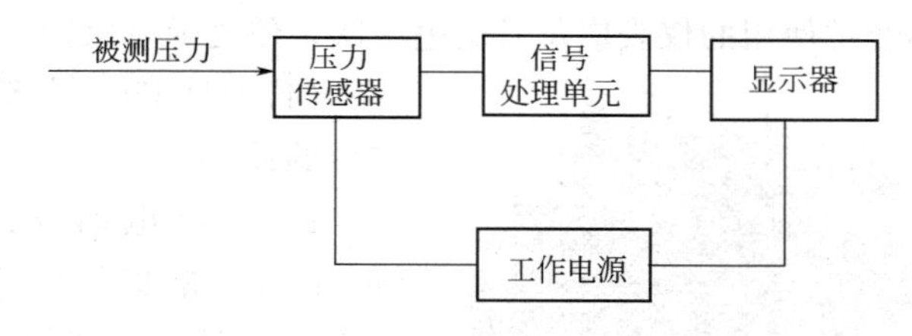

图1-20　数字压力计工作原理

① 数字压力计类型　压力计按结构可分为整体型和分离型。

压力计按功能可分为单功能型和多功能型：

a. 单功能型压力计只具有测量压力的功能；

b. 多功能型压力计除具有测量压力的功能外，还具有测量非压力参数的附加功能（如电压、电流等）。

② 使用方法

a. 将仪器水平放于灰尘少、振动小的试验平台上。

b. 使用前应接通电源预热30min以上。

c. 将数字压力计的零点-测量选择开关置于零点位，旋转零点调整钮至显示为零。

d. 数字压力计在计量单位检定后零点不可轻易调整。

e. 压力连接必须保证待测压力低于允许的极限值。

f. 根据被测压力范围选择并按下适当量程挡。

g. 将零点-测量选择开关置测量位，开始测量。超过量程，显示闪亮，则应把量程提高。

③ 注意事项

a. 正确选择数字压力计。在选择压力计测量范围时，被测压力不允许超过测量范围的允许过载能力，否则会影响零点和灵敏度。

b. 切记固体颗粒或其他硬物进入引压管内，以免损坏传感器。

c. 加压要缓慢，过分冲击会引起压力传感器元件的疲劳故障。

d. 不要超过使用温度范围，否则会引起精度下降。

e. 压力介质必须和压力传感器的材料相适应，否则会损坏传感器。

f. 不经常使用的仪表应每月送电一次，使之随时保持良好状态。

(4) HB6500 电动压力检定台的使用

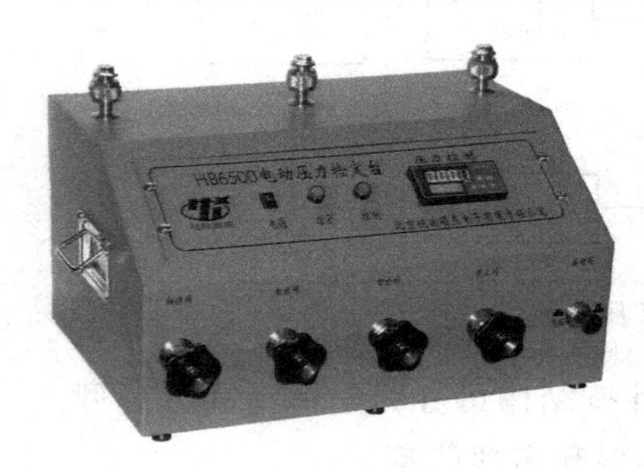

图 1-21 HB6500 电动压力检定台

HB6500 电动压力检定台(图 1-21) 是集气压造压源和真空造压源为一体的新一代自动造压压力检定/校准工作台。适用于一般压力表、精密压力表、压力变送器等压力仪表的校准。

它主要包括校验台体、电动造压系统及控制（压力源）和压力调节系统输出三部分（表 1-5)。

表 1-5 电动压力检定台的组成

简称	全　　称	功能简述
校验台体	整体式校验仪表柜及工作台	上下一体式设计
造压系统	电动气压/真空造压系统及数字控制系统	可控压力平稳
调节系统	压力输出调节系统	精密机械伺服阀、微调阀实现微量调节

① 压力控制器　是压力发生和调节系统，由电动造压泵系统、数字控制单元、压力管路、精密调节系统等组成。造压范围见表1-6。

表 1-6　造压范围

造压源	造压范围	稳定性	备　注
自动气压源	0～600kPa	小于 0.01%F.S/秒	电动
自动真空源	−80kPa～0		标准大气压下

② 总电源开关的使用方法　总电源开关安装在校验台仪表盘左侧；其中 1 为开，0 为关。

③ 自动气压/真空源使用方法　自动真空/气压源共用储压罐、控制传感器、数字控制器、精密调节阀、输出快速接头和连接管路，同时通过手动换向阀进行真空/气压之间的功能切换。真空/气压原理图见图 1-22。

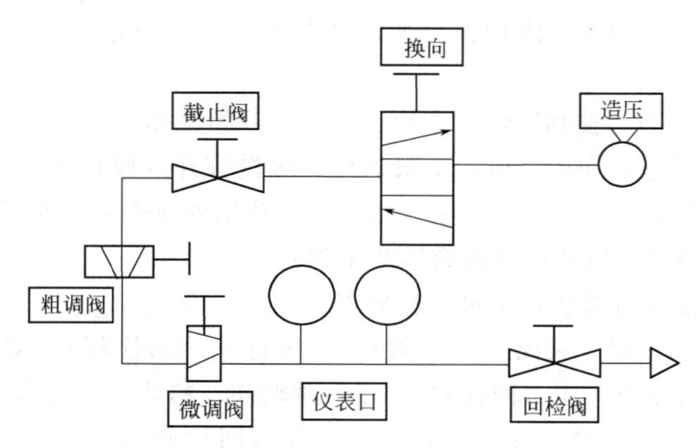

图 1-22　真空/气压原理图

自动真空/气压源利用一个造压泵实现电动造压，在造压装置出口接一个储气罐，储存压力能量。储气罐出口连接压力控制器及校验回路。压力控制器可设定双报警（气压上限和真空下限）并控制电动造压。校验回路由〈截止阀〉、〈回检阀〉、〈微调阀〉、〈粗调阀〉、压力标准输出口和校验输出口组成。

校验工作时，由控制器实现自动造压，通过操作〈回检阀〉、〈微调阀〉、〈截止阀〉和〈粗调阀〉完成对仪表的校验。

技术指标：

a. 数显控制器：设定值和实际压力值双显示，可根据工作压力要求设定造压极限值（双报警点），控制器会根据此值自动控制压力；

b. 造压范围：电动真空（−80～0）kPa（在标准大气压下），电动气压（0～600）kPa。

c. 造压时间：自动造压满程升压时间＜30s。

④ 操作方法

将〈微调阀〉置于大约中间位置，其余各阀处于截止状态。

a. 设定压力控制器上限压力值（设定方法见《造压控制数显表的简单设置方法》章节）。

b. 关闭〈回检阀〉和〈截止阀〉。

c. 将手动换向阀切换至所需要的造压状态（按下气压，拉出真空）。

d. 按动“控制”红色按钮，造压泵开始工作。

e. 当电动加压至所需上限值后，缓慢打开〈截止阀〉，使压力缓慢上升至检定值附近，用〈微调阀〉精调到所需值（此时若气压低于上限值，则造压系统会继续工作）。

f. 依次校验各点至最大校验点。

g. 回检时，关闭〈截止阀〉，缓慢打开〈回检阀〉，调至所需压力值附近再关闭〈回检阀〉，用〈微调阀〉精调至所需值。

h. 结束校验：打开〈截止阀〉和〈回检阀〉，使管路与大气相通。

由于是二者通过转换开关共用一组压力调节装置，所以必须将回检阀和截止阀打开。

注意事项：

a. 进行切换时，切记先将管路内压力通大气（即打开回检阀和截止阀）再进行切换。

b. 注意标准模块安装时，量程要与被检表量程对应，切勿由于二者不对应造成仪表损坏。

⑤ 造压控制数显表的简单设置方法

◇压力设定原则：

根据量程大小在控制器数显表上设定压力上限，例如压力量程为P0时，应将压力上限设定为1.05P0，灵敏度约为0.02P0。

◇压力报警上限的设置：

a. 按住设置键○约2s以上不松开，直到显示Au。

b. 按一下MOD键显示变为AH。

c. 按◁键调出AH原设定值，闪烁位为修改位。

d. 通过◁键移动修改位、△键增值、▽键减值，将AH值修改为所需值。

e. 按MOD键确定并存入修改好的参数，同时退出设置状态，进入测量显示状态。

◇操作时应注意问题：

a. AL值的设置与此操作方法一致。

b. 若一分钟以上没有按键操作时，仪表将自动退出设置状态。

◇灵敏度的设置：

a. 按住设置键○不松开，直到显示OA。

b. 按◁键进入修改状态，再通过◁键移动修改位、△键增值、▽键减值，输入密码“1111”。

c. 按MOD键确认密码并显示OA，此时密码设置完成，可进行灵敏度设置。

d. 按　键直到显示HYA1。

e. 按◁键调出HYA1原设定值，闪烁位为修改位。

f. 通过◁键移动修改位、△键增值、▽键减值，将HYA1

值修改为所需值。

g. 按MOD键确定并存入修改好的参数。

h. 再按住○键不松开，直到退出设置状态，进入测量显示状态。

造压控制仪表的其他操作请参照其使用手册。

⑥ 维护保养与故障排除

◇维护保养：

a. 校验装置应放在便于操作和平整的场地上并使之基本水平。

b. 校验装置工作环境温度为（20±2)℃，相对湿度不大于80％，周围空气不得含有腐蚀性气体。

c. 被校验的压力仪表内腔不应含有腐蚀性的介质，并将接头的污物清除干净，防止污物进入校验装置内导管，以免影响正常工作。

d. 校验装置内装的造压泵只供校验压力仪表用，不能做其他用途。

e. 造压控制器在出厂之前都已做过修正和严格的测试，用户在一般情况下不要轻易修改。在确实需要修改之前，请仔细阅读《XST 系列单输入数字式智能仪表用户手册》。

f. 设备使用完毕，注意断电、卸压。

g. 注意设备表面洁净。

◇常见故障及排除方法：

a. 气压调压不稳

排除方法：关闭气压〈截止阀〉，启动造压泵，达到造压设定值后，造压泵电源自动关闭，校验时缓慢打开气压〈截止阀〉，对校验表柔和增压，这时便比较容易地调压到校验值附近，然后关闭气压〈截止阀〉，再利用〈微调阀〉和〈粗调阀〉精调至校验值。

b. 打开总电源校验台无反应

排除方法：取下总电源线，打开总电源保险开关，检查保险是否烧毁。

1.1.7　直流电位差计的使用

直流电位差计是一种利用电位补偿原理制成的高精度和高灵敏度的电测仪器，准确度可达0.005%～0.0001%，还具有测量结果稳定可靠以及不从被测对象取用电流等优点，它主要是用来测量直流电动势和电压，利用它可以进行精密测量或校验标准仪表，配用一定的标准附件可间接测量电阻、电流及功率等。量程通常在2V以下，一般不用于工程测量。

直流电位差计种类很多，按测量回路阻值的大小，可分为低阻和高阻直流电位差计两类。

(1) 直流电位差计使用

以UJ31型低电势直流电位差计为例说明（图1-23）。

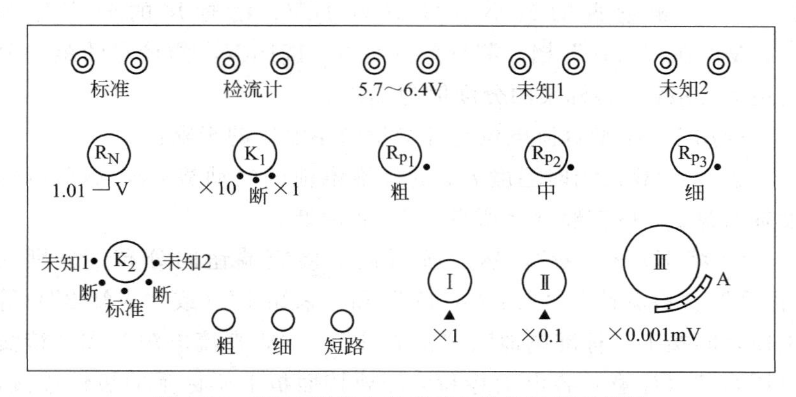

图1-23　UJ31型低电势直流电位差计的面板图

◇面板说明：

① 五组接线端钮（“标准”、“检流计”…）。

② 标准电池电动势的温度补偿盘R_N。

③ 工作电流调节电阻盘R_p（分为R_{p1}、R_{p2}、R_{p3}）。

④ 测量调节电阻盘Ⅰ、Ⅱ、Ⅲ，其中第Ⅲ盘带有游标尺A。

⑤ 电位差计量程变换开关K_1。

⑥ 标准回路和测量回路的转换开关K_2。

⑦ 电键按钮（“粗”、“细”、“短路”）。

UJ31 型电位差计使用的电源是 5.7～6.4V 的直流电源，其工作电流为 10mA。它的三个工作电流调节盘中，第一个盘（R_{p1}）是 16 点步进的转换开关，第二盘（R_{p2}）和第三盘（R_{p3}）均为滑线盘。标准电池电动势温度补偿盘 R_N 的补偿范围为 1.0180～1.0196V。

UJ31 型电位差计有两个测量端，通过转换开关 K_2 可接通“未知 1”或“未知 2”或“标准电池”。在它的三个测量调节电阻盘中，第Ⅰ测量盘是 16 点步进转换式开关，第Ⅱ测量盘是 10 点步进转换式开关，第Ⅲ测量盘是滑线盘；测量盘的电阻值已转换成电压刻度标在了仪器面板上。

量程变换开关 K_1 有两挡：在“×1”挡，测量范围是 0～17.1mV，测量盘的最小分度值为 1μV，游标尺的分度值为 0.1μV；在“×10”挡，测量范围是 0～171mV，测量盘的最小分度值为 10μV，游标尺的分度值为 1μV。

◇用 UJ31 型直流电位差计测量微小电压的步骤：

① 先计算出当时温度 t 下的标准电池的电动势 E_t，然后将温度补偿盘 R_N 拨在经计算所得的 E_t 数值处。

② 将 K_2→“断”，然后按面板上接线端钮的分布，分别在“标准”、“检流计”、“5.7～6.4V”和“未知 1”（或“未知 2”）等端钮之间接上“标准电池”、“检流计”、“6V 直流电源”和“待测电压 U_x”（注意：各电动势和电压要按面板上所标示的极性连接，不能接反）。

③ 在检流计无输入的情况下（即 K_2→“断”），调节零点调节器使检流计的光标指零。

④ 将检流计的灵敏度拨至“×0.01”挡（即将检流计面板上的分流器开关置于“×0.01”挡），K_2→“标准”。将电键按钮“粗”按下，调节 R_p（先调“粗”——R_{p1}，再调“中”——R_{p2}），使检流计光标基本上指零（观察并在脑中记住 R_p 增大或减小时光标的偏转方向）。

⑤ 校准电位差计的工作电流

a. 试按一下按钮“细”，若检流计光标偏转超出刻度范围，则立即将按钮松开，并按光标的偏转方向有目的地调节 R_{p2}（“中”旋钮），使光标偏转角减小；再按下“细”按钮，继续调节 R_p 的“中”、“细”旋钮，使光标基本上指零，然后将 K_2→“断”。

b. 将检流计的灵敏提高一挡，在将 K_2→“标准”的同时观察光标向哪边偏转，然后按下“细”按钮，调节 R_p 的“中”、“细”，使光标指零；直到检流计灵敏度提高到“×1”挡时，检流计的光标也指零。此时称电位差计第一次被校准了。随即将 K_2→“断”，并松开按钮。

⑥ 测量微小电压 U_x。

（2）直流电位差计注意事项

① 按被测电动势大小和测量精度要求，选择所需量程和相应准确度的电位差计。

② 选择足够容量的稳定电源供电，以保证工作电流恒定。应满足电源总容量超过1000倍放电电流值的条件。当工作电流大于10mA时，应选用蓄电池供电。

③ 连接线路时必须使标准电池、工作电源和被测电动势（或电压）的极性符合要求，切不可错接，否则在测量时不仅无法调到平衡，还会引起过载。

④ 为防止标准电池短路，应先连接电位差计的“标准电池”端钮，再将导线按极性接于标准电池上。在测量过程中若需要变动较大阻值，要断开按钮进行，否则标准电池可能会充电或放电，容易导致损坏。

⑤ 用于连接蓄电池的导线必须专线专用，一是防止腐蚀，二是避免引起测量误差。

⑥ 当被测电压大于电位差计上限电压时，可用标准电压箱来扩大量程。

⑦ 测量完毕，应将倍率开关置“断”位置，防止电池放电。

1.1.8　热电阻检定装置的使用

利用导体或半导体的电阻值随温度变化来测量温度的元件称电

阻温度计。它是由热电阻体、连接导线和显示或记录仪表构成的。广泛用来测量−20～850℃范围内的温度。具有测温范围宽、精度高、稳定性好、远距离测量、便于实现温度控制和自动记录等优点，是使用广泛的一种测温仪表。

（1）工业热电阻的基本参数

① 分度号与标称电阻值　工业铂热电阻、铜热电阻在0℃的标称电阻值及分度号如表1-7所示。

表1-7　热电阻的标称电阻值及分度号

热电阻名称		温度测量范围/℃	分度号	温度为0℃时的标称电阻值 R_0/Ω	E_t/℃
铂热电阻	A级	−20～850℃	P_t10 P_t100	10 100	$\pm(0.15+0.002\|t\|)$
	B级		P_t10 P_t100	10 100	$\pm(0.30+0.005\|t\|)$
铜热电阻		−50～150℃	Cu50 Cu100	50 100	$\pm(0.30+0.006\|t\|)$

注：1. 表中 $|t|$ 是以摄氏度表示的温度的绝对值；

2. A级允许偏差不适用于采用二线制的铂热电阻；

3. 对 $R_0=100\Omega$ 的铂热电阻，A级允许偏差不适用于 $t>650$℃的温度范围；

4. 二线制热电阻偏差的检定，包括内引线的电阻值，对具有多支感温元件的二线制热电阻，如要求只对感温元件进行偏差检定，则制造厂必须提供内引线的电阻值。

② 温度测量范围及允许偏差　所谓允许偏差，即热电阻实际的电阻与温度关系偏离分度表的允许范围。工业铂、铜热电阻的温度测量范围及以温度表示的允许偏差 E_t，如表1-7。

③ 工业热电阻的电阻值和电阻比的误差　热电阻在100℃及0℃的电阻比 W_{100}，对标称电阻比 W_{100} 的允许误差 ΔW_{100}，如表1-8所示。

④ 热响应时间　当温度发生阶跃变化时，热电阻的电阻值变化至相当于该阶跃变化的某个规定百分比所需要的时间，称热响应时间。

表 1-8 工业热电阻的电阻值和电阻比的误差

热电阻名称	代号	分度号	温度为0℃时的标称电阻值 R_0/Ω		电阻比 W_{100} (R_{100}/R_0)	
			名义值	允许误差	名义值	允许误差
铜热电阻	WZC	Cu50 Cu100	50 100	±0.05 ±0.1	1.428	±0.002
铂热电阻	WZP (IEC)	P_t10 P_t100	10(0～850℃) 100 －200～850℃	A级±0.006 B级±0.012 A级±0.06 B级±0.12	1.385	±0.001
镍热电阻	WZN	Ni100 Ni300 Ni500	100 300 500	±0.1 ±0.3 ±0.5	1.617	±0.003

⑤ 额定电流 为了减少热电阻自热效应引起的误差，对热电阻元件都规定了额定电流。额定电流是指在测量电阻时，允许在某元件中连续通过的最大电流，一般为2～5mA。

热电阻检定装置是用来检定热电阻体的标准仪器及配套设备的总称。热电阻基本参数中的前三项，是热电阻检定工作中要完成的项目。

(2) 工业热电阻检定装置

◇选用的计量标准器及配套设备：

① 二等标准铂电阻温度计。二等标准铂电阻温度计的主要技术要求如下：

a. 温度计在水相三点温度（0.01℃）时的电阻 R_{tp} 应为（25±1.0）Ω或（100±2.0）Ω。

b. 二等标准铂温度计应满足下面两个条件之一：

W(29.7646℃)≥1.11807。

W(100℃)≥1.39254。

W(100℃) 为温度计在100℃时的电阻值 R(100℃) 与 R_{tp} 之比，即 $W(100℃)=R(100℃)/R_{tp}$。

c. 温度计的二次检定周期的检定结果之差，换算为温度在水三相点时不超过15mK；在100℃时，不超过12mK；在锡凝固点时（231.928℃）不超过18mK；在锌凝固点时（419527℃），不超过25mK。

新制造及修理后的温度计的稳定性应满足以下要求：温度计在上限温度（或450℃）退火100h，退火前后R_{tp}和W的变化，换算为温度后不应超过10mK和17mK。

d. 温度计通过1mA电流，在水相三点温度时的自热效应不超过4.0mK。

e. 在锌凝固点时，温度计两电位引线之间的杂散热电势不应超过1.5μV。

② 二等标准水银温度计检铜电阻时做标准使用。

◇配套设备：

① 0.02级直流电位差计或测温电桥及配套装置　采用直流电位差计测量电阻时，还需配有0.01级的标准电阻，其阻值为10Ω和100Ω各一个，直流毫安表，油浸式多点转换开关以及直流电源，其稳定度不得低于5×10^{-6}A/h。

如果用测温电桥测量电阻时，只需配有油浸式四点转换开关，用于引线换向，消除引线电阻。

② 冰点槽　用来测定热电阻在0℃时的电阻值和冻制水三相点时用，其高为600mm，内径大于250mm。

③ 金属水沸点炉或油恒温槽　用来测定热电阻在100℃时的电阻值。

炉的基本结构是在炉子的圆筒内装有一定量的蒸馏水，炉子下部用加热器，沸腾的蒸馏水面上是饱和蒸汽。温度计插管焊接在炉子的顶盖上，悬挂在饱和蒸汽中即可反映出水的沸点温度。

④ 油温恒槽　内部采用不锈钢板制成，并采用磁力搅拌器装于槽体下部，用精密电子温度控制器控温，具有控温精度高、温场均匀、加热速度快等特点。

水沸点槽各插孔之间的最大温差不大于0.01℃。油恒温槽工作区域（盖板下100～1350mm）的垂直温差不大于0.02℃，水平温差不大于0.01℃。

◇主要技术指标与检定方法：

① 外观检查　主要检查装配质量，包括各部件是否完好无缺，装配是否牢固，各种标志是否齐全，特别是绝缘性能是否符合要求（铂电阻的绝缘电阻不大于 100MΩ，铜电阻不小于 20MΩ），可用兆欧表进行测定。

② 示值检查　热电阻实际电阻值对分度表标称电阻值以温度表示的允许偏差 E 和热电阻在 100℃和 0℃的电阻比 W_{100}。对标称电阻比 W_{100} 的允许偏差 ΔW_{100}，见表 1-7 与表 1-8。

③ 检定方法　热电阻检定只需测定其 0℃和 100℃时的电阻值。这种电阻值可采用电位差计或电桥测定。其检定方法采用比较法，即将标准温度计与被检温度计同时放入冰点槽或油温恒槽内进行比较。

检定二线制感温元件时，应在感温元件每根引线接出两根导线，然后按图 1-24 接线。

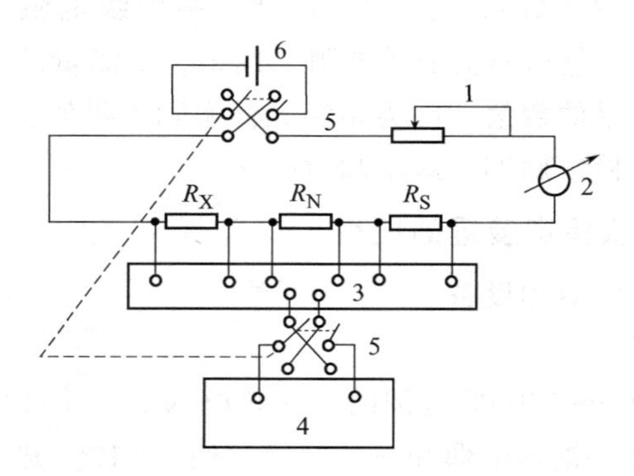

图 1-24　测量二线制感温元件接线示意图

1—电阻箱；2—毫安表；3—油浸式双刀多点转换开关；4—电位差计；5—电流反向开关；6—直流稳压电源；R_N—标准电阻；R_S—标准电阻温度计；R_X—被热检电阻

④ 三线制热电阻　由于使用时不包括引线电阻，因此在检定电阻值时需采用两次测量方法，以便消除引线电阻的影响。图 1-25 为用补偿法测定三线制感温元件电阻接线图。

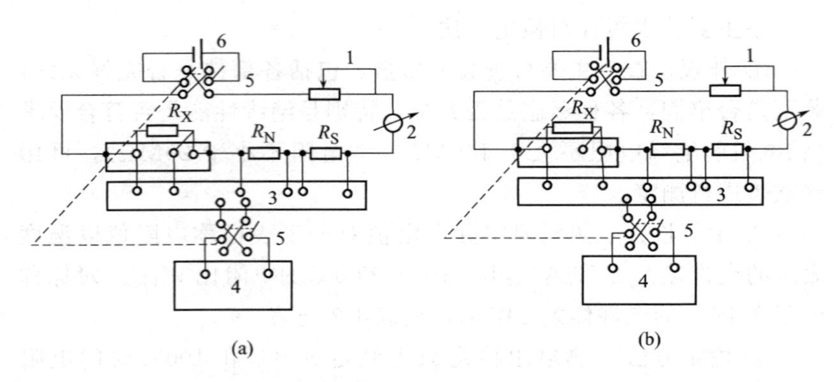

图 1-25 补偿法测定三线制感温元件电阻接线图

1—电阻箱；2—毫安表；3—油浸式双刀多点转换开关；4—电位差计；5—电流反向开关；6—直流稳压电源；R_N—标准电阻；R_S—标准电阻温度计；R_X—被热检电阻

第一次如图 1-25(a) 所示，包括一根引线电阻。第二次如图 1-25(b) 所示，包括两根引线电阻。用第一次测量结果的两倍减去第二次测量结果的数值，即为感温元件实际电阻值。

热电阻的检定周期一般不超过一年。

1.1.9 热电偶检定装置的使用

(1) 标准仪器和设备

◇标准仪器

在检定 300～1600℃范围的工业热电偶时，主要的标准仪器是一、二等铂铑$_{10}$-铂热电偶和一、二等铂铑$_{30}$-铂铑$_6$ 热电偶及标准镍铬-镍硅热电偶。正确选择和使用标准热电偶是保证检定质量的重要因素。

标准热电偶应具备的条件：

① 一、二等标准铂铑$_{10}$-铂热电偶，其成分与工业热电偶相同，但负极铂丝纯度 $R_{100}/R_0 \geqslant 1.3920$，式中 R_{100}、R_0 分别为铂丝在温度为 100℃、0℃时的电阻值。

② 标准铂铑$_{10}$-铂热电偶在参考端温度为 0℃，测量端为

1084.62℃（铜凝固点）时，其热电动势为（10.575±0.030）mV。

③ 一、二等标准铂铑$_{10}$-铂热电偶的稳定性，是以检定时在铜点测得的热电势和上一次检定结果比较，其差值不应超过5.10μV。

④ 使用中的标准热电偶应按周期进行检定，检定周期由使用情况定，一般为一年。

◇测量仪器

检定热电偶常用的测量仪器有直流电位差计和直流数字电压表计同等级的其他电测设备。选择电测设备的精度等级可根据被检热电偶的检定规程要求来定。

◇检定炉

为了减少导热误差，保证热电偶的插入深度，检定炉长度不应小于600mm，直径不小于300mm，最高使用温度应能满足被检热电偶测温上限要求。检定炉温场沿轴向分布应中间高、两端低，温场最高处应位于炉子轴向中心，偏离中心位置不得超过20～30mm。

◇多点转换开关

在测量回路中连接多点转换开关，是为了实现对多支热电偶检定的需要，检定贵重金属热电偶的多点转换开关的热电动势不应大于0.5μV，检定廉价金属热电偶的多点转换开关的热电动势不应小于1μV。

◇其他设备

① 热电偶退火装置一套，0.5级测量范围0～15A的交流电流表一只。

② 冰点恒温器。

③ 热电偶焊接装置一套。

(2) 检定方法

◇双极法

在各检定点上分别测量标准与被检热电偶的热电势值并进行比较，计算其偏差或相应热电势值。双极法检定连接线路见图1-26。

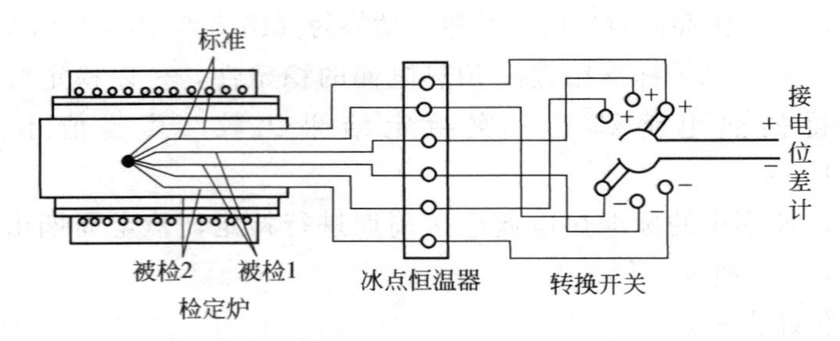

图 1-26 双极法检定连接线路图

① 双极法检定特点

a. 直接测量热电偶的电势值。

b. 标准和被检可以是不同型号。

c. 热电偶测量端可以不捆扎在一起，但必须保证处于同一温度中。

② 检定时注意

a. 炉温必须严格按规定控制，否则就会带来较大测量误差。

b. 标准与被检参考端温度不为0℃时，做数据处理要把参考端温度修正到0℃。

◇同名极法

在各检定点上分别测量被检热电偶正极与标准热电偶正极及被检热电偶负极与标准热电偶负极之间的微差热电势，然后用计算的方法求得被检热电偶的偏差或相应电势值。

同名极法连接线路如图 1-27 所示。

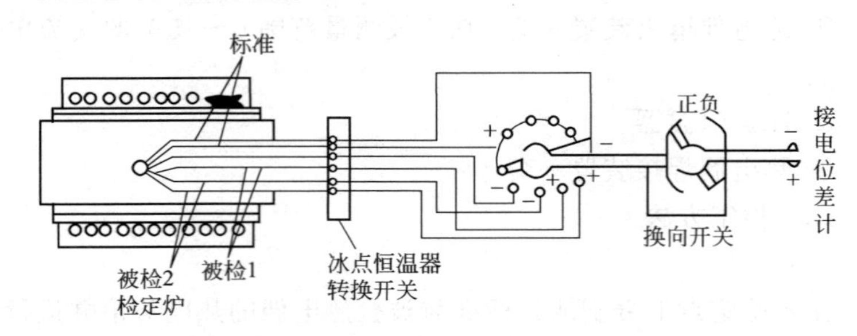

图 1-27 同名极法检定连接线路图

① 同名极法检定特点

a. 读数过程中允许炉温变化大（一般为±10℃）。

b. 能够直接测出标准与被检热电偶的单极热电动势的差值。

② 检定时注意

a. 标准和被检热电偶必须是同一型号，才能比对。

b. 对标准和被检热电偶的捆扎要求较严，否则容易产生误差。

◇微差法

用微差法检定热电偶是将标准和被检热电偶（同型号）置于检定炉内，并将它们反向串联、直接测量其热电动势的差值。微差法检定线路如图 1-28。

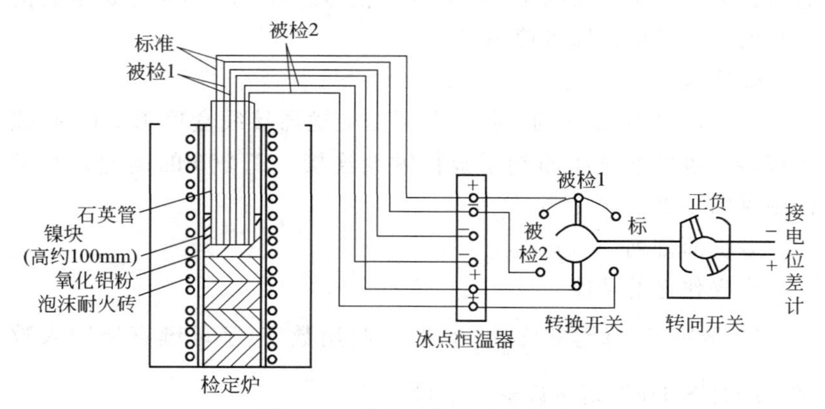

图 1-28 微差法检定连接线路

① 微差法检定特点

a. 操作简单、读数迅速、计算方便。

b. 能直接读出差值。

c. 检定时对炉温要求不严。

d. 热电偶的测量端不需进行捆扎，只要处于同一温度下。

② 检定时注意

a. 标准和被检热电偶必须是同一型号才能比对。

b. 被检热电偶的正极一定要接到电位差计的正极端钮上，否则计算结果是错误的。

经检定符合要求的热电偶发给检定证书，不合格的热电偶发给检定结果通知书。

热电偶的检定周期一般为半年，特殊情况可按使用条件来确定。

1.1.10 智能终端 BT200 的使用

BT200BRAIN 手操器是一种便携设备，与采用 BRAIN 通信协议的设备一起使用，对其进行设定、更改、显示和打印参数（如工位号、输出模式、范围等）。这款手操器还可以监视 I/O 值和自诊断结果，设定恒定电流的输出以及调零。当系统启动或维持操作状态时，只需连接设备的 4～20mADC 信号线或 ESC（信号调节通信卡）的专用接口，即可使用 BT200。

◇连接

变送器与 BT200 的连接，既可在变送器接线盒里用 BT200 挂钩连接，也可通过中断端子板传输线连接。BT200 的键配置与键面图见图 1-29。

◇键面排列

◇操作键的功能

① 数字/字母键和 [SHIFT] 键　利用数字/字母键直接输入数字，结合 [SHIFT] 键可以输入字母。

a. 输入数字、符号和空格（0～9），直接按数字/字母键。

输　入	按键操作
−4	[W _ X] [G 4 H]
0.3	[S 0 T] [U . V] [Q 3 R]
1 ␣ −9	[M 1 N] [Y SPACE Z] [W _ X] [E 9 F]

b. 输入字母（A～Z）。先按下 SHITF 键，再同时按数字/字母键，则输入数字/字母键上与 SHIFT 键边侧位置相对应的字母。注意在按数字/字母键前必须先按下 SHIFT 键。

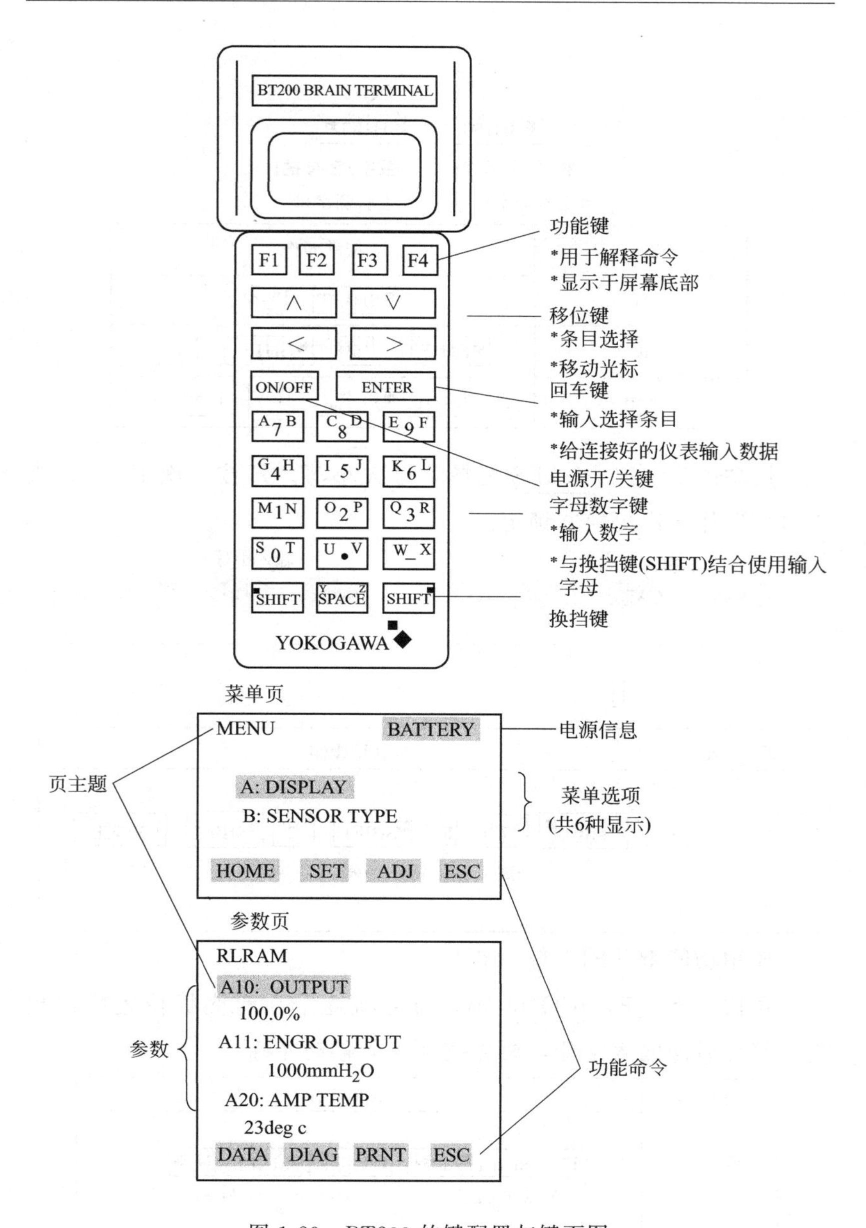

图 1-29　BT200 的键配置与键面图

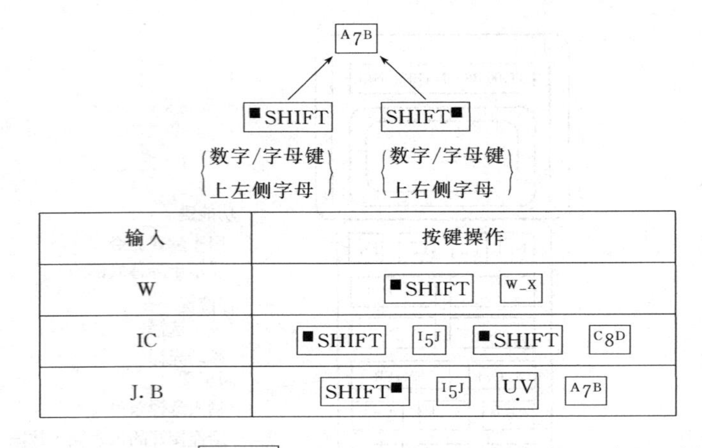

输入	按键操作
W	■SHIFT　W_X
IC	■SHIFT　I5J　■SHIFT　C8D
J. B	SHIFT■　I5J　UV　A7B

用功能键［F2］CAPS选择字母大小写。每按一次 F2 键，大小写字形作一次更换并锁定。

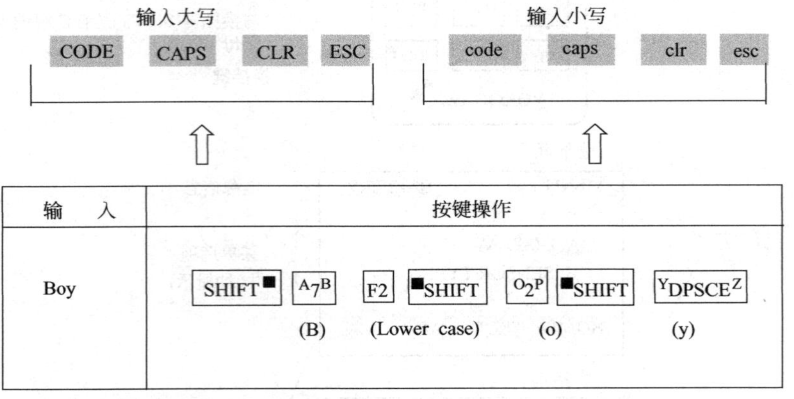

输　　入	按键操作
Boy	SHIFT■　A7B (B)　F2 (Lower case)　■SHIFT　O2P (o)　■SHIFT　YDPSCEZ (y)

使用功能键［F1］输入符号。

每按一下［F1］CODE键，符号将逐个在有光标位置顺次出现，符号后面输入字母，要先按［>］移动光标。

输　　入	按键操作
I/m	F2 (Lower case)　SHIFT■　I5J (I)　F1　> (/)　■SHIFT　M1N (m)

② 功能键 功能命令表见表1-9。

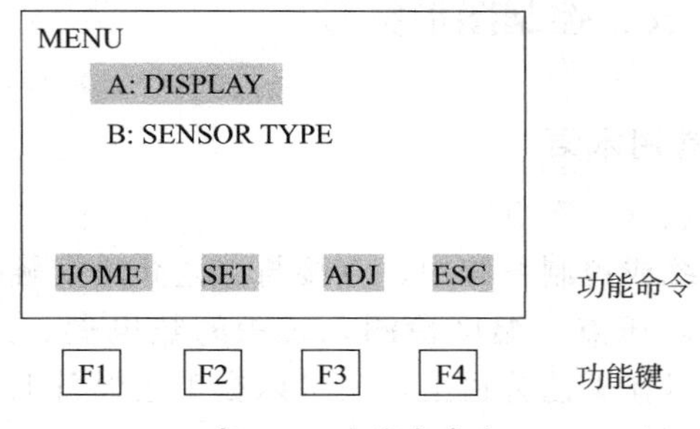

表1-9 功能命令表

命令	功能
ADJ	显示ADJ(调整)菜单
CAPS/caps	大小写选择
CODE	选择符号
CLR	清除输入数据或删除所有数据
DATA	修改参数
DEL	删除一个字符
DIAG	调用自检页
ESC	返回上一页
HOME	显示菜单页
NO	放弃设置,光标回到前面作标
OK	继续显示下一页
PARM	键入参数设置模式
SET	显示SET(设置)菜单
SLOT	返回监视页
UTIL	调用公共页
COPY	屏幕打印

1.2 常用仪表、控制图形符号

1.2.1 仪表常用术语

（1）测量点（一次点）

指检测系统或控制系统中，直接与工艺介质接触的点。如压力检测系统中的取压点，温度检测系统中的热电偶、热电阻安装点等。一次点可以在工艺管道上，也可以在工艺设备上。

（2）一次部件（取源部件）

通常指安装在一次点上的仪表加工件，如压力检测系统中的取压短节、测温系统中的温度计凸台等。

（3）一次阀门（取压阀）

指安装在一次部件上的阀门，如与取压短节相连的压力检测系统的阀门，与孔板正、负压室引出管相连的阀门等。

（4）一次元件（传感器）

指安装在现场且与工艺介质相接触的元件，如热电偶、热电阻等。

（5）一次仪表

现场仪表的一种，指安装在现场且直接与工艺介质相接触的仪表，如弹簧管压力表、双金属温度计、差压变送器等。

（6）一次调校（单体调校）

指仪表安装前的校验，按《工业自动化仪表工程施工及验收规范》（GBJ—86）的要求，原则上每台仪表都要经过一次调校。调校的重点是检验仪表的示值误差、变差，调节仪表的比例度、积分时间、微分时间的误差、控制点偏差、平衡度等。只有一次调校符合设计或产品说明书要求的仪表才能安装，以保证二次调校的质量。

（7）二次仪表

指仪表示值信号不直接与来自工艺介质接触的各类仪表的总称。二次仪表的输入信号通常为变送器变换的标准信号。二次仪表接受的标准信号一般有三种：气动信号，0.02～0.1MPa；Ⅱ型电动单元组合仪表信号，0～10mADC；Ⅲ型电动单元组合仪表信号，4～20mADC或1～5V。

（8）现场仪表

指安装在现场的仪表的总称，包括所有一次仪表，也包括安装在现场的二次仪表。

（9）二次调校（二次联校、系统调校）

指仪表现场安装结束后，控制室配管配线完成而且通过校验后，对整个检测回路或自动控制系统的检验，也是仪表交付正式使用前的一次全面校验。其校验方法通常是在检测环节加一信号，然后仔细观察组成系统的每台仪表是否工作在误差允许范围内。如果超出误差允许范围，又找不出原因，就要对组成系统的全部仪表重新调试。

（10）仪表加工件

指全部用于仪表安装的金属、塑料机械加工件的总称，在仪表安装中占有特殊地位。

（11）带控制点流程图

指用过程检测和控制系统设计符号来描述生产过程自动化内容的图纸。它详细地标出仪表的安装位置，是确定一次点的重要图纸，是自控方案和自动化水平的全面体现，也是自控设计的依据，并供施工安装和生产操作时参考。

1.2.2　常用仪表、控制图形符号

根据国家行业标准HG 20505—92《过程检测和控制系统用文字代号和图形符号》，参照GB 2625—81国家标准、化工自控常用图形及文字代号如下。

（1）图形符号

① 测量点　测量点（包括检测元件）是由过程设备或管道符号引到仪表圆圈的连接引线的起点，一般无特定的图形符号，如图1-30(a) 所示。

若测量点位于设备中，当有必要标出测量点在过程设备中的位

置时，可在引线的起点加一个直径为 2mm 的小圆符号或加虚线，

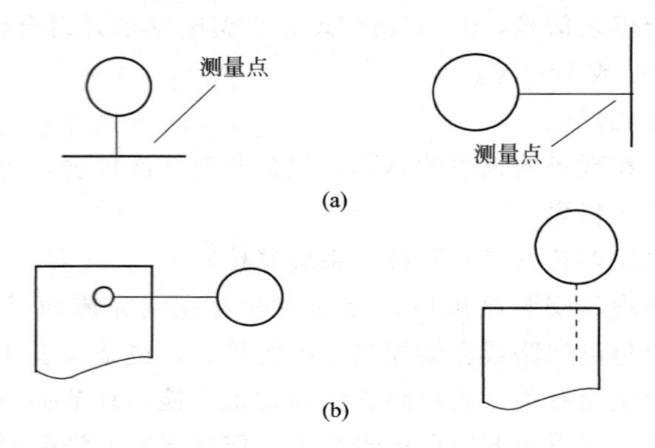

图 1-30 测量点

如图 1-30(b) 所示。必要时，检出元件或检出仪表可以用表 1-10 所列的图形符号表示。

② 连接线图形符号 仪表圆圈与过程测量点的连接引线，通用的仪表信号线和能源线的符号是细实线。当有必要标注能源类别时，可采用相应的缩写标注在能源线符号之上。例如 AS-014 为 0.14MPa 的空气源，ES-24DC 为 24V 的直流电源。

当通用的仪表信号线为细实线可能造成混淆时，通用信号线符号可在细实线上加斜短划线（斜短划线与细实线成 45°角）。

仪表连接图形符号见表 1-10。

表 1-10 仪表连线符号表

序号	类 别	图形符号	备 注
1	仪表与工艺设备、管道上测量点的连接线或机械连动线	———— （细实线：下同）	
2	通用的仪表信号线	————	
3	连接线交叉	——┼——	

续表

序号	类别	图形符号	备注
4	连接线相接		
5	表示信号的方向		
6	气压信号线		断划线与细实线成45°角，下同
7	电信号线	或	
8	导压毛细管		
9	液压信号线		
10	电磁、辐射、热、光、声波等信号线（有导向）		
11	电磁、辐射、热、光、声波等信号线（无导向）		
12	内部系统链（软件或数据链）		
13	机械链		
14	二进制电信号	或	
15	二进制气信号		

③ 仪表图形符号　仪表图形符号是直径为 12mm（或 10mm）的细实线圆圈。仪表位号的字母或阿拉伯数字较多，圆圈内不能容纳时，可以断开，如图 1-31(a) 所示。处理两个或多个变量，或处理一个变量但有多个功能的复式仪表，可用相切的仪表圆圈表示，如图 1-31(b) 所示。当两个测量点引到一台复式仪表上而两个测量点在图纸上距离较远或不在同一图纸上，则分别用两个相切的实线圆圈和虚线圆圈表示，如图 1-31(c) 所示。

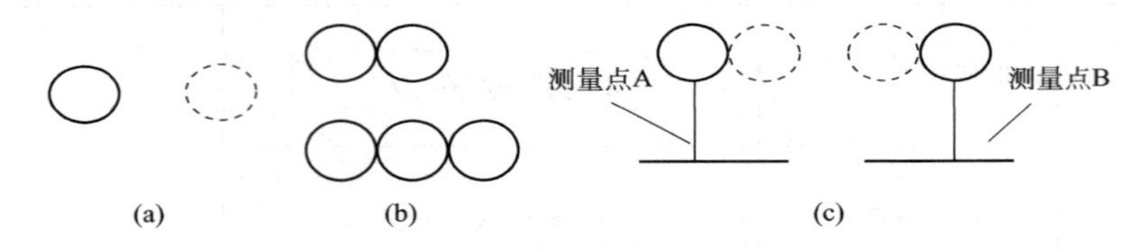

图 1-31　仪表图形符号

分散控制系统（又称集散控制系统）仪表图形符号是直径为 12mm（或 10mm）的细实线圆圈，外加与圆圈相切细实线方框，如图 1-32(a) 所示。作为分散控制系统的计算机功能图形符号，是对角线长为 12mm（或 10mm）的细实线六边形，如图 1-32(b) 所示。分散控制系统内部连接的可编程逻辑控制器功能图形符号如图 1-32(c) 所示，外四边形边长为 12mm（或 10mm）。其他仪表或功能图形符号见表 1-10。

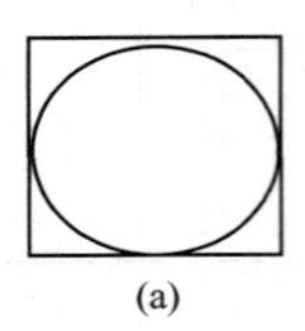

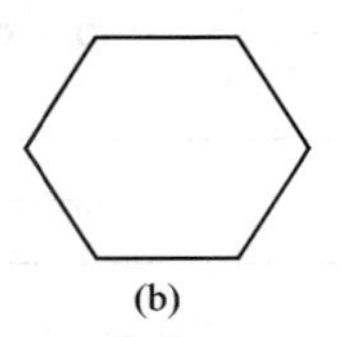

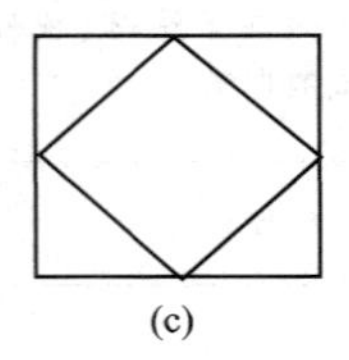

图 1-32　分散控制系统仪表图形符号

④ 表示仪表安装位置图形符号　表示仪表功能、仪表安装位置的图形符号见表 1-11、表 1-12。

表 1-11　仪表功能图形符号

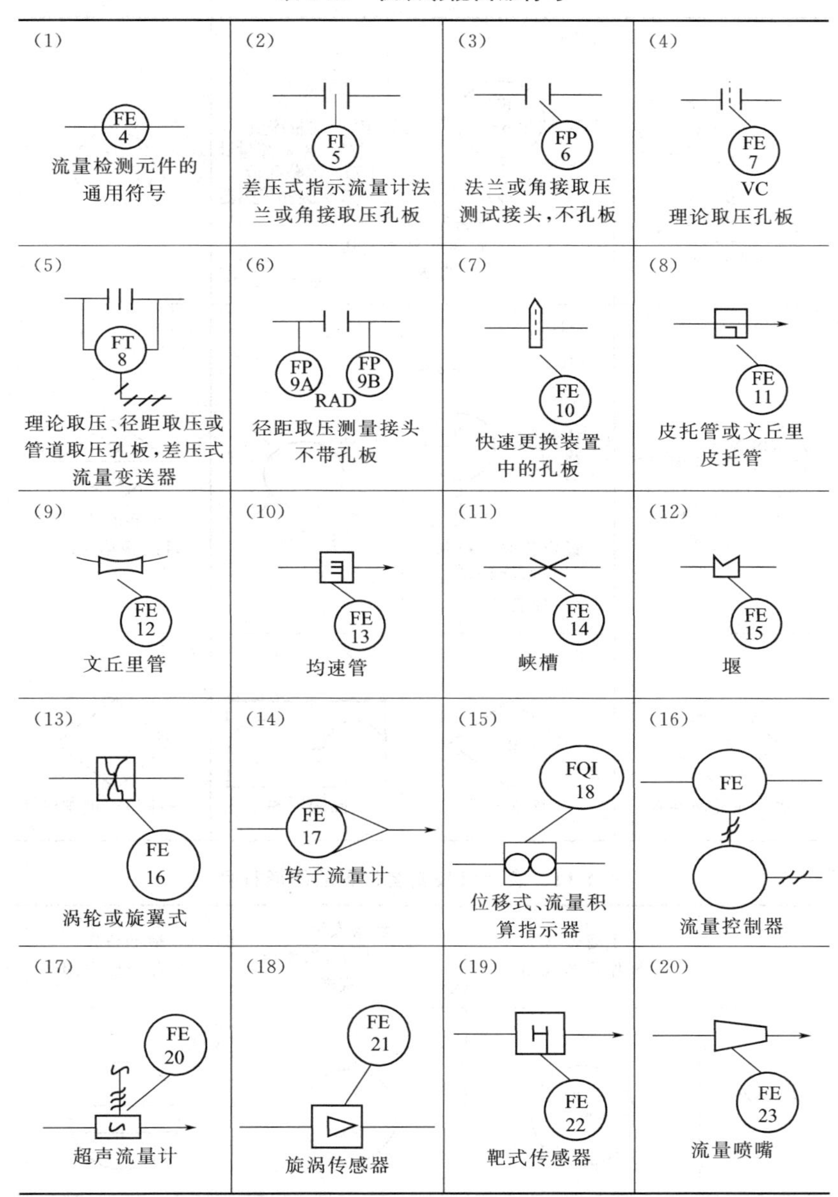

续表

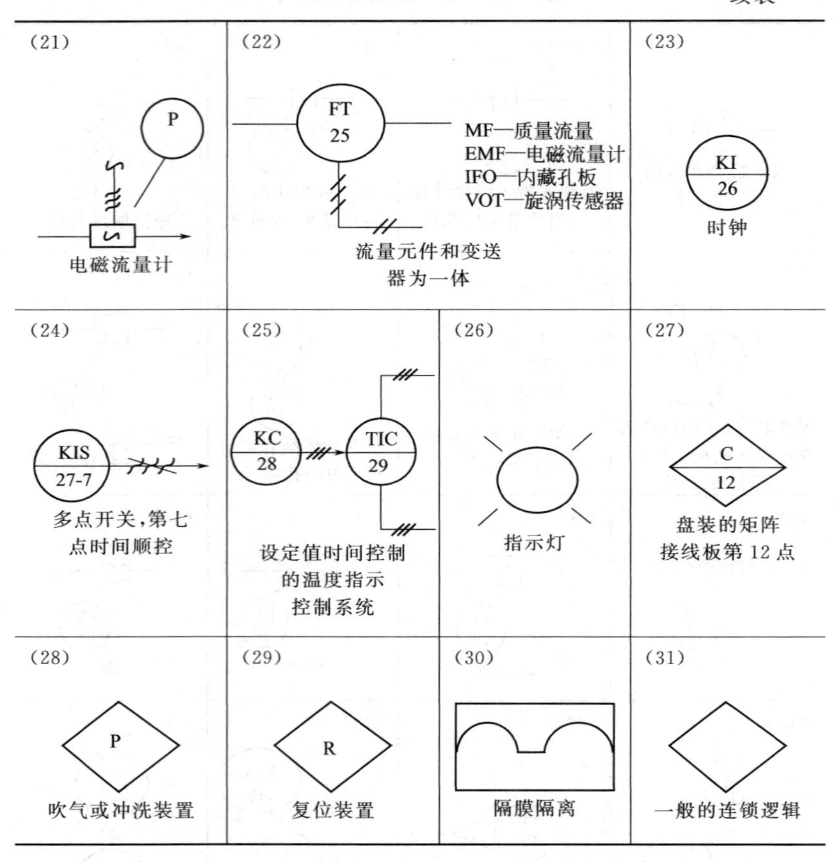

表 1-12 表示仪表安装位置的图形符号

	主要位置 操作员监视用	现场安装 正常情况下,操作员不监视	辅助位置 操作员监视用
离散仪表	(1)	(2)	(3)

续表

	主要位置 操作员监视用	现场安装 正常情况下，操作员 不监视	辅助位置 操作员监视用
分散控制共用显示共用控制	(4)	(5)	(6)
计算机功能	(7)	(8)	(9)
可编程序逻辑控制功能	(10)	(11)	(12)

注：正常情况下操作员不监视，或盘后安装的仪表设备或功能，仪表图形符号列可表示为：

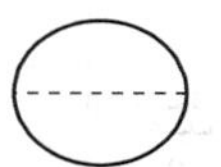
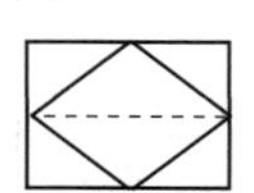
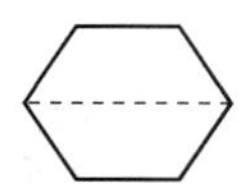

⑤ 控制阀体图形符号，风门图形符号　控制阀体图形符号、风门图形符号见表1-13。

表1-13　控制阀体图形符号、风门图形符号

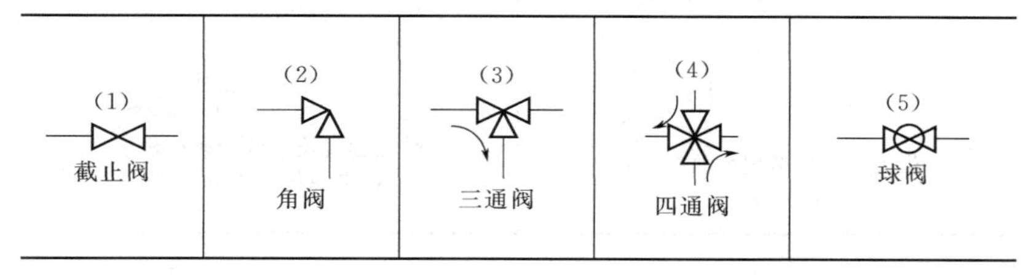

续表

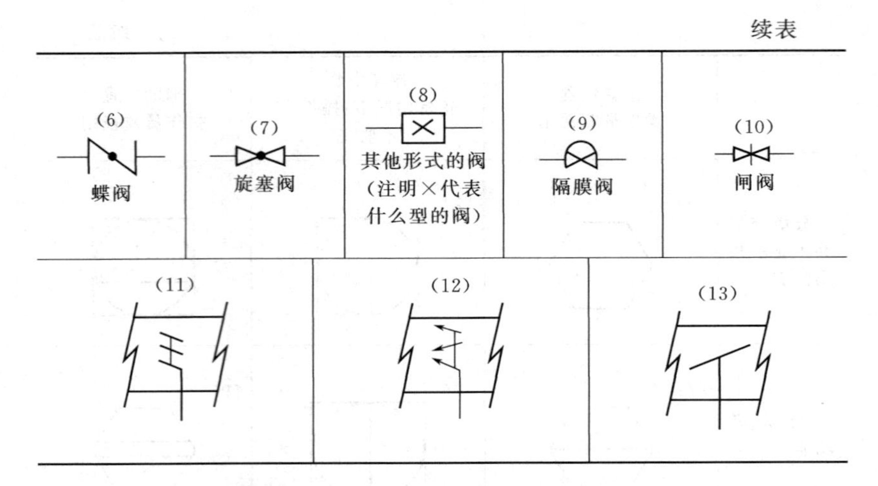

⑥ 执行机构图形符号　执行机构图形符号见表 1-14。

表 1-14　执行机构图形符号

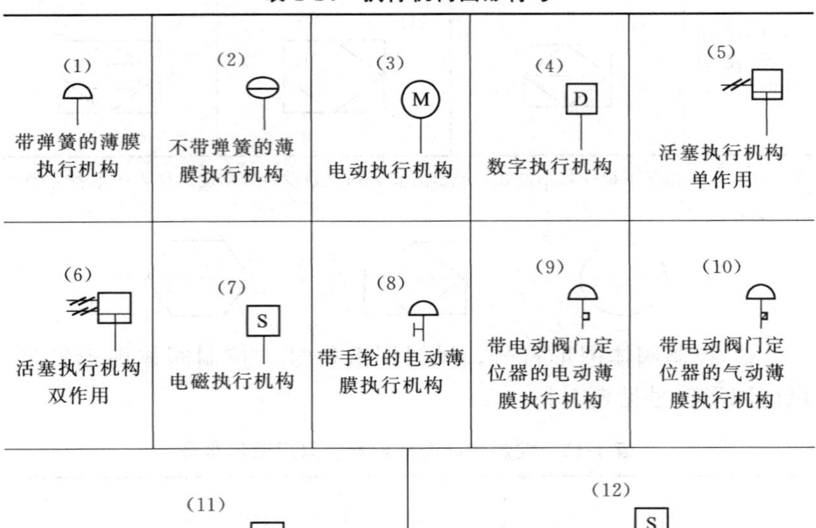

(11)

S R

带人工复位装置的执行机构

(12)

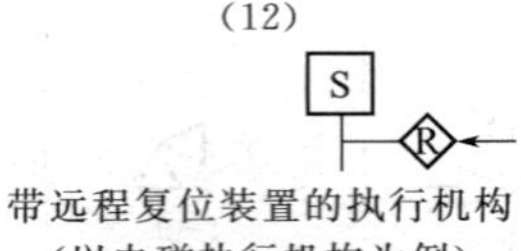

带远程复位装置的执行机构
(以电磁执行机构为例)

⑦ 执行机构能源中断是控制位置的图形符号　执行机构能源中断时控制阀位置的图形符号，以带弹簧的薄膜执行机构控制阀为例，见表1-15。

⑧ 配管管线图例符号　配管管线图例符号见表1-16。

表1-15　执行机构能源中断是控制位置的图形符号

(1) 能源中断时，直通阀开启	(2) 能源中断时，直通阀关闭	(3) A B C 能源中断时，三通阀流体通向A—C
(3) A B C D 能源中断时，四通阀流体流动方向A—C和D—B	(4) 能源中断时，阀保持原位	(5) 能源中断时，不定位

注：上述图形符号中，若不用箭头、横线表示，也可以在控制阀体下部标注下列缩写：

FO——能源中断时，开启；FC——能源中断时，关闭；

FL——能源中断时，保持原位；FI——能源中断时，任意位置。

表1-16　配管管线图例符号

序号	内容	图形符号	序号	内容	图形符号
1	单管向下		4	管束向上	
2	单管向上		5	管束向下分叉平走	
3	管束向下		6	管束向上分叉平走	

(2) 字母代号

① 被测变量和仪表功能　表示被测量变量和仪表功能的字母代号见表1-17。

表 1-17　被测量变量和仪表功能的字母代号

字母	第一位字母		第二位字母		
	被测变量或引发变量	修饰词	读出功能	输出功能	修饰词
A	分析		报警		
B	烧嘴、火焰		供选用	供选用	供选用
C	电导率			控制	
D	密度	差			
E	电压(电动势)		检测元件		
F	流量	比(分数)			
G	供选用		视镜、观察		
H	手动				高
I	电流		指示		
J	功率	扫描			
K	时间、时间程序	变化频率		操作器	
L	物位		灯		低
M	水分或湿度	瞬动			中、中间
N	供选用		供选用	供选用	供选用
O	供选用		节流孔		
P	压力、真空		连接点、测试点		
Q	数量	积算、累计			
R	核辐射		记录		
S	速度、频率	安全		开关联锁	

续表

	第一位字母		第二位字母		
	被测变量或引发变量	修饰词	读出功能	输出功能	修饰词
T	温度			传送	
U	多变量		多功能	多功能	多功能
V	振动、机械监视			阀、风门、百叶窗	
W	重量、力		套管		
X	未分类	X轴	未分类	未分类	未分类
Y	事件、状态	Y轴		继动器、计算器、转换器	
Z	位置	Z轴		驱动器、执行机构未分类的最终执行元件	

注：1. “供选用”指的是在个别设计中多次使用，而表中没有规定其含义。

2. 字母“X”未分类，即表中未规定其含义。适用于在设计中一次或有限几次使用。

3. 后续字母确切含义，根据实际需要可以有不同的解释。

4. 被测变量的任何第一位字母若与修饰字母D（差）、F（比）、M（瞬间）、K（变化频率）、Q（积算、累计）中任何一个组合在一起，则表示另外一种含义的被测变量。例如TD1和T1分别表示温差指示和温度指示。

5. 分析变量的字母“A”，当有必要表明具体的分析项目时，在圆圈外右上方写出具体的分析项目。例如：分析二氧化碳，圆圈内标A，圆圈外标注CO_2。

6. 用后续字母“Y”表示继动或计算功能时，应在仪表圆圈外（一般在右上方）标注它的具体功能。如果功能明显时，也可以不标注。

7. 后续字母修饰词H（高）、M（中）、L（低）可分别写在仪表圆圈外的右上方。

8. 当H（高）、L（低）用来表示阀或其他开关装置的位置时，“H”表示阀在全开式接近全开位置，“L”表示阀在全关式接近全关位置。

9. 后续字母“K”表示设置在控制回路内的自动-手动操作器。例如流量控制回路的自动-手动操作器为“FK”，它区别于HC-手动操作器。

② 被测变量及仪表功能组合示例　被测变量及仪表功能组合示例见表1-18。

表 1-18　被测变量及仪表功能组合示例

第一位字母	被测变量或引发变量	控制器				读出仪表		开关和报警装置			变送器			电磁阀继动器计算器	检测元件	检测点	套管或探头	视镜观察	安全装置	最终执行元件
		记录	指示	无指示	自力式控制器	记录	指示	高	低	高低组合	记录	指示	无指示							
A	分析	ARC	AIC	AC		AR	AI	ASH	ASL	ASHL	ART	AIT	AT	AY	AE	AP	AW			AV
B	烧嘴、火焰	BRC	BIC	BC		BR	BI	BSH	BSL	BSHL	BRT	BIT	BT	BY	BE		BW	BG		BZ
C	电导率	CRC	CIC			CR	CI	CSH	CSL	CSHL		CIT	CT	CY	CE					CV
D	密度	DRC	DIC	DC		DR	DI	DSH	DSL	DSHL		DIT	DT	DY	DE					DV
E	电压(电动势)	ERC	EIC	DC		ER	EI	ESH	ESL	ESHL	ERT	EIT	ET	EY	EE					EZ
F	流量	FRC	FIC	FC	FCV FICV	FR	FI	FSH	FSL	FSHL	FRT	FIT	FT	FY	FE	FP		FG		FV
FQ	流量累计	FQRC	FQIC			FQR	FQI	FQSH	FQSL			FQIT	FQT	FQY	FGE					FQV
FF	流量比	FFRC	FFIC	FFC		FFR	FFI	FFSH	FFSL						FE					FFV
G	供选用																			
H	手动		HIC	HC						HS										HV
I	电流	IRC	IIC			IR	II	ISH	ISL	ISHL	IRT	IIT	IT	IY	IE					IZ
J	功率	JRC	JIC			JR	JI	JSH	JSL	JSHL	JRT	JIT	JT	JY	JE					JV
K	时间、时间程序	KRC	KIC	KC	KCV	KR	KI	KSH	KSL	KSHL	KRT	KIT	KT	KY	KE					KV

续表

第一位字母	被测变量或引发变量	控制器				读出仪表		开关和报警装置			变送器			电磁阀继动器计算器	检测元件	检测点	套管或探头	视镜观察	安全装置	最终执行元件
		记录	指示	无指示	自力式控制器	记录	指示	高	低	高低组合	记录	指示	无指示							
L	物位	LRC	LIC	LC	LCV	LR	LI	LSH	LSL	LSHL	LRT	LIT	LT	LY	LE		LW	LG		LV
M	水分或湿度	MRC	MIC			MR	MI	MSH	MSL	MSHL		MIT	MT		ME		MW			MV
N	供选用																			
O	供选用																			
P	压力、真空	PRC	PIC	PC	PCV	PR	PI	PSH	PSL	PSHL	PRT	PIT	PT	PY	PE	PP			PSV PSE	PV
PD	压力差	PDRC	PDIC	PDC	PCV	PDR	PDI	PDSH	PDSL		PDRT	PDIT	PDT	PDY	PE	PP				PDV
Q	数量	QRC	QIC			QR	QI	QSH	QSL	QSHL	QRT	QIT	QT	QY	QE					QZ
R	核辐射	RRC	RIC	RC		RR	RI	RSH	RSL	RSHL	RRT	RIT	RT	RY	RE					RZ
S	速度、频率	SRC	SIC	SC	SCV	SR	SI	SSH	SSL	SSHL	SRT	SIT	ST	SY	SE					SV
T	温度	TRC	TIC	TC	TCV	TR	TI	TSH	TSL	TSHL	TRT	TIT	TT	TY	TE	TP	TW		TSE	TV
TD	温度差	TDRC	TDIC	TDC	TDCY	TDR	TDI	TDSH	TDSL		TDRT	TDIT	TDT	TDY	TE	TP	TW			TDY
U	多变量					UR	UI							UY						UV
V	振动、机械监视					VR	VI	VSH	VSL	VSHL	VRT	VIT	VT	VY	VE					VZ

续表

<table>
<tr><th rowspan="2">第一位字母</th><th rowspan="2">被测变量或引发变量</th><th colspan="4">控制器</th><th colspan="2">读出仪表</th><th colspan="3">开关和报警装置</th><th colspan="3">变送器</th><th rowspan="2">电磁阀继动器计算器</th><th rowspan="2">检测元件</th><th rowspan="2">检测点</th><th rowspan="2">套管或探头</th><th rowspan="2">视镜观察</th><th rowspan="2">安全装置</th><th rowspan="2">最终执行元件</th></tr>
<tr><th>记录</th><th>指示</th><th>无指示</th><th>自力式控制器</th><th>记录</th><th>指示</th><th>高</th><th>低</th><th>高低组合</th><th>记录</th><th>指示</th><th>无指示</th></tr>
<tr><td>W</td><td>重量、力</td><td>WRC</td><td>WIC</td><td>WC</td><td>WCV</td><td>WR</td><td>WI</td><td>WSH</td><td>WSL</td><td>WSHL</td><td>WRT</td><td>WIT</td><td>WT</td><td>WY</td><td>WE</td><td></td><td></td><td></td><td></td><td>WZ</td></tr>
<tr><td>WD</td><td>重量差、力差</td><td>WDRC</td><td>WDIC</td><td>WDC</td><td>WDCV</td><td>WDR</td><td>WDI</td><td>WDSH</td><td>WDSL</td><td></td><td>WDRT</td><td>WDIT</td><td>WDT</td><td>WDY</td><td>WDE</td><td></td><td></td><td></td><td></td><td>WDZ</td></tr>
<tr><td>X</td><td>未分类</td><td></td><td></td><td></td><td></td><td></td><td></td><td></td><td></td><td></td><td></td><td></td><td></td><td></td><td></td><td></td><td></td><td></td><td></td><td></td></tr>
<tr><td>Y</td><td>事件、状态</td><td></td><td>YIC</td><td>YC</td><td></td><td>YR</td><td>YI</td><td>YSH</td><td>YSL</td><td></td><td></td><td></td><td>YT</td><td>YY</td><td>YE</td><td></td><td></td><td></td><td></td><td>YZ</td></tr>
<tr><td>Z</td><td>位置</td><td>ZRC</td><td>ZIC</td><td>ZC</td><td>ZCV</td><td>ZR</td><td>ZI</td><td>ZSH</td><td>ZSL</td><td>ZSHL</td><td>ZRT</td><td>ZIT</td><td>ZT</td><td>ZY</td><td>ZE</td><td></td><td></td><td></td><td></td><td>ZV</td></tr>
<tr><td>ZD</td><td>检尺、位置</td><td>ZDRC</td><td>ZDIC</td><td>ZDC</td><td>ZDCV</td><td>ZDR</td><td>ZDI</td><td>ZDSH</td><td>ZDSL</td><td></td><td>ZDRT</td><td>ZDIT</td><td>ZDT</td><td>ZDY</td><td>ZDE</td><td></td><td></td><td></td><td></td><td>ZDV</td></tr>
<tr><td colspan="2" rowspan="6">其他</td><td>FIK</td><td colspan="6">带流量指示自动一手动操作</td><td>PEI</td><td colspan="3">压缩比指示</td><td colspan="2">QQI</td><td colspan="6">数量积算指示</td></tr>
<tr><td>FO</td><td colspan="6">限流孔板</td><td>TJI</td><td colspan="3">扫描指示</td><td colspan="2">WKIC</td><td colspan="6">失重率指示、控制</td></tr>
<tr><td>HMS</td><td colspan="6">手动瞬动开关</td><td>TJIA</td><td colspan="3">扫描指示、报警</td><td colspan="2"></td><td colspan="6"></td></tr>
<tr><td>KQI</td><td colspan="6">时间、时间程序程序指示</td><td>TJR</td><td colspan="3">扫描记录</td><td colspan="2"></td><td colspan="6"></td></tr>
<tr><td>LCT</td><td colspan="6">液位控制、变送</td><td>JIRA</td><td colspan="3">扫描记录、报警</td><td colspan="2"></td><td colspan="6"></td></tr>
<tr><td>LLH</td><td colspan="6">液位指示灯</td><td></td><td colspan="3"></td><td colspan="2"></td><td colspan="6"></td></tr>
</table>

第 2 章　自动化装置故障诊断方法

由于化工生产操作流程化、全封闭等特点，尤其是现代化的化工企业自动化水平高，工艺操作与检测仪表紧密相连，因此工艺人员常通过检测仪表显示的各类工艺参数，如温度、流量、压力和液位、原料的成分等来判断工艺生产是否正常、产品质量是否合格，并根据仪表指示做出提量或减产甚至停产等决定。因此熟练掌握自动化装置的故障诊断方法显得尤为重要。

2.1　自动化装置故障诊断方法

化工生产过程中经常出现自动化装置故障现象，由于检测与控制过程中出现的故障现象比较复杂，正确判断及时处理故障，不但直接关系到化工生产的安全、稳定、产品质量及原料的消耗，而且最能反映出仪表工实际工作能力和业务水平。自动化装置故障诊断是一线维护人员经常遇到的工作，现将自动化装置故障分析判断的 10 种方法，介绍如下。

2.1.1　直接调查法

通过对故障现象和它产生过程的调查，判断故障原因的方法，一般有以下几个方面。

① 故障发生之前的使用情况如何是否有什么不正常的先兆。

② 是否有使用不当或误操作情况。

③ 供电电压变化情况。

④ 有无受到外界强电场、磁场的干扰。

⑤ 过热、雷电、潮湿、碰撞等外界情况。

⑥ 故障发生时有无打火、冒烟、异常气味等现象。

⑦ 以前是否发生过故障及修理情况如何等。

采用调查法检修故障，调查了解要深入仔细，特别对现场使用人员的反映要核实，不要急于拆开检修。

2.1.2 直观检查法

不用测试仪器，通过人的感官去观察发现故障。分外观检查和开机检查两种。

外观检查内容主要包括：

① 仪器仪表外壳及表盘玻璃是否完好，指针是否变形或与刻度盘相碰，装配紧固件是否牢固，各开关旋钮的位置是否正确，活动部分是否转动灵活，调整部位有无明显变动。

② 连线和各插件是否正常连接，电路板插座上的簧片是否弹力不足、接触不良。

③ 各继电器、接触器的接点，是否有错位、卡住、氧化、烧焦粘死等现象。

④ 电源保险丝是否熔断，电子器件是否损坏，外壳涂漆是否变色、断极，电阻有否烧焦，线圈是否断丝，电容器外壳是否膨胀、漏液、爆裂。

⑤ 印刷板敷铜条是否断裂、搭锡、短路，各元件焊点是否良好，有无虚焊、漏焊、脱焊等现象。

开机检查主要包括：

① 机内电源指示灯和发光元件是否通电发亮；

② 有无振动并发出噼啪声、摩擦声、碰击声；

③ 机内有无高压打火、放电、冒烟现象；

④ 变压器、电机、功放管等易发热元器件及电阻、集成块温升是否正常，有无烫手现象；

⑤ 机械传动部分是否运转正常，有无齿轮啮合不好、卡死及严重磨损、打滑变形、传动不灵等现象。

⑥ 机内有无特殊气味，如变压器电阻等因绝缘层烧坏而发出的焦煳味，示波管高压漏电打火使空气电离所产生的臭氧气味；

直观检查一定要十分仔细认真，决不可粗心急躁。在检查元件和连线时只能轻轻摇拨，不能用力过猛，以防拗断元件、连线和印刷板铜箔。开机检查接通电源时手不要离开电源开关，如发现异常应及时关闭。避免两只手同时接触带电设备，防止触电。

2.1.3　短路法

将所怀疑发生故障的某级电路或元器件暂时短接，观察故障状态有无变化来断定故障部位。

短路法用于检查多级电路时，短路某一级，故障消失或明显减小，说明故障在短路点之前，故障无变化则在短路点之后。如某级输出端电位不正常，将该级的输入端短路，如此时输出端电位正常，则该级电路正常。短路法也常用来检查元器件是否正常，如用镊子将晶体三极管基极和发射极短路，观察集电极电压变化情况，判断管子有无放大作用。

2.1.4　断路法

将所怀疑的部分与整机断开，看故障是否消失，来断定故障的所在。

仪器仪表出现故障后，先初步判断故障有几种可能性。把可疑部分电路断开，通电检查如果发现故障消失，表明故障多在被断开的电路中；如果故障仍然存在，再做进一步断路分割检查，逐步排除怀疑，缩小故障范围，直到查出故障的真正所在以及产生的原因。

断路法对单元化、组合化、插件化的仪器仪表故障检查尤为适用，对一些电流过大的短路性故障也很有效。

2.1.5　分部法

在查找故障的过程中，将电路和电气部件分成几个部分，以查明故障原因的方法。

一般检测控制仪表电路可分为三大部分，即外部回路、电源回路、内部回路。在内部电路中又可分为几小部分。分部检查即根据划分出的各个部分，采取从外到内、从大到小、由表及里的方法检查各部分，逐步缩小怀疑范围。当检查判断出故障在哪一部分后，再对这一部分做全面检查，找到故障部位。

2.1.6 替换法

通过更换某些元器件或线路板以确定故障在某一部位的方法。

更换前，要先充分分析故障原因，别盲目乱换元器件。因为如果故障是由于短路或热损伤造成的，则替换上好的元件也可能被损坏。

用规格相同、性能良好的元器件替下所怀疑的元器件，然后通电试验，如故障消失，就可确定故障发生在所怀疑的元器件上。若故障依然存在，可用同样方法处理其他被怀疑的元器件或线路板，直到查找到故障部位。

此方法在实施过程中，需注意以下问题：

① 元器件的更换均应切断电源，不允许边通电边焊接边试验。

② 所替换的元器件安装焊接时，应符合原焊接安装方式和要求。如大功率晶体管和散热片之间一般加有绝缘片，切勿忘记安装。

③ 在替换时还要注意不要损坏周围其他元件，以免造成人为故障。

2.1.7 电阻法

电阻检查法即在不通电的情况下，用万用表电阻挡检查仪器仪表整机电路和部分电路的输入输出电阻是否正常；各电阻元件是否开路、短路，阻值有无变化；电容器是否击穿或漏电；电感线圈、变压器有无断线、短路；半导体器件正反向电阻；各集成块引出脚对地电阻；并可粗略判断晶体管 β 值；电子管、示波管有无极间短路，灯丝是否完好等。

2.1.8 电压法

电压法就是用万用表适当量程测量怀疑部分，分为测交流电压和直流电压两种。测交流电压主要指交流供电电压；测直流电压指直流供电电压、电子管、半导体元器件各极工作电压、集成块各引出角对地电压等。

电压法是维修工作中的最基本方法之一，但它所能解决的故障范围仍是有限的。有些故障，如线圈轻微短路、电容断线或轻微漏电等，往往不能在直流电压上得到反映。有些故障，如出现元器件短路、冒烟、跳火等情况时，就必须关掉电源，此时电压法就不起作用了，这时必须采用其他方法来检查。

2.1.9　电流法

电流法分直接测量和间接测量两种。直接测量是将电路断开后串入电流表，测出电流值与仪器仪表正常工作状态时的数据进行对比，从而判断故障。间接测量不用断开电路，测出电阻上的压降，根据电阻值的大小计算出近似的电流值，多用于晶体管元件电流的测量。

电流法比电压法要麻烦一些，但它在某些场合比电压法更加容易检查出故障。电流法与电压法相互配合，能检查判断出电路中绝大部分故障。

2.1.10　人体干扰法

人身处在杂乱的电磁场中，会感应出微弱的低频电动势。当人手接触到仪器仪表某些电路时，电路就会发生反映，利用这一原理可以简单地判断电路某些故障部位。

2.2　生产过程中发生故障的规律性

2.2.1　一般规律

当一台仪表在运动中发生故障时，应该首先从以下一些方面去考虑。

① 对气动仪表而言，大部分故障出在堵、漏、卡三个方面。

堵——因为空气中含有一定水汽、灰尘和油性杂质，长期运行过程中，会使一些节流部件堵塞或半堵，如放大器节流孔、喷嘴、挡板等处，只要沾上一点灰尘，就会不同程度地引起输出信号改变。

漏——因为气动仪表的信号源来自压缩空气，所以任何一部分泄漏都会造成仪表的偏差和失灵。易漏的部分有仪表接头、橡皮软管、密封圈、垫，特别是一些尼龙件、橡胶件，在使用数年后容易老化造成泄漏。

卡——因为气信号驱动力矩小，只要某一部位摩擦力增大，都会造成传动机构卡住或反应迟钝。常见部位有连杆、指针和其他机械传动部件。

② 对电动仪表而言，大部分故障出在接触不良、短路、断路、松脱四个方面。

接触不良——仪表插件板、接线端子的表面氧化、松动以及导线的似断非断状态，都是造成接触不良的主要原因。

短路——导线的裸露部分相碰，晶体管、电容击穿是短路的常见现象。

断路——因仪表引线一般较细，在拉机芯或操作过程中稍有相碰，都会造成断路，保险丝的烧毁、电气元件内部断路也是一个方面。

松脱——主要是机械部分，诸如滑线盘、指针、螺钉等，气动仪表也有类似现象。

2.2.2 故障处理的一般方法

下面结合一台电动记录调节仪（测量范围为 50～200℃），测量指针跑到终点为例加以说明。

① 先观察后动手——当仪表失灵时，首先要观察一下记录曲线的变化趋势，来判断一下是工艺原因造成的，还是仪表本身故障造成的。若指针缓慢到达终点，一般是工艺原因造成；若指针突然跑到终点，一般是感温元件或二次仪表发生故障。在基本确认是仪表故障后，即可开始动手。

② 先外部后内部——判断故障究竟是发生在二次仪表的内部还是外部，一般检查方法是先外部后内部，即先排除仪表接线端子以外的故障，然后再处理仪表内部故障。如可在电动记录仪背面短接“A”、“B”端子，如测量针跑最小值，则为二次表外部故障；如测量针仍在终点，则为二次表内部故障。

③ 先机械后线路——在生产中发现，一台仪表机械部分故障的可能性比线路部分多得多，且机械性故障比较直观，也容易发现。所以在确认是仪表内部故障需检查机芯时，应先查机械部分，后查线路部分。机械部分重点查有无卡、松脱、接触不良等；线路部分重点查放大器。

④ 先整体后局部——在排除机械故障的可能性后，就要检查整个电、气传递放大回路。因线路部分有输入、比较、变换、放大、输出、驱动等多级组成。所以首先要纵观整台表的现象，大致估计问题出在哪一部分。如无法估计，则可采用分段检查法，如怀疑某一段不正常，可从大段到小段步步压缩，迅速而准确地判断故障出在哪个环节。

2.3　生产过程自动化装置常见的故障

仪表指示出现异常现象本身包含两种因素：一是工艺因素，二是仪表因素。由于仪表某一环节故障而出现工艺参数误指示的常见故障如下。

2.3.1　检测仪表常见的故障

生产中压力、物位、流量、温度检测系统，其常见故障现象最终都表现为指示不正常，指示偏高，或指示偏低，或没有指示等现象，而且检测故障判断的思路也相近。

2.3.2　调节阀的常见故障与判断

不同类型的调节阀及不同部位都有一些关键元件，这些元件也是容易出故障的元件。

（1）气动执行机构

① 膜片——膜片是薄膜式气动执行机构中最重要的元件，当气源系统正常时，执行机构不动作，就应该想到问题可能出在膜片上，应该考虑到膜片是否破裂、是否安装好。特别是当金属接触面的表面有尖角、毛刺等缺陷时就会把膜片扎破，而且膜片绝对不能

有泄漏。另外，膜片使用时间过长，材料老化也会影响使用。

② 推杆——要检查推杆有无弯曲、变形、脱落。推杆与阀杆连接要牢固，位置要调整好，不漏气。

③ 弹簧——弹簧在过大的载荷作用下，也可能断裂。要检查弹簧有无断裂。制造、加工、热处理不当也会使弹簧断裂。

（2）电动执行机构

① 电机——检查是否能转动，是否容易过热，是否有足够的力矩和耦合力。

② 伺服放大器——检查是否有输出，是否能调整。

③ 减速机构——各厂家的减速机构各不相同。因此要检查其传动零件轴、齿轮、涡轮等是否损坏，是否磨损过大。

④ 力矩控制器——根据具体结构检查其失灵原因。

（3）阀的主要故障元件

① 阀体——要经常检查阀体内壁的受腐蚀和磨损情况，特别是用于腐蚀介质和高压差、空化作用等恶劣工艺条件下的阀门，必须保证其耐压强度和耐腐、耐磨性能。

② 阀芯——因为阀芯起到调节和切断流体的作用，是活动的截流元件，因此受介质的冲刷、腐蚀、颗粒的碰撞最为严重，在高压差，空化情况下更易损坏，所以要检查它的各部分是否破坏、磨损、腐蚀，是否要维修或更换。

③ 阀座——阀座接合面是保证阀门关闭的关键，它受腐受磨的情况也比较严重。而且由于介质的渗透，使固定阀座的螺纹内表面常常受到腐蚀而松动，要特别检查这一部位。

④ 阀杆——要检查阀杆与阀芯、推杆的连接有无松动，是否产生过大的变形、裂纹和腐蚀。

⑤ 填料——检查聚四氟乙烯或其他填料是否缺油、变质，填料是否压紧。

2.3.3 控制系统常见故障与处理

（1）控制系统故障的产生

自动控制系统投入运行后，不能满足质量指标的要求，或记录仪表上所标明的记录曲线偏离质量指标的要求，说明控制系统存在故障，故障不仅出自控制系统和仪表，也可能来自工艺部分，因此，自动控制系统的故障是一个较为复杂的问题，涉及面广，大致归纳如下。

① 工艺过程设计不合理或者工艺本身不稳定，导致控制系统扰动频繁、扰动幅度变化很大，自控系统在调整过程中不断受到新的扰动，使控制系统工作复杂化，从而反映在记录曲线上的控制质量不够理想。这时需要对工艺和仪表进行全面分析，才能排除故障。

② 自动控制系统的故障也可能是控制系统中的个别仪表造成的。据资料分析统计，自动控制系统的故障大多数是控制阀造成的，而控制阀以外的仪表，如控制器、显示记录仪表等维护检修较方便。

③ 自动控制系统故障与控制器参数的整定是否恰当有关。

④ 控制系统的故障和仪表的安装、自动控制系统的设计有关。

（2）一般故障的判断

工艺生产过程出现故障时，首先判断是工艺问题还是仪表本身问题，要了解控制系统的结构特点、安装、仪表精度、控制器参数要求等，还要了解有关工艺生产过程的情况及其特殊条件。

在分析和检查故障前，应首先向当班操作工了解情况，包括操作条件、原料等是否改变，结合记录曲线进行分析，确定故障产生的原因，排除故障。

① 记录曲线的比较

a. 记录曲线突变。如果曲线突然变化到“最大”或“最小”位置时，则很可能是仪表故障，因为工艺参数一般变化都比较缓慢、有规律的。

b. 记录曲线突然大幅度变化。各个工艺变量之间往往是互相联系的。一个变量的大幅度变化一般总是引起其他变量的明显变化。如果其他变量无明显变化，则这个指示大幅度变化的仪表及其附属元件可能有故障。

c. 记录曲线呈直线不变化，或记录曲线原来一直有波动，突然变成了一条直线。

故障可能出现在仪表部分。因记录仪表一般灵敏度都较高，工艺参数稍许变化都能在记录仪上反映出来，这时，可以人为地改变一下工艺条件，如果记录仪无反应，则是检测系统仪表出了故障。

d. 记录曲线一直正常，有波动，但以后记录曲线逐渐变得无规则，使系统自控很困难，即使切入手动控制后也不稳定。

故障可能出于工艺部分，如工艺负荷突变。

② 控制室仪表与现场同位仪表比较　对控制室仪表指示有怀疑时，可去查看现场的同位置（或相近位置）安装的直观仪表的指示值，两者的指示值应相等或相近，如果差别大，则仪表有故障。

③ 仪表同仪表之间比较　对一些重要的工艺变量，往往用两台仪表同时进行检测显示，如果二者不同时变化，或指示不同，则其中一台有故障。

(3) 控制系统常见故障判断及处理（表 2-1）

表 2-1　控制系统常见故障判断及处理

故障	原因	处理方法
控制过程的调节质量变坏	对象特性变化 设备结垢	调整 PID 参数
测量不准确或失灵	感测元件损坏 管道堵塞、信号线断	分段排查 更换元件
控制阀控制不灵敏	阀芯卡堵或腐蚀	更换
压缩机、大风机的输出管道喘振	控制阀全开或全闭	不允许全开或全闭
反应釜在工艺设定的温度下产品质量不合格	测量温度信号超调太大	调整 PID 参数
DCS 现场控制站 FCS 工作不正常	FCS 接地不当	接地电阻小于 4Ω
在现场操作站 OPS 上运行 B-90 软件时找不到网卡存在	工控机上网卡地址不对 中断设置有问题	重新设置
DCS 执行器操作界面显示“红色通讯故障”	通讯连线有问题或断线	按运行状态 设置“正常通讯”

续表

故障	原因	处理方法
DCS执行器操作界面显示“红色模板故障”	模板配置和插接不正确	重插模板 检查跳线、配置
显示画面各检测点显示参数无规则乱跳等	输入、输出模拟信号屏蔽故障	信号线、动力线分开；变送器屏蔽线可靠接地

2.4　使用仪器诊断故障的方法

① 电压测试法——就是通过测试仪表电压与额定数值相比较，来判断仪表故障所在部位的一种测试方法。

以现场电Ⅲ型变送器为例，如图2-1，已知电源为24V DC，信号电流4～20mADC，电Ⅲ型仪表为二线制供电，其供电线又是信号线。用万用表测量A、B间电压，根据测试结果加以分析判断。

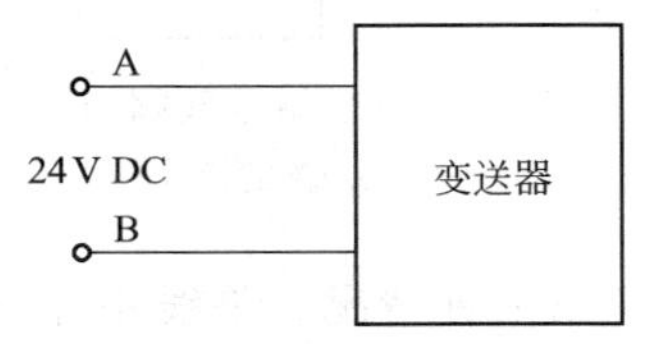

图2-1　电Ⅲ型变送器测试法

a. U_{AB}在24V DC左右时，仪表基本上能正常工作，但是当仪表内部开路时，电源会略高于24V DC，要确定故障还需用电流测试法测试电流。

b. $U_{AB} \gg 24$V DC时，可以断定是仪表电源出现异常，导致电压升高。

c. $U_{AB}=0$时，则可能出现两种情况：

第一种情况，线路处于开路状态，相当于$I \to 0$构不成回路，没有电流流过，因而$U_{AB}=0$或仪表没送电。

第二种情况，线路处于短路状态，相当于$R \to 0$，这时电流很大，$U_{AB}=0$。

具体要判断是哪一种情况，还要断开线路，然后测试V_{AB}，若仍为零，判断结果是供电线路开路或没送电，否则是仪表内部短路或接线反。

d. U_{AB}在 0～12V DC 之间，则多为线路或仪表存在短路性故障，使电路电阻降低，导致 $U=R\times I$ 的值下降，要想判断故障是发生在线路还是发生在仪表上，也需断开线路测试。

② 电流测试法——就是将电流表串接在线路中，通过测量流过线路电流的大小来判断仪表故障的方法。这种方法需断开线路，与电压测试法结合更能准确地判断故障部位。

以电Ⅲ型电气阀门定位器为例，如图 2-2 已知线圈内阻 $R=250\Omega$，电流信号 4～20mA DC。

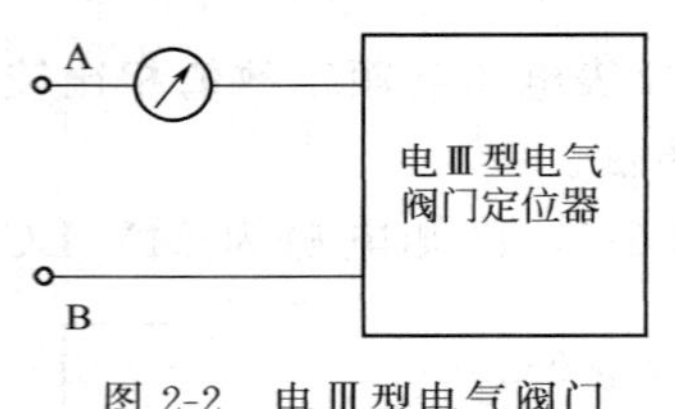

图 2-2 电Ⅲ型电气阀门定位器测试法

a. $I_{AB}\gg 20$mA 时，是负载短路或者电压升高，才导致了 $I=U/R\uparrow$。

b. I_{AB}在 4～20mA 时，仪表处于正常工作状态。

c. $I_{AB}\rightarrow 0$ 时，一定是开路性故障，有如下两种情况：

第一种情况，是线路开路或者电源没有送电，导致 $I\rightarrow 0$；

第二种情况，如果断开线路，测电压为 24V DC，则为 $R\rightarrow 0$，导致 $I=U/R\rightarrow 0$

这里需要特别说明，在正常时，测试 V_{AB}应该为 1～5V DC 而不是 24V DC。负载的状况不同，判断故障时要认真加以分析，才能得到正确结论。

③ 仪表电路在线维修——是不将元件从印刷电路板上脱焊下来，直接在仪表正常工作基础上进行测量的一种测试方法，此方法在在线维修中常被采用。在进行在线测试时，应选择合适的方法，并对测试结果加以分析，常用的方法有断路测试法、短路测试法和加电测试法等。下面介绍断路测试法。

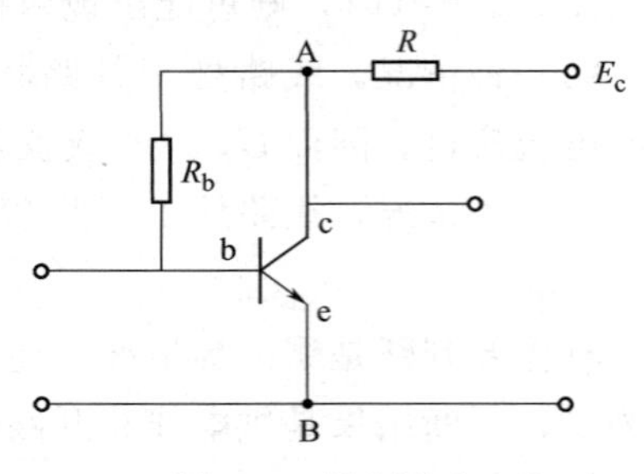

图 2-3 断路测试法

断路测试法就是选择合适部位，断开电路某一元件，测试另一元件工作状况来判断仪表故障的一种方法。

如图 2-3 所示，电路中存在上偏置电阻 R_b，切断 R_b，使 R_b 上没有电流流过，这样三极管基极 b 和发射极 e 电位相同，则三极管被切断，这时，流过电路的电流 $I=0$，$U_R=IR=0$，则 $U_{AB}=E_c-V_R=E_c$。若测出 $U_{AB}\neq E_c$，则推断三极管是坏的。

2.5　现场常见的一般故障和维修方法

2.5.1　电动仪表的一般故障和维修方法

以 XWD 系列仪表为例，这类仪表在装表前，应首先检查仪表的不灵敏区。因为不灵敏区的大小，除直接影响仪表的示值误差外，还影响到仪表的阻尼特性。所以不灵敏区的调整与校验，应结合阻尼特性进行。不灵敏区和阻尼特性调整好后，方可进行示值校验。

日常维修工作：

① 使用过程中经常注意电源是否正常，如电源指示灯不亮，应首先检查保险丝是否有故障，电源开关和灯泡是否损坏。

② 二次表指示不准或失灵，应首先检查二次表本身是否有故障。具体做法是先把二次表的正负输入信号短接，如指针指向标尺的始端，表明表内部无问题，那么可以判断故障出在表的外部，如可能出在该点的热电偶、补偿导线和接线端子等部分。

③ 二次表的指示曲线不规则、指示偏高或偏低，这可能是补偿导线的绝缘外皮损坏，使裸露出的金属部分的正负线不规则地短路，或不规则地与保护蛇皮管相接触所致。

④ 二次表的正负输入信号线短路后指针不回零，证明二次表的内部有问题。可首先检查桥路部分是否正常，具体方法如下：

a. 用万能表测量桥路系统的等效电阻是否为 167Ω。因为上支路电阻为 250Ω，下支路电阻为 500Ω，等效电阻为上下支路电阻的并联值。

b. 如果桥路部分正常，问题未解决，可检查放大器部分，用万能表 $R\times10$ 挡或 $R\times100$ 挡给放大器输入端加输入信号。如二次表的指针向某一方向指示，然后把万用表笔对调，又向另一方向指示，则表明放大器无问题。如向放大器输入一不平衡信号，其放大器输出电压为7～15V，则可证明放大器工作正常。

c. 如果问题仍未解决，还可以检查被测信号是否正常，可用VJ-1电阻与二次表的指示是否一致，以判断信号线是否接地或短路。

2.5.2　气动仪表的一般故障和维修方法

在这类仪表的维修过程中有些问题是较易被忽视的。例如差压变送器量程虽然符合技术要求，但静压性能不好，仍不能真实地反映出被测参数。所以在校验差压变送器时，既要保证精度、量程符合要求，还要保证静压达到技术指标。所以在室内检修变送器时，要首先保证静压合格，否则此表不合乎要求。另外，差压变送器的正负压室冲入非被测介质，改变了被测介质的相对密度，也会使指示不准，这时应排放一下。

2.5.3　调节器参数整定方法

在生产过程中，有时是由于工艺操作或个别设备故障而引起的工艺波动，并非仪表的PID参数整定所能克服的。所以调节器参数的整定要适当，不应把一些不正常因素引起的异常现象均认为是参数调整不佳。因此不能脱离工艺来判别调节质量。

在参数整定中，经验法是简单调节系统中应用最广泛的工程整定方法之一，它实质是一种凑试法，参数预先设置的数值范围和反复凑试的程序是本方法的核心，一直试到衰减速比趋于4∶1过渡过程曲线为止，而适应这种4∶1振荡过程的参数有多种，其中PI乘积最小的一种为最佳参数选择。在最佳参数选择的基础上，如再加上微分调节，则应再把PI参数适当减小一些。因为微分调节是超前作用的调节，其实质是阻止被调参数的变化，提高系统的稳定性，使过渡过程衰减大些，所以要保持原来的衰减比，PI就应适当减小一些。

一般在 PID 参数的具体设置中，以下方法值得借鉴。

① 在流量调节系统中如果选用小比例度参数，经常会出现过渡过程曲线振荡的问题，而采用增加比例度，减小积分时间的方法，就可以克服振荡，还能使消除静差速度加快。

② 液位调节系统一般选择定值比例度为 20%左右，再加上积分作用，一般能得到满意的过渡过程曲线。

③ 温度调节系统一般可取的比例度和积分时间范围较宽，比例度一般为 20%左右，积分时间为 1.5min 左右。

总之，调节参数的整定要根据记录仪曲线进行修正，在闭环运行下，反复调试。调试基本原则是：当减小积分时间时，增加比例度；当增加微分时间时，减小比例度和积分时间。

第3章　压力测量仪表故障实例

压力变送器是一种将压力变量转换为可传送的标准化输出信号的仪表，而且其输出信号与压力变量之间有一给定的连续函数关系（通常为线性函数）。主要用于工业过程压力参数的测量和控制，差压变送器常用于流量的测量。

压力变送器是基于力平衡原理工作的，它是由测量和转换两部分组成（图3-1）。

图3-1　压力变送器

压力变送器分为电动、气动、智能型压力变送器，电动的标准输出信号主要为0～10mA和4～20mA（或1～5V）的直流电信号。气动的标准输出信号主要为20～100kPa的压力。不排除具有特殊规定的其他标准输出信号。

3.1　压力变送器维护

变送器的维护工作主要包括以下几个方面：

（1）巡回检查

① 仪表指示情况，仪表示值有无异常；

② 气动变送器气源压力是否正常；

③ 电动变送器电源电压是否正常；

④ 发现并及时处理松动的接线和紧固件；

⑤ 查看变送器供电是否正常；

⑥ 查看变送器（包括导压管、阀门）有无泄漏、损坏、腐蚀。

（2）定期维护

① 定期检查零点，定期进行校验；

② 定期进行排污、排凝、放空。

（3）设备检查

① 检查变送器盖的“O”形环有无损伤和老化，不许有异物附着在螺纹处；

② 用肥皂水检查过程接口有无流体泄漏；

③ 检查仪表使用质量，达到准确、灵敏，指示误差、静压误差符合要求，零位正确；

④ 仪表零部件完整无缺，无严重锈垢、损坏，铭牌清晰无误，紧固件不得松动，接插件接触良好，端子接线牢固；

⑤ 技术资料齐全、准确，符合管理要求。

3.2 压力变送器常见故障与处理

见表3-1。

表3-1 压力变送器常见故障与处理

故障现象	故障原因	处理方法
无输出	导压管的开关是否没有打开	打开导压管开关
	导压管路是否有堵塞	疏通导压管
	电源电压是否过低	将电源电压调整至24V
	仪表输出回路是否有断线	接通断点
	电源是否接错	检查电源，正确接线
	内部接插件接触不良	查找处理
	若是带表头的，表头损坏	更换表头
	电子器件故障	更换新的电路板或根据仪表使用说明查找故障

续表

故障现象	故障原因	处理方法
输出过大	导压管中有残存液体、气体	排出导压管中的液体、气体
	输出导线接反、接错	检查处理
	主、副杠杆或检测片等有卡阻	处理
	内部接插件接触不良	处理
	电子器件故障	更换新的电路板或根据仪表使用说明查找故障
	压力传感器损坏	更换变送器
	实际压力是否超过压力变送器的所选量程	重新选用适当量程的压力变送器
变送器输出过小	变送器电源是否正常	如果小于12VDC，则应检查回路中是否有大的负载，变送器负载的输入阻抗应符合$R_L \leqslant$(变送器供电电压－12V)/(0.02A)Ω
	实际压力是否超过压力变送器的所选量程	重新选用适当量程的压力变送器
	压力传感器是否损坏，严重的过载有时会损坏隔离膜片	需发回生产厂家进行修理
输出不稳定	导压管中有残存液体、气体	排出导压管中的液体、气体
	被测介质的脉动影响	调整阻尼消除影响
	供电电压过低或过高	调整供电电压至24V
	输出回路中有接触不良或断续短路	检查处理
	接线松动、电源线接错	检查接线
	电路中有多点接地	检查处理保留一点接地
	内部接插件接触不良	处理
	压力传感器损坏	更换变送器
压力指示不正确	变送器电源是否正常	如果小于12VDC，则应检查回路中是否有大的负载，变送器负载的输入阻抗应符合$R_L \leqslant$(变送器供电电压－12V)/(0.02A)Ω
	参照的压力值是否一定正确	如果参照压力表的精度低，则需另换精度较高的压力表

续表

故障现象	故障原因	处理方法
压力指示不正确	压力指示仪表的量程是否与压力变送器的量程一致	压力指示仪表的量程必须与压力变送器的量程一致
	压力指示仪表的输入与相应的接线是否正确	压力指示仪表的输入是4～20mA的，则变送器输出信号可直接接入；如果压力指示仪表的输入是1～5V的则必须在压力指示仪表的输入端并接一个精度在千分之一及以上、阻值为250Ω的电阻，然后再接入变送器的输入
	变送器负载的输入阻抗应符合$R_L \leqslant$（变送器供电电压－12V）/（0.02A）Ω	如不符合则根据其不同可采取相应措施：如升高供电电压（但必须低于36VDC）、减小负载等
	多点纸记录仪没有记录时输入端是否开路	如果开路则：①不能再带其他负载；②改用其他没有记录时输入阻抗≤250Ω的记录仪
	相应的设备外壳是否接地	设备外壳接地
	是否与交流电源及其他电源分开走线	与交流电源及其他电源分开走线
	压力传感器是否损坏，严重的过载有时会损坏隔离膜片	需发回生产厂家进行修理
	管路内是否有沙子、杂质等堵塞管道，有杂质时会使测量精度受到影响	需清理杂质，并在压力接口前加过滤网
	管路的温度是否过高，压力传感器的使用温度是－25～85℃，但实际使用时最好在－20～70℃以内	加缓冲管以散热，使用前最好在缓冲管内先加些冷水，以防过热蒸汽直接冲击传感器，从而损坏传感器或降低使用寿命

3.3　智能压力变送器常见故障与处理

见表3-2。

表 3-2　智能压力变送器常见故障与处理

故障现象	故障原因	处理方法
输出指示表读数为零	电源电极是否接反	纠正接线
	电源电压是否为 10～45VDC	恢复供电电源 24VDC
	接线座中的二极管是否损坏	更换二极管
	电子线路板损坏	更换电子线路板
变送器不能通信	变送器上电源电压(最小值为 10.5V)	恢复供电电源 24VDC
	负载电阻(最小值为 250Ω)	增加电阻或更换电阻
	单元寻址是否正确	重新寻址
变送器读数不稳定	测量压力是否稳定	采取措施稳压或等待
	检查阻尼	增加阻尼
	检查是否有干扰	消除干扰源
仪表读数不准	仪表引压管线是否畅通	疏通引压管
	变送器设置是否正确	重新设置
	系统设备是否完好	保障系统完好
	仪表没校准	重新校准
有压力变化，输出无反应	仪表引压管是否畅通	疏通引压管
	变送器设置是否正确	检查并重新设置
	系统设备是否完好	保障系统完好
	检查变送器安全跳变器	重新设置
	传感器模块损坏	更换传感器模块

3.4　故障实例分析

压力测量系统图见图 3-2。

压力检测故障现象概括地讲是指示不正常、偏高、偏低或是不变化。现以电动压力变送器测量某一化工容器为例，说明压力检测故障判断思路。压力测量故障判断框图见图 3-3。

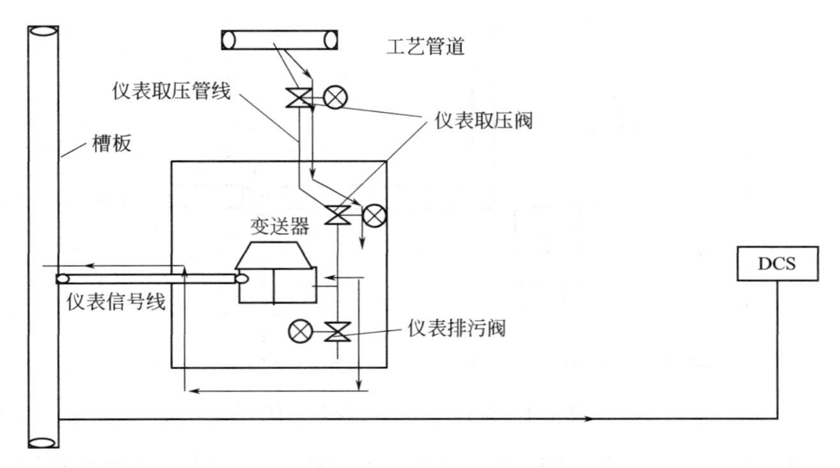

图 3-2　压力测量系统图

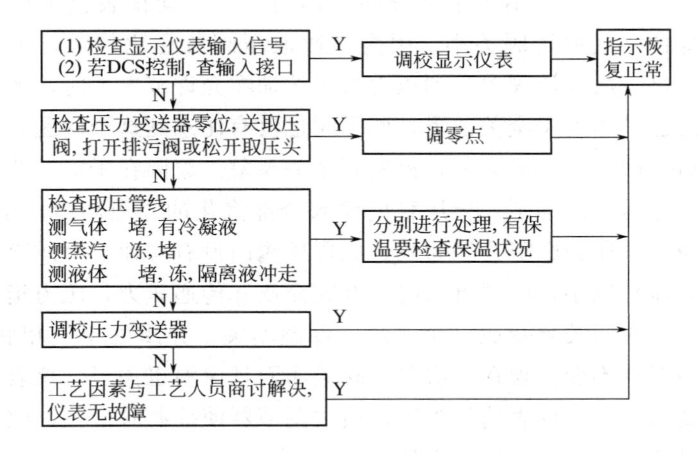

图 3-3　压力测量故障判断框图

3.4.1　压力指示回零

① 某石化企业一裂解汽油压力控制系统（图 3-4）中测压导管由于保温伴热关闭不久，出现压力指示回零，控制阀关死，裂解塔不出料，造成塔液位太高的停车事故。

故障检查、分析：由于该系统平时运行时压力波动较大，采用

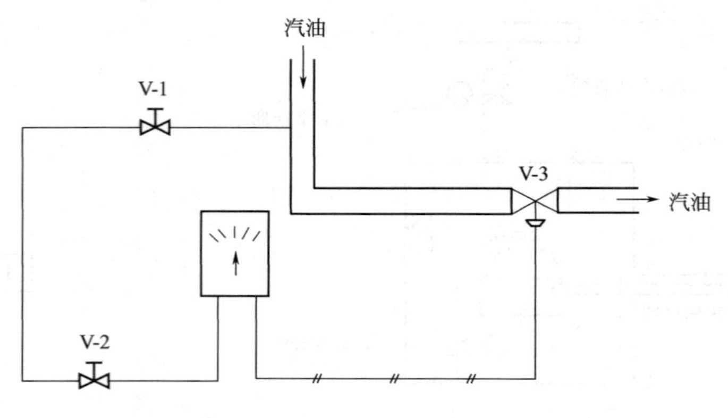

图 3-4 裂解汽油压力控制系统

了开大一次取压阀，用针阀控制阻力的办法，可以减小仪表指示的波动。由于仪表工不了解该表的具体情况，启动仪表指示波动太大，即把一次取压阀关小。因为一次取压阀口径比较大，很难控制，一旦一次取压阀关小到压力指示波动在允许范围内时，实际上该阀门已基本处于全关位置，而平时也没有注意到这个问题，当关保温后，即出现指示为零，控制阀全关现象。原因在于保温蒸汽关闭后，导压管冷却了，导压管内原来全部汽化的介质冷凝成液体，体积减小，压力骤降几乎为零，如取压阀门没有关死，介质冷凝成液体，体积减小，而裂解塔内将补充介质并传递压力，压力指示不变。如今阀门关死变成一个盲压，保温不关，介质处于气相状态，则压力保持不变。现在一次取压阀关闭而且保温也关了，仪表压力指示就回零了。仪表信号为零，通过调节器使控制阀全关，致使塔液位迅速上升而造成停车事故。

故障处理：打开一次取压阀，指示恢复正常。应当注意，对一些压力较大的检测控制系统常常采用这种节流阻力来减小检测波动，但阻力要控制适当，否则就会出现上述故障，造成严重后果。

② 某装置排放污氢压力指示为零。

故障检查、分析：该污氢压力为变压吸附装置的污氢排放时的压力监测点，由于污氢中含有杂质较多，因此容易造成测量管线堵塞。但测量管线仪表工对变送器的排放丝堵进行排气，发现确实有堵塞情况，组织人员疏通测量管。由于管线过长，疏通导压管的工作量很大，而且存在一定不安全因素。

故障处理：利用装置临时停车的机会，将压力取压点移至污氢管线上方测量，并将压力变送器采用轴向式就地安装方式，减少了导压管的长度。

③ 压力指示偏低或回零，工艺调整也无变化。

故障检查、分析：仪表导压管堵塞或工艺一次阀堵塞，或者导压管泄漏。

故障处理：疏通导压管或一次阀，紧导压管。

3.4.2　压力测量示值波动

① 某天然气压力调节系统，引起后工段系统的波动，将该调节器打到手动控制，后工段各系统波动的现象消失，但压力调节器测量指示照样波动，只是现象明显减弱。

故障检查、分析：检查压力变送器，将排污阀门打开后，压力很快泄掉，还有一点尾气，判断是一次取压阀堵塞所致。由于一次阀门堵塞，导压管又很长，管道中压力变化之后，很久才能传递到变送器检测元件中，这种滞后累计的压力传递，必然引起变送器输出始终在变化。当调节器切到自动控制时，调节器对假信号进行调节，这就必然引起系统介质压力的波动，所以波动现象更严重。

故障处理：拆去导压管，发现阀门结炭黑严重，几乎堵死，用铁丝捅通一次取压阀，重新开表，该表运行正常。

② 压力指示波动异常

故障检查、分析：工艺生产过程不稳，或变送器性能下降。

故障处理：重新校验或更换变送器。

③ 大风大雨时，某厂加热炉炉膛负压大幅度波动。

故障检查、分析：加热炉炉膛负压是工艺生产过程严格控制的工艺指标，不允许大幅度波动。在大风大雨条件下引起负压大幅度波动的原因有：

a. 下雨天负压侧渗水。

b. 由于炉膛负压很小（－80Pa左右）。一般使用差压变送器测量炉膛负压，由于刮大风使变送器改变了作用力，特别是在不规则的大风速情况下，使变送器输入信号大幅度波动。调节器输出波动，执行机构也大幅度波动，这样对系统负反馈形成恶性循环，因此造成仪表指示大幅度地波动。

故障处理：

a. 改变变送器安装方式，负压侧通大气端加一导压短管，方向向下，或者把变送器的负压室的出口引向背风处，不让雨水形成静压力，避免大风对仪表的影响。

b. 在变送器输出管线上加一个气容，也可减小指示波动。

3.4.3 压力指示不变

① 一台测量氢气压力变送器（美国霍尼威尔公司产品）显示50％恒定不变。

故障检查、分析：首先检查DCS系统，在FTA处加模拟信号到DCS系统，显示状态正确。检测现场变送器输出的信号为12mA，因此可以判定为现场变送器问题。采用手操器进行通信查看参数设置情况。检查发现原来变送器被设置为固定输出50％功能。

故障处理：将固定输出50％功能解除后，仪表指示正常。

② 一台抽负压力表（E＋H绝压表）指示不变化。

故障检查、分析：导压管有漏点或仪表超差。

故障处理：经检查上述问题均未果，后将导压管排水后，故障消失。

③ 某石化企业合成氨装置在冬季时，一台室内压力变送器（ROSEMOUNT1151DP微差压变送器）压力指示不随调节阀操作而变化。

故障检查、分析：从调节阀堵、压力表坏、导压管堵三方面分析，经检查调节没有问题，压力校验合格。在检查导压管时发现导压管不通。

故障处理：用高压氮气吹未果后，用蒸汽进行加热后吹开，仪表指示正常。

3.4.4 压力指示偏低

① 空分氮压机出口压力指示偏低。

故障检查、分析：测量氮压机出口压力的压变为DBY-21型仪表，从主控的电动二次仪表看，比现场压力表指示偏低。先拆回压力表校验，压力表在工作段指示准确，拆回压力变送器检查，校验也是准确，但装回现场，两块表照样不一致，反复检查才发现压力变送器排污阀关不死，有少量泄漏，未及时发现。

故障处理：更换排污阀，更换后两块表指示一致。

② 某装置一台微差压变送器指示偏低。

故障检查、分析：微差压变送器测量压力低，正导压管压力稍有堵塞就能造成指示偏低，经检查发现正导压管堵塞，造成差压值减小，差压指示偏低。

故障处理：清洗疏通后仪表指示恢复正常。

③ 合成气汽化炉开车后，工艺反映渣油入喷嘴压力指示始终上不来，偏低很多。

故障检查、分析：由于渣油低温易凝固，对压力传递慢甚至不传递，就造成了指示严重偏低的现象。对现场和信号进行了检查，没有发现信号问题，只是现场取压管附近温度较低。

故障处理：因刚开车室温还没有升上来，于是用蒸汽慢慢加热取压管，指示慢慢地恢复了正常。

④ 某石化企业催化两器差压变送器指示偏低。

故障检查、分析：经检查该差压表的检测单元正常，重新校验一台差变装上指示未见异常，证明传送和显示单元无故障。就决定对两器压力进行校验，结果发现再生器压力零点低致使两器差压指示偏低。

故障处理：调整后正常。

⑤ 旁路切断阀泄露引起压力示值偏低。

故障检查、分析：检查压力变送器工作正常，调节阀已全关，说明调节系统正常。用手摸管道发现旁路管道温度很高，说明工艺旁路切断阀泄漏严重。

故障处理；通知工艺操作人员，检修旁路切断阀之后，压力控制恢复正常。

⑥ 裂解炉炉膛负压指示偏低。

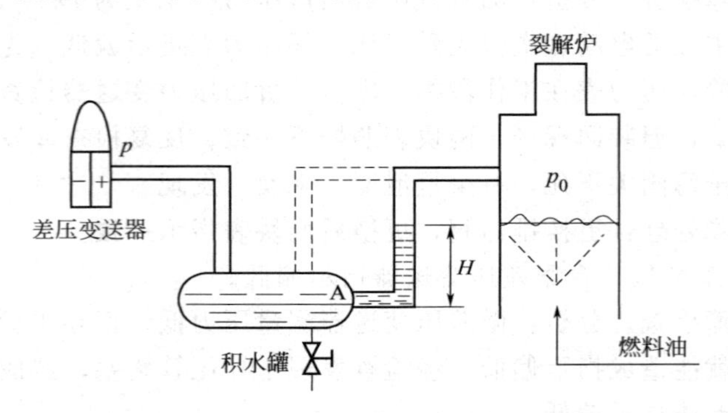

图 3-5 裂解炉炉膛负压测量

故障检查、分析：裂解炉负压测量采用一个积水罐，以防止湿空气中冷凝水进入负压变送器，增加测量误差。从图 3-5 可知，湿空气中水分不断冷凝的水，当导压管积水罐水位上升到高于右边管道进口处高度时，即积水罐水位高于 A 点时，由于炉膛负压的影响，会引起一段水柱，水柱高度记为 H，液柱产生附加压力 $p'=Hr$（r 为水的相对密度）。附加压力 p' 作用在压力（真空度）变送器上的力正好与炉膛负压 p_0 作用力相反，因此负压指示偏低一个值，见下式：

$$p=p_0-Hr$$

式中，p 为差压变送器的指示压力。

由于 Hr 的存在，$p<p_0$ 所以压力指示偏低。

故障处理：定期排除积水，尤其是停车期间，湿空气进入管内，积水更多，所以在开炉前最好排放掉积水。其次是改配管，炉膛导压管改为虚线所示，这样也可以减少排液次数。

3.4.5 压力指示偏高

① 成品储罐上一台氮封压力指示表一直指示最大。

故障检查、分析：仪表因工艺压力长时间超限，导致膜盒变形、无法恢复，仪表损坏。现场检查仪表输出一直在20mA以上，拆检校验发现仪表因工艺压力长时间超限，使仪表膜盒变形、无法恢复。

故障处理：更换仪表重新确认压力后恢复。

② 合成氨三台测量机组抽负压力的压力变送器（EJA绝压表）在正常工作时一台压力偏高，其他两台指示正常。

故障检查、分析：仪表存在超差，指示不线性或仪表导压管有漏点。仪表经校验全部合格，将导压管拆下进行打压试漏，无漏点，再拆下导压管打压试漏时，发现导压管中有微量的水流出，判断是导压管中带水导致导压管传送压力不畅。

故障处理：将导压管排水后，恢复安装后，仪表指示正常。

③ 三台绝压表（EJA绝压表），其中一台指示偏高。

故障检查、分析：导压管有漏点或仪表超差。检查漏点及仪表，在检查仪表时，仪表超差。

故障处理：更换后正常。

④ 检修后某装置一台压力变送器指示最大。

故障检查、分析：工艺抽真空系统时间短，观察工艺就地压力表指示情况。

故障处理：就地压力表指示最大，继续进行系统抽真空，仪表指示逐渐变成负压。

⑤ 压力表指示偏高

故障检查、分析：经检查，零点偏高。

故障处理：现场进行标零后正常。

3.4.6　压力指示不准

① 反应器压力指示经常不准。

故障检查、分析：经过分析发现，由于工艺反应器是在负压情况下工作的，工艺的控制指标为9～10kPa。而测压力的仪表为普通压力变送器，量程为－100～－80kPa。因为负压室通向大气，所以每当大气压有变化时仪表指示值就会相应变化，造成工艺控制指标超标。

故障处理：将该台仪表更换为绝对压力变送器（量程为0～20kPa），问题相应解决。

② 造气车间测量水煤气压力仪表为FFC压变，在一次煤气管道改造后，仪表无法正常指示，必须吹表之后，才能开表，几乎每天吹表一次。

故障检查、分析：在此次煤气管道改造后，仪表的取压方法为直接在管道上焊上取压管，致使开表后煤气中的炭黑很快堵塞导压管。造成仪表无法指示，而原来的取压方式是在管道上焊接一个插入管道内部的与导压管相连的扩大的杯型取压装置，这样当炭黑在杯罩上积聚到一定量时，炭黑会掉入管道内，而不会进入导压管，从而不会堵塞导压管。

故障处理：利用停车机会，在管道上焊接一个插入管道内部的与导压管相连的扩大的杯型取压装置，堵塞现象完全消除。

③ 指示回到零下，室内显示坏值，液晶显示屏无电。

故障检查、分析：可能是安全栅故障或电缆开路。

故障处理：更换安全栅或处理电缆。

④ 工艺操作人员反映硫化床上三个压力点中一点指示最小值，一点指示正常值，另外一点指示最大值。

故障检查、分析：由于硫化床内介质为硝基苯、苯胺及触媒的混合气体，容易在静止状态下结焦，所以采用吹气法测量压力（图3-6）。当仪表工检查指示最小值的变送器时发现流量计1有流量指示，说明氢气吹气管线正常无堵塞情况。判断为测量仪表与氢气反吹管管线交叉点前部有堵塞情况。仪表工检查指示最大值的仪表时发现流量计1指示为零，说明氢气总线到硫化床取压点处有堵塞处。

故障处理：针对指示最小值的情况，关小截止阀4，发现流量计1指示减小，打开截止阀3，关闭截止阀1，打开仪表的变送器排放丝堵，利用高压氮气对仪表测量管路进行反吹，待变送器排放丝堵排气顺畅后将丝堵关闭。打开截止阀1，关闭截止阀3，将截

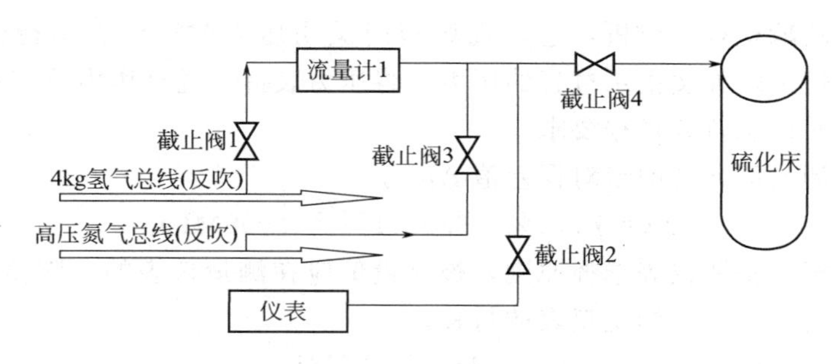

图 3-6　硫化床压力测量示意图

止阀 4 恢复原阀位状态，仪表指示压力为正常值。针对指示最大的情况，关闭截止阀 2 和截止阀 1，打开截止阀 3 用高压氮气对截止阀 4 及到硫化床取压点管路进行吹扫约 20s 后关闭截止阀 3，同时打开截止阀 1，如果发现流量计 1 有流量指示说明管线堵塞已经清除，打开截止阀 2，仪表指示正常。

上述操作只适用于堵塞情况发现及时的状态，如果上述措施无效，则应分段对管线进行疏通处理，同时采取必备的安全措施。

⑤ 某空分氧压站测量水压的差动远传压力表测量不准，经校验，显示超差。

故障检查、分析：仪表厂家出厂时差动变压器的铁心位置是处于差动线圈的中心位置而上下移动，长时间使用，环境振动及压力波动等原因是线圈位置变动，位移，产生线性度差，示值偏差过大。

故障处理：只需重新校准差动线圈的位置，使铁心处于线圈的中心位置，再反复调整电动装置上电气调零回路的零点电位器 W1、量程电位器 W2 来调整。经以上调整，消除了差动远传压力表测量不准，显示超差问题。

⑥ 某一被测压力为 $p=6.5\text{MPa}$，使用弹簧管压力表进行压力检测，仪表所处的环境温度为 $+40℃$，工艺要求则是准确到 1%，精度等级为 0.5 级。所选仪表则是范围为 0～20MPa，工艺操作人员反映该表不准。

故障检查、分析：进行现场阀门关闭压力时，仪表运行仍良好，但不能如实指示过程的压力。将压力表拆下送至压力检定室检定，其值仍符合规程要求。

测量值允许的绝对误差值 Δp 为：

$$\Delta p = p \times 1\% = 6.5 \times 1\% = 0.065\text{MPa}$$

根据检测仪表选择原则，被测量值应在测量仪表的上限值 2/3 处左右，来选择测量仪表的量程。

$$6.5 \times 3/2 = 9.75\text{MPa}$$

所以选择仪表的量程为 0～10MPa。

查表知弹簧压力表的温度系数 β 约为 0.0001～0.001，如取 β= 0.0001，则测温附加误差值 Δp 为：

$$6.5 \times 0.0001(40-20) = 0.013\text{MPa}$$

这样仪表允许的绝对误差为

$$\Delta p = 0.065 - 0.013 = 0.052\text{MPa}$$

$$\delta = 0.052/(20-0) = 0.026\% < 0.5\%$$

仪表量程选择太大，因而测量不准。

故障处理：选择仪表量程为 0～10MPa，精度为 0.5 级为宜，此时

$$\delta = 0.052/(10-0) = 0.052\% > 0.5\%$$

所以更换量程为 0～10MPa 的仪表后，保持原 0.5 级精度，便能消除测量时压力不准的故障。

3.4.7 压力变送器输出信号不稳

(1) 测量氢气压力的压力变送器输出信号不稳

故障检查、分析：输出信号不稳的原因有以下几种：

① 压力源本身是一个不稳定的压力；

② 仪表或压力传感器抗干扰能力不强；

③ 传感器接线不牢；

④ 传感器本身振动很厉害；

⑤ 传感器故障。

通过判断发现该仪表的传感器故障。

故障处理：更换变送器。

（2）压力变送器接电无输出

故障检查、分析：变送器接电无输出可能的原因有：

① 接错线（仪表和传感器都要检查）；

② 导线本身的断路或短路；

③ 电源无输出或电源不匹配；

④ 仪表损坏或仪表不匹配；

⑤ 传感器损坏。

通过判断发现该仪表的4～20mA的信号线接反。

故障处理：将信号线更换过来。

3.4.8　DCS显示压力与现场实际不符

① 某装置一台压力变送器现场指示压力与控制室DCS画面指示不相符。

故障检查、分析：压力变送器接线盒进水造成线间绝缘严重下降，使其输出电流值发生变化，所以DCS指示值不准确。经检查现场压力变送器接线盒进水。

故障处理：清除接线盒内积水后压力指示恢复正常。

② 某装置一台压力变送器压力指示现场与DCS显示不符。

故障检查、分析：首先检查变送器，拆回进行打压检定，检定数据证明变送器无超差。而且现场工艺压力表显示与现场变送器的小表头指示基本相同，因此可以判定为DCS系统组态或输入卡有问题。检查DCS系统组态中的量程参数与现场变送器一致，发现输入特性有误，将线性（LINE）组态为开方（SQUARE）。

故障处理：将输入特性改为线性后DCS显示与现场实际相符。

③ 某装置一台压力变送器（E＋H智能压力变送器）表头指示与DCS指示对不上。

故障检查、分析：分析压力变送器电路故障或安全栅故障或DCS输入卡超差。检查安全栅和DCS输入卡无问题，在对仪表进行检查时发现表头指示能与DCS一致，但用万用表测量电流值却不符。

故障处理：更换此表的主板故障消失。

④ 现场示值与控制室显示相反。

一块远传压力表，因需要移走，重装表头，装上后调校，无压力时，现场显示“0”，控制室却显示“满量程”；加压时，现场示值增加，控制室显示值反而降低，调整调零回路的 W_1、W_2 电位器不起作用。

故障检查、分析：对照电路图查找，查出是测量装置中差动变压器的次级输出线的极性与原装仪表相反。

故障处理：将两根输出线调换位置后，故障消除。

3.4.9　单法兰压力测量仪表毛细管断裂故障

某装置使用单法兰测量压力，出现毛细管断裂现象，造成系统停车事故。

故障检查、分析：仪表毛细管断裂的原因有以下几个方面：

① 机械损伤。单法兰毛细管式压力测量仪表，由法兰、毛细管及变送器组成。在运输、调校、安装过程中稍有不慎，都有可能造成毛细管的损伤，使用过程中由于周围人员活动也有可能造成意外损伤。

② 振动损伤。如果仪表安装在高压回路中振动较大的部位，毛细管长年受振动产生疲劳而断裂。

③ 材质问题。如果测量介质具有腐蚀易结晶的特点，一旦毛细管选择材质不当，就有可能产生以下问题：其一，单法兰一次膜片损坏后，测量介质迅速进入毛细管内，造成毛细管内部腐蚀而断裂；其二，在测量环境中时常有氨等腐蚀物质存在，也会造成毛细管因外部腐蚀而断裂。

④ 质量问题。如毛细管与变送器及法兰之间焊接材质不对，焊接不牢等，也可能造成毛细管的断裂。

⑤ 填充硅油选择不当。硅油充的量不足，也可能造成一次膜的击穿从而造成毛细管的断裂。

故障处理：由于每种仪表都有使用周期及使用寿命，所以特殊环境下重要位置的同类仪表，每个检修周期都要及时更换新的变送器。仪表生产厂家要针对特殊使用场合，选用专用材质来加工生产仪表关键部件，以达到最佳使用效果。运输、调校、安装过程中要特别注意仪表安全。定期进行仪表检查和维护。

3.4.10　压力联锁故障

（1）某石化装置压力超高，联锁不动作，放空阀不动作停车。

故障分析：正常情况下，当压力超高时，则 PLC 内部接点接通，发出接通信号带动四通型 24VDC 电磁阀动作，放空阀动作。在这个通路中，压力超高，放空阀不动作有三种可能情况：

① PLC 内部接点、接线端子故障；

② 继电器、回路连接故障；

③ 电磁阀故障。

故障处理：现场测量压力超高时有电信号送出，说明现场压力控制器无故障，检测四通型 24VDC 电磁阀有电信号，无气源输出，放空阀不动作。在工艺旁路控制之后，检查电磁阀控制器，检查接点端子，发现接点接触不良，处理后重新校验恢复正常。经过几次试验后，完全好用，配合开车，投上联锁。

（2）某石化企业重油总管压力报警联锁系统，由于锅炉燃料油的重油总管压力下降，并且备用泵不能自动启动，导致重油压力继续下降，直到锅炉连锁动作切断重油而停车，造成故障。

故障检查、分析：正常情况下，当重油总管压力下降到一定值时，备用泵应自动启动，使重油保持一定流量和压力。现由于备用泵没能启动，说明备用泵没有接到压力下降的信号，也就是说本系统的压力变送器没有感受到总管压力的变化。检查原因是导管内隔离液被放掉，重油进入导压管以及变送器正压室腔内。由于采用隔离液测量总管压力，导压管和仪表没有采用保温伴热，重油凝固点比较低，因此在导压管和膜腔内凝结，不能感应和传递总管压力的变化。同时，由于重油固化而体积膨胀，传感器元件受力指示偏高，也一直保持这一值。当总管压力下降时，此值不变，备用泵不启动，直至造成停车事故。

故障处理：使用蒸汽吹扫导压管，仪表膜腔拆卸用汽油清洗干净。仪表重新投用前要对仪表进行静压试验和检验合格后，在导压管内重新充满隔离液。

（3）某石化装置压力开关发生误动作，造成联锁动作。

故障检查、分析：分析原因有两方面：导压管堵塞或泄漏、压力开关有故障，经检查发现压力开关导压管存在杂质，可造成压力开关动作。日常维护中需经常清洗处理压力开关导压管。

故障处理：清理污垢后恢复正常。

第4章　物位测量仪表故障实例

在工业生产过程中，经常遇到大量的液体物料和固体物料，它们占有一定的体积，堆成一定的高度，通过物位检测可以确定容器中被测介质的储存量、监视和控制容器的介质物位，保证产品质量和安全生产。物位检测仪表按工作原理不同分为直读式、浮力式、差压式、电容式、超声波式等类型。

4.1　液位测量仪表故障判断

液位测量系统见图4-1。

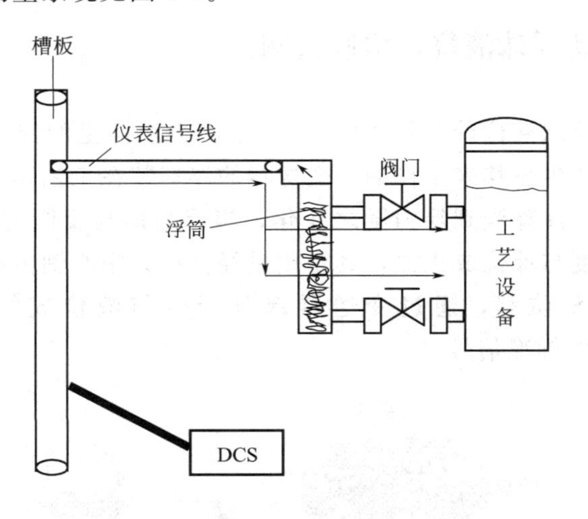

图4-1　液位测量系统

液位测量仪表虽然不同，但故障判断思路却相差不多。以电动浮筒液位变送器为例说明液位测量仪表故障判断思路。液位检测故障判断见图4-2。

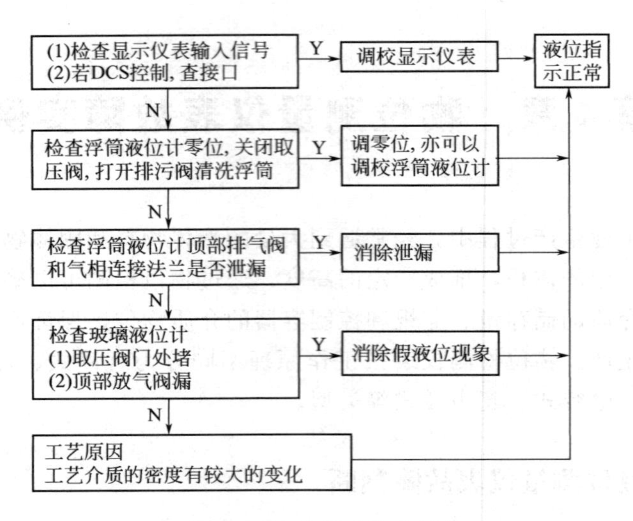

图 4-2　液位检测故障判断

4.2　电动浮球液位计维修实例

电动浮球液位计（图 4-3）是基于浮于液面上的浮球随着液位的高低而产生位移来工作的。变送器的浮球装在工艺容器内，当液位变化时，浮球受到浮力随之变化，当浮力矩与反馈力矩平衡时，反馈杆角度与液位成正比，其变化量经杠杆、中心轴传动，使传感器产生的角位移，通过变送器部分产生与液位成线性的 4～20mADC 的标准信号。

图 4-3　电动浮球液位计

4.2.1　电动浮球液位计安装、维护

① 液位计安装必须垂直，以保证浮球组件在主体管内能上下运动自如。

② 最好在容器与液位计之间装截止阀，以便清洗和检修液位计时切断物料。

③ 液位计主体管周围不容许有导磁体靠近，否则直接影响液位计正常工作。

④ 液位计安装完毕后，需要用磁钢进行校正。

⑤ 液位计投入运行时应先打开下引液管阀门让液体介质平稳进入主体管，避免液体介质带着浮球组件急速上升。

⑥ 因运输过程中为了不使浮球组件损坏，故出厂前将浮球组件取出小液位计主体管外。待液位计安装完毕，打开底部排污法兰，再将浮球组件重新安装入主体管内，注意浮球组件重的一头朝上，不能倒装。

⑦ 根据介质情况，可定期打开排污法兰清洗主体管内沉淀物质。

⑧ 定期检查和精度检查。

4.2.2　电动浮球液位计常见故障与处理

见表 4-1。

表 4-1　电动浮球液位计常见故障与处理

故障现象	故障原因	处理方法
液位变化，输出不灵敏	密封圈过紧	调整密封部件
	浮球变形	更换浮球
无液位，但指示为最大	浮球脱落、变形、破裂	重装浮球或更换浮球
指示误差大	连接部件松动	调紧
	平衡锤位置不正确	调整平衡锤位置
液位变化，但无输出	变送器损坏	更换变送器
	电源故障或信号线接触不良	处理电源或信号线故障

4.2.3 故障实例分析

（1）浮球液位计指示偏大

① 常压车间一液面浮球液位计出现了指示最大的现象。

故障检查、分析：仪表人员到现场检查浮球的配重在最低点，说明现在仪表的液面是最高。而工艺的现场玻璃板和仪表指示对不上，分析判断是仪表浮球脱落造成了液面指示最高的假液位现象。

故障处理：因为是浮球脱落无法维护，停车检修时更换浮球。

② 芳烃罐区浮球液位计，操作人员反映该仪表不随容器内的液位变化，一直指示最大，不随罐内液位变化。

故障检查、分析：经检查浮球脱落。

故障处理：重新安装后正常。

③ 焦化装置一台内浮球式液位变送器指示偏大。

故障检查、分析：原因有浮球脱落、浮球连杆断裂、浮球转换机构损坏、浮球指针或表头损坏几种情况。经现场检查按压仪表浮球转换机构、浮球连杆转动灵活；测量指针和表头检查均无故障，与工艺联系分析为内部浮球脱落。

故障处理：更换浮球后仪表指示正常。

（2）浮球液位计指示偏低

焦化装置一台浮球式液位变送器指示偏低。

故障检查、分析：原因有浮球损坏、浮球连杆弯曲、浮球转换机构损坏、浮球指针或表头损坏、线路断路、电源极性接反几种情况。经现场检查按压仪表浮球转换机构、浮球连杆转动灵活；测量指针和表头检查均无故障，与工艺联系分析为内部浮球连杆弯曲。

故障处理：更换浮球连杆后仪表指示正常。

（3）浮球液位计无指示

一台电动内浮球液位变送器突然无指示。

故障检查、分析：测量回路电压信号为DC27V，无电流信号。现场检查一次元件电源极性没接反、电流转换部分无电流输出，判断为仪表表头损坏。

故障处理：更换仪表表头后指示正常。

(4) 浮球液位计联锁故障

① 空分装置浮球液位控制器液位超高，联锁不动作。

故障现象：当空冷塔液位超高时，液位控制器内部接点接通，带动 220VAC 继电器动作，发出接点接通信号，送给电气，使水泵停车。但水位超高，水泵不停。

故障检查、分析：在这个通路中，液位超高，水泵不停，有浮球液位控制器故障、继电器故障、回路连接故障三种可能的情况，现场先测量了浮球液位控制器在液位超高时无接点信号送出，证明浮球液位控制器有故障。

故障处理：放水之后，拆下液位控制器，手动搬动平衡锤检查接点，发现接点接触不良，对其打磨处理后装上，配合开车，投上联锁。

② 浮球液位开关发生误动作，造成联锁动作。

故障检查、分析：工艺生产过程中存在杂质，在不断沉积过程中将浮球开关卡住，造成浮球液位开关动作，经检查发现浮球液位开关被卡在管壁上。

故障处理：清理污垢后浮球开关恢复正常。

③ 工艺操作人员反映在 KA403 塔液面指示 LT0415 达到 100%的情况下，该塔液位联锁开关 LAHH0413 没有动作，造成联锁开关失灵。

故障分析：生产过程中产生的杂质将浮球开关固定在现有位置上，使其无法动作，造成联锁开关失灵。在检查浮球液位开关时发现下活门排不出料来。

故障处理：疏通后将仪表重新校验恢复正常。

4.3　电动浮筒液位计维修实例

电动浮筒液位计（图 4-4）是基于浮力原理工作的，当液位在零位时，扭力管受到浮筒重量产生扭力矩（这时扭力最大）、扭力管转角处于“零”度；当液位逐渐上升时，浮筒在液体浮力的作用下，也随着上升，扭力管产生的扭力矩逐渐减小，此时将其产生的转角 ϕ 由变送器转换成 4～20mA DC 信号，此信号正比于被测量液位。

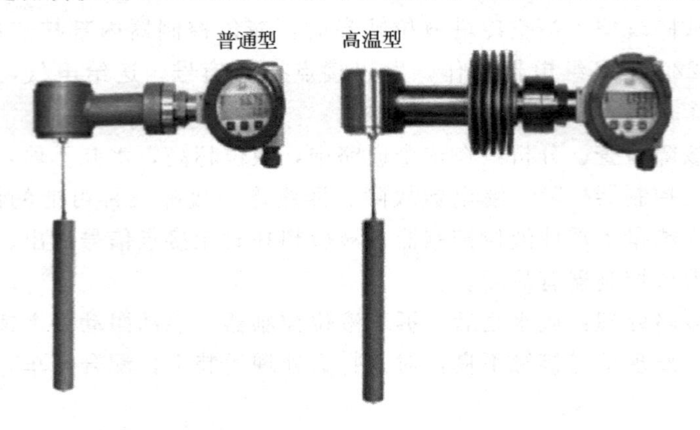

图 4-4 电动浮筒液位计

4.3.1 电动浮筒液位计安装、维护

① 检查浮筒变送器外观有无损坏、变形，各部件是否灵活好用。

② 仪表铭牌各参数、校验单等要齐全准确，符合工艺设备的压力、温度、材质、密封等要求。

③ 仪表安装时必须牢固可靠、横平竖直，必须保证测量室垂直，浮筒外壁不得与浮筒室内壁相碰，筒室倾斜$<5°$，并尽量安装在便于观察、维护和检修的地方。

④ 浮筒外部水平中线要与液（界）位变化范围中点一致。

⑤ 施工中不得使浮筒受到拉力、推力和激烈的冲击，否则可能使传感器因过载而损坏。

⑥ 仪表安装完毕后，所有连接管路及各密封点应无渗漏现象，接线要正确，通电检查仪表零位（若是界位计应充满轻介质），如不是 4mA，应进行零位调整。

⑦ 在被测介质黏度大或寒冷易冻的使用场合，要加装保温拌热系统。

⑧ 在液位波动较强烈的使用场合，仪表应加设管路限流装置。

⑨ 本安型浮筒液（界）位计只能经过安全栅供电。

4.3.2　电动浮筒液位计常见故障与处理

见表4-2。

表4-2　电动浮筒液位计常见故障与处理

故障现象	故障原因	处理方法
实际液位有变化，但无指示或指示不跟踪	引压阀、管堵或积垢	疏通、清洗、或更换引压阀
	浮筒破裂	更换浮筒
	浮筒被卡住	清洗浮筒
	变送器损坏 没有电源	检查电源、信号线、接线端子
无液位，但指示为最大	浮筒脱落	重装
	变送器故障	更换变送器
有液位，但指示为最小	扭力管断，支承弹簧片断	更换扭力管或支承簧片
	变送器故障	更换变送器

4.3.3　故障实例分析

（1）电动浮筒液位计指示偏大

① 造气夹套锅炉液位工艺反映总是指示最大，无法调节，全关调节阀，液面还下不来，玻璃液位计指示为零。

故障检查、分析：分析原因有如下可能。

a. 从浮筒变送器结构和工作原理分析，浮筒脱落时使输入过载，远远超过浮筒全部浸入被测介质所产生的浮力，此时差动变压器的平衡电压产生变化，变送器的输出电流在20mA以上（30mA左右）。

b. 浮筒本身变送部分发生故障，致使无法正常工作。

故障处理：拆开浮筒变送器顶部法兰，浮筒挂钩果然脱离变送器的主杠杆，将挂钩重新处理，挂上浮筒，再用介质调校浮筒变送器，浮筒变送器的零点和量程均符合要求。装好浮筒变送器顶部法兰，先缓缓打开气相截止阀，再缓慢打开液相截止阀，浮筒投入运行。加减液面，与玻璃液面计一致，指示正常，投入自动。

② 造气沸热锅炉液位自动调节系统，操作人员反映，该液位调节系统指示偏低，依据是玻璃液位计指示 50%，指示调节器指示 30%，用万用表检查发现其信号与调节器指示相对应。但进行处理后指示最大。

故障检查、分析：判断电动浮筒变送器有堵塞现象或黏附物卡住浮筒，造成液位指示偏低。

故障处理：把调节器打至手动状态，保持阀位有一定的开度，确保生产，便去现场对电动浮筒变送器进行冲洗排污处理，确认无堵塞现象后关闭排污阀，打开气相和液相截止阀，电动浮筒变送器投运，这时变送器的输出表头指示满液位 100%以上，从处理过程来看，有可能造成浮筒脱落，致使指示最大。造成浮筒脱落的主要原因是冲洗排污不当。因该浮筒的挂钩是一个长方形结构，中间的开孔是长条形状，开孔上面小下面大，当浮筒室卸压排净介质后，再突然开启液相阀门，介质在浮筒室内有一向上的冲力，很容易造成浮筒脱落。拆开浮筒变送器顶部法兰，浮筒挂钩果然脱离变送器的主杠杆，将挂钩重新处理，挂上浮筒，再用介质调校浮筒变送器，浮筒变送器的零点和量程均符合要求。装好浮筒变送器顶部法兰，先缓缓打开气相截止阀，再缓慢打开液相截止阀，浮筒投入运行。加减液面，与玻璃液面计一致，指示正常，投入自动。

③ 某塔液位检测采用浮筒液位计，在同一位置安装玻璃板液位计。当浮筒液位计指示 60%时，而玻璃板液位计已指示满刻度。

故障检查、分析：采用浮筒液位计测量塔器的液位是比较常用的一种检测方法，在安装浮筒液位计的同时也常常安装玻璃板液位计，以便工艺操作人员在生产现场巡检时能比较直观地观察塔的液位。这种安装方法往往出现两个仪表指示不一致的现象。

出现这类故障工艺操作员往往会认为是浮筒液位计不准，仪表维修人员一般也会首先检查浮筒液位计。关闭浮筒液位计取压阀，打开排放阀检查零位，然后在外浮筒内加液，检查指示是否相应变化，对应刻度值，如不正确，加以调校。

具体到此故障现象，检查浮筒液位计无故障。检查玻璃板液位计也没有堵。然后进行查漏试验，发现玻璃板液位计顶部的压力计接头处漏。由于微量泄漏，造成玻璃板压力计气相压力偏低，液位相对就上升，从而造成了玻璃板液位计假指示。

还有一种情况，由于玻璃板液位计取压阀堵塞，当液位下降时，浮筒液位计指示随之下降，而玻璃板液位计由于取压阀堵塞，仪表内液位不变，从而造成两表示值不一致。

故障处理：将气相压力表接头拧紧，使之不漏，玻璃板液位计指示恢复正常，两表指示一致。

（2）电动浮筒液位计指示偏低

测量液氨槽液位的浮筒液位计，液位测量变送器指示仅 40%，可是玻璃液位计指示已满。

故障检查、分析：检查浮筒液位计变送器各部件未见异常，排污检查气相、液相，均有气氨、液氨排出。打开浮筒，检查扭力臂和浮筒也未见异常，后来取出浮子（空心）才发现，浮子被腐蚀，有一个砂眼，漏进了液氨。

故障处理：将浮子焊好装回，校好，开表，液位恢复正常。

（3）电动浮筒液位计指示不变化

① 浮筒液面计 LT801 指示没有变化。

故障检查、分析：浮筒下部一次活门可能被污垢堵死，造成仪表指示没有变化。将上下一次活门关严，将物料排净，打开下部一次活门没有物料排出，证明一次活门堵死。

故障分析：联系工艺人员疏通一次活门后，仪表指示恢复正常。

② 铜洗塔液位报警了，但浮筒液位变送器测量指示保持在 75%不变化。

故障检查、分析：检查变送器部件未见异常，排污检查，气相、液相均能排出气体、液体。打开浮筒检查，发现扭力臂处已被铜氨液结晶卡死，致使转换部件不能获得随液位变化的转矩变化，测量信号无变化，不能反映液位真实值。

故障处理：清洗净结晶装回，重新开表，系统恢复正常运行。

(4) 电动浮筒液位计指示不准

① 换热器外浮筒液位计指示总是不线性。

故障检查、分析：分析原因有液位调节阀开关是否线性、换热器本身有故障、仪表本身故障三种情况，经检查工艺与设备人员排除了前两种可能。然后检查仪表供电、浮筒浮子有无漏点、仪表接线及内部、对仪表进行调校。经查仪表供电无问题，仪表内部有水痕，在对仪表进行校验时发现仪表电流输出缓慢，不能马上随砝码的变化而变化，所以仪表会出现指示不线性的问题。

故障处理：更换仪表现象消失。

② 某石化装置用浮筒式液位计测量液位，但液位指示总有漂移、滞后现象。从现场玻璃板液位计的示值查对浮筒液位计的示值，两表均不相符。

故障检查、分析：经仪表维修人员现场检查浮筒液位计无故障。当打开阀门浮筒上端盖，看到浮子未吊好，结果浮子与筒壁相摩擦，因此摩擦力抵消了部分液面的浮力，致使液位示值不准。

故障处理：将浮子吊好，示值正常。

③ 某液面控制系统采用浮筒测量容器液位，出现液位波动。

故障检查、分析：该系统在运行过程中，由于油污进入浮筒中，低温结为油泥，致使浮子动作不灵活，液位变化滞后，不能使调节器及时调节控制，反而产生误调节，致使液位波动。

故障处理：排污之后，波动现象消失。

④ 浮筒液面计指示不准，有时突然恢复正常。

故障检查、分析：对二次仪表进行了测量、校对，没有发现问题。经分析故障原因在变送部分。对这一部分进行检查时，发现由于水垢、污水沉积在浮筒下端形成粥状污物，当打开排污阀排污时，使浮筒下降，与下端粥状污物粘在一起，当关闭排污阀液位重新上升时浮筒不能及时浮起，致液位显示不准，调节不灵。

故障处理：及时清理底部污物，仪表好用，示值正常。

⑤ 一台浮筒液面计在使用过程中出现异常，现象是在现场玻

璃板指示过50%时，浮筒指示逐渐增大。

故障检查、分析：经仪表人员分析后判断是沉筒筒体有可能有砂眼或裂纹，后与工艺联系配合将沉筒拆下，用肉眼就可以看见筒体有一裂纹。

故障处理：处理后仪表回装，再未出现此类问题。

⑥ 浮筒指示与工艺玻璃板不符。

故障检查、分析：工艺玻璃板或浮筒的一次阀堵塞，浮筒没有准确校验。

故障处理：处理一次阀或重新校验浮筒。

4.4 双法兰液位计维修实例

双法兰液位变送器（图4-5）由差压变送器、毛细管和带密封隔膜的双法兰组成。密封隔膜的作用是防止管道中的介质直接进入差压变送器，它与变送器之间是靠注满液体（一般采用硅油）的毛细管连接起来的，当膜片受压后产生微小变形，变形位移或频率通过毛细管的液体传递给变送器，由变送器处理后转换成输出信号。可用于测量液体、气体和蒸汽的流量、液位、密度和压力。

图4-5 双法兰液位变送器

4.4.1 双法兰液位计维护

（1）检查

① 双法兰检查：检查双法兰与设备连接部分的密封是否良好；法兰与毛细管、毛细管与变送器的连接部分及毛细管本身是否有液体泄漏；法兰膜片有无变形、损伤、腐蚀、结垢等不良情况。

② 变送器检查

a. 变送器外观检查：检查变送器外壳有无损伤、腐蚀和其他故障，发现问题及时处理。

b. 变送器内部检查：打开变送器外盖，先检查密封圈有无损坏，如果损坏要及时更换；检查电路板及其他元器件是否良好。

c. 检查变送器接线情况是否良好。

d. 断开电源，卸下接线，进行绝缘电阻检查，用500V兆欧表检查变送器接线端子与外壳间的绝缘电阻，该电阻值应大于20MΩ以上。

（2）检修

① 双法兰式差压变送器的检修周期一般为生产装置的一个运行周期。

② 仪表与设备连接部位有排污孔的应拆开堵头进行吹扫（吹扫时应注意不要用蒸汽对着法兰膜片）。

③ 仪表与设备连接部位无排污孔的应拆开法兰进行吹扫。

④ 检查零部件有无腐蚀磨损、变形和渗漏，情况严重者应更换。

4.4.2 双法兰液位计常见故障与处理

见表4-3。

表4-3 双法兰液位计常见故障与处理

故障现象	故障原因	处理方法
无指示	信号线脱落或电源故障	重新接线或处理电源故障
指示为最大	低压侧、膜片、毛细管或封入液泄漏	更换仪表
	低压侧(高压侧)放空引压阀没打开	打开引压阀
	低压侧(高压侧)放空引压阀堵	清理杂物或更换引压阀
指示为偏大	低压阀(高压侧)放空堵头漏或引压阀没开	紧固放空堵头，打开引压阀
	仪表未校准	重新校对仪表
指示值无变化	电路板损坏	更换电路板
	高低压侧膜片或毛细管同时损坏	更换仪表

4.4.3 故障实例分析

（1）液位反应迟缓，精度下降

① 某液面控制系统，使用双法兰变送器测量容器液位，变送器安装在两引压法兰中间。仪表投用后不久，发现它反应迟缓，指示不准，更换了一台新表，仍出现类似现象。

故障分析：双法兰变送器的工作压力，一般要求在大气压以上，如果需要在大气压以下（负压）工作，工作温度不能太高。该变送器的技能：静压上限 2.5MPa，下限 2.7kPa，过程温度为 −40～120℃（图 4-6）。仪表的接液温度和过程压力是有关系的，当温度为 120℃时，仪表的最低工作压力不是 2.7kPa，而是在大气压以上；若要在 2.7kPa 以下工作，仪表的接液温度只能在 60℃以下。由于本变送器安装在两法兰中间（图 4-7），如操作不当，它有可能出现真空状态，出现不符合仪表计数条件的情况。

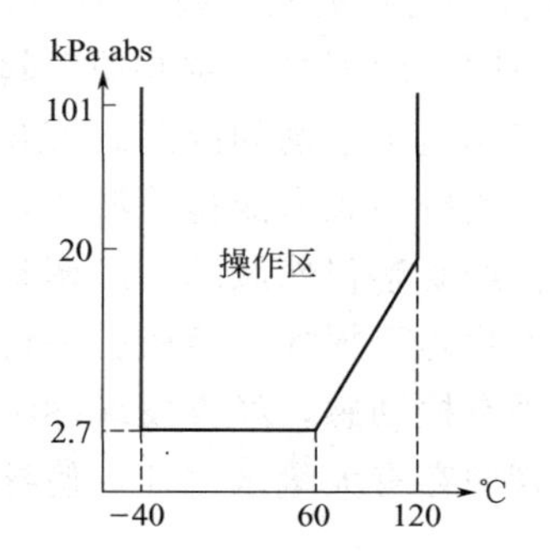

图 4-6　双法兰变送器的技术性能

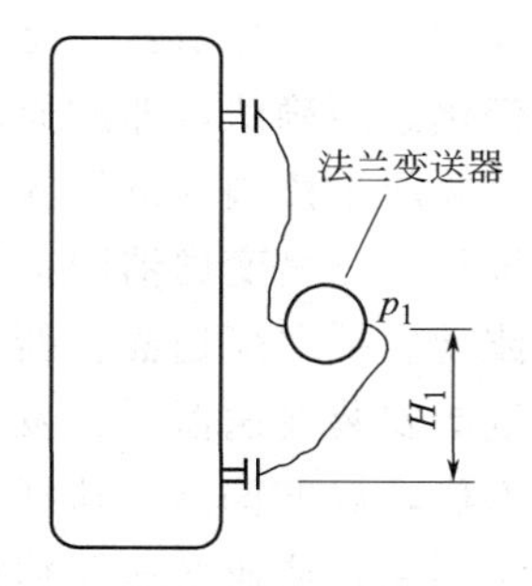

图 4-7　双法兰变送器的安装位置

变送器在负压状态下工作时，法兰磨合中的膜片因受真空而外鼓，于是密封系统内的压力降低，填充液的黏度也随之下降，并开始蒸发。当填充液内出现气体时，压力的传递便会减慢，于是仪表的反应迟缓，动态特性变坏。

故障处理：把仪表安装在两法兰下面。

② 某装置一双法兰液面计指示动作缓慢。

故障检查、分析：经检查表体及信号线路正常，将下法兰拆下后发现法兰口处有沙装物质流出，沙装物质存留于下法兰处，液面变化不能迅速直接作用于法兰面上，造成仪表指示变化缓慢。

故障处理：将脏物清除、法兰清洗后回装，仪表恢复正常。

（2）液位示值波动

① 在夏季气温较高阳光充足时，液位指示波动，夜间恢复正常。

故障检查、分析：由于该双法兰装于室外某装置南侧，阳光能直接照射到没有保温系统的法兰毛细管，使毛细管温度急剧上升。又因仪表出厂时质量不过关，在向膜盒内充装硅油前没有将内部空气清除干净（或充装硅油膨胀系数过大），致使空气受热膨胀，膜盒内压力升高，仪表指示失灵。

故障处理：暂时将法兰及毛细管等阳光直射部分加装保温层，防止阳光直射。待大修时，具备检修条件后更换一合格双法兰。

② 某容器使用差压变送器测量液位，运行时指示持续波动。

故障检查、分析：一是工艺本身原因，即测量介质波动引起液位的变化。经确认，非此原因。二是三阀组中平衡阀内漏。打开高压阀，关闭平衡阀与低压阀，打开低压侧排污阀未能排除液体，此情况排除。三是变送器阻尼调整不当。经观察仍然波动。经调整后仍然波动。拆回变送器重新校验，看膜片是否损坏，经校验一切正常。重新安装变送器后，发现冲洗水阀有振动感，经查发现冲洗水压力不稳，温度偏高，这样会使导压管中存有大量水汽柱，使导压管引压不稳，造成变送器输出也波动。

处理：故障改造冲洗水系统，处理后变送器指示正常。

（3）液位示值不准

① 某合成氨一台测量气化炉液位的双法兰仪表指示总是与现场翻板仪表对不上。

故障检查、分析：经分析，可能有翻板仪表就地指示故障、双法兰仪表取压处堵、双法兰仪表膜盒损坏三种原因，经机械检查排除了翻板有故障的可能性，并对仪表取压处进行反冲洗，使仪表取压处无堵塞，再将仪表双法兰拆下检查膜盒，发现膜盒已经损坏漏油。

故障处理：更换仪表，问题解决。

② 合成气一次脱碳塔使用双法兰液位变送器测量液位，工艺反映指示偏高，实际液位降到几乎零位，指示只有很小的变化。

故障检查、分析：现场对变送器进行了检查没有问题，分析可能是介质结晶在膜盒上造成指示偏高，由于碱液容易结晶，再加上气体中带有少量的炭黑，混合黏在一起，很硬，压迫在膜盒上，即使液位下降，膜盒仍然受一个不变的力，因此，实际液位降到零，指示仍没有变化。拆开双法兰，果然膜盒上有结晶的黑色物质。

故障处理：清除膜盒上有结晶的黑色物质后，安装，开表运行正常。

③ 某塔使用双法兰测量液面，当塔底液面已很高时，但双法兰液位计无指示。

故障检查、分析：经检查，仪表维修人员怀疑双法兰液位计示值不准，使用打开平衡阀能平衡差压正负压室的方法，用到双法兰差压变送器中去，但液位计示值仍为原来示值而不回零。这样维修人员误认为仪表零位不准，硬把液位示值调到零位，因此仪表无指示，只有当液位高于原来示值时方有示值。

故障处理：此故障是由于仪表维修人员误操作引起的，在调整双法兰差压变送器零点时，需把上下一次阀关死，打开中间平衡阀后，再将两片双法兰内的介质排掉，这时方认为上下法兰片受压相等，此时才可以对变送器进行调零。

④ 乙醇胺装置测二乙醇胺中间罐液位的液位计指示不准，工艺反映指示高。

故障检查、分析：通过正负向排放，发现是负向测量管内隔离液流失造成的。

故障处理：通过向负向测量管内灌二乙醇胺，仪表指示正常。注意乙醇胺装置中用差压法测液位的负向测量管内灌的隔离液通常是本身所测介质。在处理差压法测液位的仪表时，千万要注意不要轻易打开平衡阀，以免使负向所灌的隔离液流失，致使仪表不准。

⑤ 某锅炉汽包液位控制系统采用差压变送器测量液位，同时在汽包另一侧安装了玻璃板液位计。开车时，差压变送器输出比玻璃板液位计指示值高很多。

故障检查、分析：采用差压变送器测量密闭容器液位时，导压管内要事先装满冷凝液，用100%负迁移将负压管内多于正压管内的液柱迁移掉，使差压变送器的正负差压 $\Delta p=h\gamma$，h 为液面高度，γ 为水的相对密度。差压变送器的量程为 $H\gamma$，H 为汽包上下取压阀之间的距离。

调校时，水的密度取锅炉正常生产时沸腾状态的值。

锅炉刚开车时，锅炉内温度、压力都没有达到设计值，此时水的相对密度较正常生产时大，虽然 H 不变，但 $\Delta p=\gamma h$ 值增大，输出增加。玻璃板液位计只和 H 有关，所以它指示正常，从而造成差压变送器指示大于玻璃板液位计示值。

这种现象是暂时的，当锅炉达到正常运行工况时，两表指示就能一致。不必加以处理但要和工艺操作人员解释清楚。

(4) 液位测量改造

空分空冷塔塔底液面测量中存在不利于维护工作的一点问题，在正负一次取压阀阀后无放空阀和平衡管和阀，生产中当开关取压阀时，仪表将有较大过载，超出技术措施规定的使用条件，不利于仪表的正常工作。现有状态下仪表不能处于同一静压或零点压差，不利于判断处理仪表运行中出现的故障。

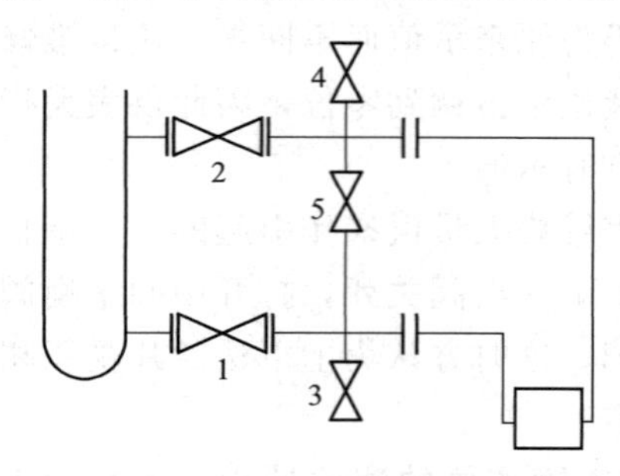

图 4-8　液位测量改造后安装图

1,2—原有阀；3,4,5—后加阀

在现有条件下，在上下取压阀阀后短管处（高点，低点）各加一阀和一连通管（带阀门），这样方便检查仪表处理故障（见图 4-8）。

(5) 联锁故障

某石化装置 T-210 塔液位控制联锁仪表 LSLL-202 出现报警联锁

信号，联锁动作使 PDV-222 和 FV-204 阀自动关闭，导致装置停车。

故障检查、分析：经过仪表人员对测量回路各个环节的逐一检查，发现是现场双法兰变送器出现故障，使仪表输出信号出现偏差，达到联锁值，导致装置联锁停车。

故障处理：由于 LSLL-202 变送器为插入式双法兰变送器，在装置生产过程中无法拆卸进行更换，所以仪表人员将 T-210 塔用于调节控制作用的相同测量点 LIC-201 的输出信号作为联锁输入信号接入 LSLL-202 联锁回路中，由 LIC-201 的信号实现 LSLL-202 的联锁功能，将联锁功能恢复正常。

4.5　雷达液位计维修实例

雷达液位计（图 4-9）主要是由发射和接收装置、信号的处理器、天线、操作的面板、显示、故障报警等部件组成。是基于发射—反射—接收工作原理。雷达传感器的天线以波束的形式发射电磁波信号，发射波在被测物料表面产生反射，反射回来的回波信号仍由天线接收。信号经智能处理器处理后得出介质与探头之间的距离，送终端显示器进行显示、报警、操作等。

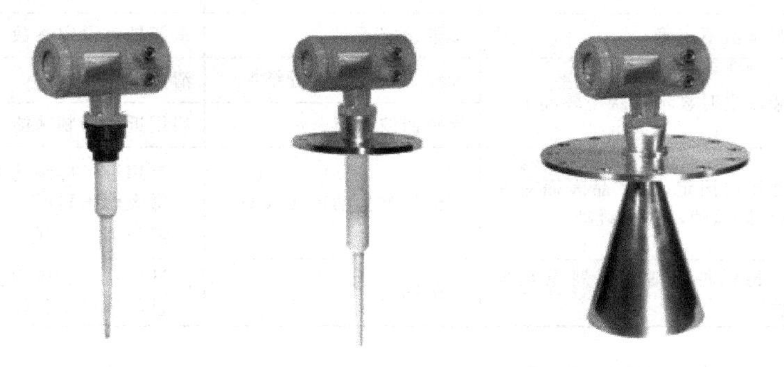

图 4-9　雷达液位计

4.5.1　雷达液位计维护

① 雷达液位计的日常检查维护主要是查看电源电压和输出电

流是否正常。通电后，大约需要 30～60min 仪表才能正常工作。如果投运后仪表没有输出，则应检查电源是否真正接上，并检查保险丝是否烧坏。

② 雷达液位计使用时是和设备连成一体的，整个系统雷达液位计是密封的，所以平时还应检查各部件连接处的密封情况是否良好。

③ 雷达液位计雷达头内部的使用温度为 65℃。一般使用情况下不会超过这个温度，但若被测介质的温度很高，则雷达头内部的温度有可能超过 65℃。这时，可以用少量的风，经 $\phi6\times1$ 紫铜管自雨水帽吹入雷达头，以将内部的温度降下来，绝对不要用水或其他液体进行机械冷却。

④ 易挥发的有机物会在雷达液位计的喇叭口或天线上结晶，要按期检查和清理。

4.5.2 雷达液位计常见故障与处理

见表 4-4。

表 4-4 雷达液位计常见故障与处理

故障现象	故障原因	处理方法
测量值不正确	参数设定不对	重新核对设定参数
当罐放空时显示跳跃至较高值	天线上或天线附近结垢	清洗天线
	导致回波衰减	启用近场抑制功能
当物位恒定，但产品表面有扰动时，测量值不时的跳动	信号被扰动表面减弱	启用近场抑制功能 增大输出阻尼 适当加大天线
当物位稳定时显示跳跃至较低值	多回波	试用“优化”应用参数 重新选择安装位置

4.5.3 故障实例分析

（1）液位指示最大

① 合成氨一台测量水池液位的雷达仪表指示波动，最后指示最大。

故障检查、分析：分析有仪表本身故障、水池液位突变、工艺工况变化三种原因，检查仪表电源正常，仪表本身无故障；水池液位经现场观察，仪表应指示一半；在现场发现水池入口处蒸汽非常大，水温升高，水质无变化，将仪表拆开，将仪表导波口拆下发现，探头处结露。

故障处理：将仪表探头上的结露擦去，将仪表恢复后仪表指示正常。

② 某液位控制系统采用雷达液位计测量液位，工艺反映其输出总是最大值。

故障检查、分析：经检查石英晶体沾上脏污物质，需要清洗。

故障处理：关掉球阀，拆下罩子法兰和石英窗法兰，用绸布蘸酒精、汽油等溶剂擦揩石英表面，不可用碱性溶剂擦洗，最后要将石英玻璃擦干净。

（2）液位无指示

某罐介质为液氨，罐高 28m，采用 E+H 无导波管雷达液位计测量液位，仪表无指示。

故障分析：分析有雷达发射管坏、仪表设置参数不对、仪表选型不对三种原因。经检查仪表参数与更换发射管故障没有解决，后与厂家联系证明氨对雷达波有吸收作用，液氨介质不能用雷达表测量。

故障处理：更换测量仪表类型。

4.6　超声波液位计维修实例

超声波液位计（图 4-10）是利用声波碰到液面（或料位）时，产生反射波的原理，通过测出发射和反射波的时间差。从而计算出液面的高度。超声波液位计可以进行不接触测量；无可动部件，不受光线、粉尘、温度等外界条件影响；能测量强腐蚀、高黏度和有毒介质的液位及固体和粉状物料的料位，它还可以测量界位、液位差以及测量明渠和堰的流量。

图 4-10　超声波液位计

由于空气中声速随温度的变化而变化，在较宽的温度变化条件下，为保证仪表的测量精度，应使用温度补偿探头，温度修正系数为 0.17%/℃。

超声波液位计的类型、品种颇多，要根据被测定的介质条件、测量范围、通讯要求确定选用仪表。一般有三线或四线制，一体或分体制；通讯有：4～20mADC/HART/RS485/FF/PROFIBUS DP 等。

4.6.1　超声波液位计维护

（1）外观检查

① 从外观上检查仪表是否有损坏。

② 检查是否符合测量点的技术要求，如过程温度、压力、环境温度、测量范围等。

③ 检查测量值是否与实际值一致。

④ 是否有遮阳避雨的保护措施。

⑤ 检查接线端子位置是否正确、电缆密封塞是否拧紧、外壳是否拧紧。

⑥ 若有辅助电源，显示模块是否有显示。

（2）使用与维护

① 电源必须与铭牌上数据一致，在接线前应切断电源。

② 不可安装于罐顶的中心位置，传感器应安装在距罐壁为罐径的 1/6 距离处；传感器探头必须垂直于物料表面。

③ 不可把传感器安装于进料口的上方。

④ 使用防护罩以防直接的日照或雨淋。

⑤ 在信号波束角内应避免安装任何装置，如限位开关、温度传感器等；需要注意的是对称装置如加热线圈、挡板等均有可能干扰测量。

⑥ 在一个罐内不能安装两个超声波探头，因为两个信号会互相干扰。

⑦ 如果安装在干扰严重的复杂环境，可加装导波管。

⑧ 安装在有粉尘、污染严重的场合，探头天线要定期清理。

4.6.2　超声波液位计常见故障与处理

① 超声波液位计面板上设有系统报警指示警告，当系统出现故障时面板上会出现类似“И”的符号警示，通过面板操作可在诊断（OA）功能组里查出当前故障（OAO），仪表会给出错误代码，查说明书找出故障原因，针对错误进行处理。

② 超声波液位计采用模块化设计，当判断出是模块故障时可以进行更换模块处理。模块更换后，原仪表参数需要重新设定或通过计算机通信下载。超声波液位计常见故障与处理见表 4-5。

表 4-5　超声波液位计常见故障与处理

<table>
<tr><th>故障现象</th><th>故障原因</th><th>处理方法</th></tr>
<tr><td rowspan="2">屏幕没显示</td><td>电源电压不对</td><td>检查电源电压</td></tr>
<tr><td>接线不正确</td><td>正负极是否接反，烧坏正确接线</td></tr>
<tr><td rowspan="6">数字固定不变或比实际液位高</td><td>盲区设定太小</td><td>重新设置盲区</td></tr>
<tr><td>测量距离是否超出量程范围</td><td>改变安装位置或重新设置参数</td></tr>
<tr><td>探头下有障碍物，有固定反射面</td><td rowspan="2">提高传感器安装位置</td></tr>
<tr><td>物位进入工作盲区</td></tr>
<tr><td>仪表增益过高</td><td>减少接受增益的发射功率</td></tr>
<tr><td>其他干扰源</td><td>查明干扰源</td></tr>
</table>

续表

故障现象	故障原因	处理方法
视值不准数字跳动	盲区设置处于临界状态	适当加大盲区
	传感器是否垂直安装	检查并重新安装
	有干扰噪声或液面本身有波动	查明原因
	输出电流不稳定	
出现回波提示信号（在显示屏右下角出现小黑点）	检查接线（分体）	正确接线
	反射面不好，如泡沫，波动大等	加大功率
	探头是否垂直安装	重新安装 用毛巾捂住探头，若出现小黑点，则表明传感器回波正常

4.6.3 故障实例分析

① 某装置一台超声波液面计指示最大。

故障检查、分析：经过检查未发现任何问题，由于超声波是向下发散的所以要求进入被测物体要求有一个足够的发散宽度，由于法兰到槽子的直管段太长，导致超声波液面计测量不准。

故障处理：降低法兰到槽子的直管段长度，仪表好用，示值正常。

② 某装置一台超声波液面计指示不准。

故障检查、分析：通过对超声波液面计的检查未发现任何问题，由于该液面计安装不与被测介质的液面垂直导致，返回的声波信号接收不好，指示计不准。

故障处理：将液面计与被测介质的液面垂直安装，仪表好用，示值正常。

③ 超声波液面计送电后无显示。

故障检查、分析：液面计送电后无显示，首先对 24V 电源进行检查，发现 24V 正负输出均无问题，在液面计一次表端测量电源也无问题，在检查电源后发现该超声波液面计的接线有问题。

LU-30 型超声波液面计为三线制，分别是 24V 正、公用、信号三根线，接线时要把公用线一分为二，一路接 24V 负端，另一路接信号的负端，由于安装人员大意将线接错导致一次表没电。

故障处理：对其进行重新接线，仪表好用，示值正常。

④ 工艺反映超声波液位计启动后，没有液位显示或显示时有时无。

故障检查、分析：经检查仪表安装架振动。

故障处理：重新固定后正常。

4.7　电容式液位计维修实例

电容式液位计（图 4-11）是依据电容感应原理，当被测介质浸入测量电极的高度变化时，引起其电容变化。它可将各种物位、液位介质高度的变化转换成标准电流信号，远传至操作控制室供二次仪表或计算机装置进行集中显示、报警或自动控制。其良好的结构及安装方式可适用于高温、高压、强腐蚀，易结晶，防堵塞，防冷冻及固体粉状、粒状物料。它可测量强腐蚀型介质的液位，测量高温介质的液位，测量密封容器的液位，与介质的黏度、密度、工作压力无关。

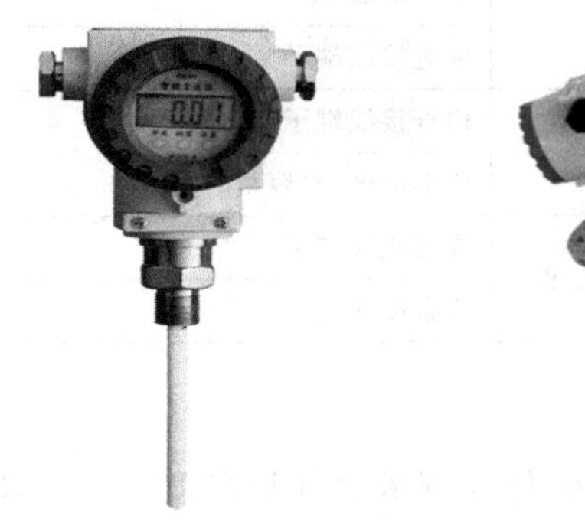

图 4-11　电容式液位计

4.7.1 电容式液位计维护

（1）安装的接地保护线定期检查

（2）回避与高压电线混

（3）检查电极的绝缘层

（4）仪表的检验

① 实际物位调试

a. 物位空罐条件下调试仪表输出为4mA。

b. 物位满罐条件下调试仪表输出为20mA。

② 标准电容量调试

a. 核算物位空罐条件下电容量，用标准电容来替代零位电容的变化量，调试仪表输出为4mA。

b. 核算物位满罐条件下电容量，用标准电容来替代零位电容的变化量，调试仪表输出为20mA。

上述两种方法需反复测试。

4.7.2 电容式液位计常见故障与处理

见表4-6。

表4-6 电容式液位计常见故障与处理

故障现象	故障原因	处理方法
仪表指示最大值	电极(电容线)断路	更换电极(电容线)
		检查接线端子
仪表指示最小值	电极(电容线)短路	检查接线端子
		更换电极(电容线)
仪表指示波动	电极(电容线)绝缘老化	检查接线端子
		检查接地线

4.7.3 故障实例分析

（1）空分装置用一台电容液位计测量氧气柜高度，二次仪表为光柱指示报警仪。液位计反向指示，气柜越高，浸在水中的电容越小。在雷雨天，气柜指示突然最大，来到现场，发现液位计输出最大，为 20mA。

故障检查、分析：根据现象，判断仪表由于雷击，内部已损坏，必须更换变送器。

故障处理：更换变送器，重新调校，液位完全恢复正常。

（2）一台测量气柜的电容液位计指示最大。

故障检查、分析：检查电容线在水面的浸入情况，查看电容线是否被卡在气柜里，在拿出电容线的过程中发现电容线的保护塑料有破损的现象，判断可能是由于电容线破损导致电容最小，指示最大。

故障处理：更换电容液面计的电容线，示值正常。

（3）测量气柜电容液位计工艺反映指示与现场相差很多，指示偏高。

故障检查、分析：测量气柜电容液面计工艺反映指示与现场相差很多，指示偏高有如下原因：

① 气柜液封水过少。

② 仪表误差过大，须重新调校。

经现场检查，是气柜液封水过少。

故障处理：联系工艺加水，使水达到溢流口，工艺加水之后，仪表指示与实际一致。

4.8　吹气式液位计维修实例

图 4-12　吹气式液位计

吹气式液位计（图 4-12）也叫反吹液位计，是静压液位计的一种，将一根吹气管插入至被测液体的最低面（零液位），使吹气管通入一定量的气体（氮气、空气），吹气管中压力与管口处液柱静压力相等。用压力计测量吹气管上端压力，就可以测量液位。由于吹气式液位计将压力检测端移至顶部，其使用维修都很方便，很适合于地下储罐、深井等场合。

4.8.1 吹气式液位计维护

① 检查气源是否稳定。

② 检查各接头无泄漏。

4.8.2 吹气式液位计常见故障与处理

见表 4-7。

表 4-7 吹气式液位计常见故障与处理

故障现象	故障原因	处理方法
仪表指示最大	吹气管堵	疏通吹气管
仪表指示最小	吹气管泄漏 气源压力不足	消除漏点 调整气源压力
仪表指示偏低	各接头有微漏	消除漏点

4.8.3 故障实例分析

① 吹气式液面计指示偏低。

故障检查、分析：通过对压变的检查和气源管路检查发现，吹气管有漏气的现象，造成液面压力与管路气源压力不等，指示偏低。

故障处理：对漏气的气源管进行堵漏，仪表示值正常。

② 某装置一台吹气式液面计指示偏低。

故障检查、分析：通过对压变的检查和气源管路检查发现并无任何问题，对恒流源检查发现出气量较大，导致吹气管出口气体过多，造成液面压力与管路气源压力不等，指示偏低。

故障处理：对恒流源的出气量进行调整，仪表示值正常。

③ 工艺人员反映该吹气式液面计指示比实际高出很多。

故障检查、分析：首先检查恒流源的出气量设置是否较大，未发现问题，气源管路系统也未发现有漏气或堵塞的现象，与工艺联系好后将压变停表后发现压变的零位较高，在停表后输出 5mA。

故障处理：使用 HART375 对其零位进行调整，仪表示值正常。

4.9　浮子钢带液位计维修实例

浮子钢带液位计（图 4-13）是利用力学平衡原理设计制作的，主要由液位检测装置（浮子），高精度位移传动系统（传动钢带及链轮）、恒力装置（平衡弹簧组件）、显示器（计数器）、变送器装置以及其他外设构成。当液位改变时，原有的力学平衡在浮子受浮力的扰动下，将通过钢带的移动达到新的平衡。浮子根据液位的情况带动钢带移动，位移传动系统通过钢带的移动使传动销转动，进而作用于计数器来显示液位的情况。广泛用于测量储罐内各种液体液位。

图 4-13　浮子钢带液位计

4.9.1　浮子钢带液位计维护

(1) 检查

① 检查信号线保护管是否完好。

② 检查变送器外观、密封状况是否良好，信号线接线端子是否有腐蚀或水、汽等。

③ 检查仪表内腔

a. 卸下表盖紧固螺钉，打开仪表前后盖。

b. 检查仪表内腔是否有尘土，锈蚀。

c. 检查盘簧轮、钢带导向轮、链轮等磨损情况，是否有污物，润滑是否良好。

d. 检查各齿轮轴磨损情况，润滑是否良好。

e. 检查盘簧是否有断裂、散卷。

f. 检查钢带是否有扭折或破裂。

④ 检查导向保护管

a. 检查导向保护管挠曲，挠曲不得超过±5mm。

b. 将导向轮盒盖板紧固螺钉卸下，打开导向轮盒盖板。

c. 检查导向管内是否有尘土、锈蚀等污物。

d. 将测量钢带从导向轮上脱开，检查导向轮运转是否平稳灵活。

e. 检查导向轮，轮轴磨损状况，润滑是否良好。

f. 检查测量钢带是否有扭折或破裂。

(2) 日常维护

a. 每日进行巡回检查。

b. 清扫仪表卫生。

c. 检查仪表内腔、保护管内密封液有无渗漏。

d. 检查导向轮盒盖板，是否有被测物料泄漏。

e. 用手摇装置提升浮子查看整个仪表系统是否有转动不灵活、卡死现象。

f. 核对仪表指示是否正确。

4.9.2 浮子钢带液位计常见故障与处理

见表4-8。

表4-8　浮子钢带液位计常见故障与处理

故障现象	故障原因	处理方法
指示不变化	链轮与显示部分轴松动	重新紧固
	显示部分齿轮磨损	更换齿轮组件
	转动部件卡死	处理转动部件使之转动灵活
	传动部分是否被冻住	采取防冻措施
	手摇装置的传动轴没有拔出	拔出传动轴，并用紧固螺钉固定

续表

故障现象	故障原因	处理方法
读数有误差	变送器电路板故障	更换变送器电路板
	钢带打节或扭曲	取下导轮盒盖，拔出钢丝
	导向钢丝与浮子有摩擦	进行检查，若有损坏则予以更换
	钢带与链轮饶合不好	重新安装
	导向保护管弯曲	保护管矫正或更新
	恒力盘簧或磁偶扭力不足	更换恒力盘簧或磁偶扭力连接器
指示最大	钢带断裂	更换钢带

4.9.3　故障实例分析

① 加氢罐区LI19101A罐钢带液位不变化，指针不动。

故障检查、分析：经检查钢带断了。

故障处理：重新整理钢带，处理后正常。

② 一浮子钢带液位计无指示。

故障检查、分析：调整钢带，发现钢带本身动作正常，判断机械传动部分正常；然后打开接线盒，经测量，有24VDC电源，也有电流；检查放大器部分，调整电位器输出无变化，判断是放大器有问题。

故障处理：更换一放大器，输出正常，按实际液位计算出输出指示应为44%左右，调整到该值，经工艺确认该值正常。

4.10　磁致伸缩液位计使用与维护

磁致伸缩液位计（图4-14）由探测杆、电路单元和浮子组成。测量时，电路单元产生电流脉冲，该脉冲沿着磁致伸缩线向下传输，并产生一个环形的磁场。在探测杆外配有浮子，浮子沿探测杆随液位的变化而上下移动。由于浮子内装有一组永磁铁，所以浮子同时产生一个磁场。当电流磁场与浮子磁场相遇时，产生一个“扭曲”脉冲，或称“返回”脉冲。将“返回”脉冲与电流脉冲的时间差转换成脉冲信号，从而计算出浮子的实际位置，测得液位。

图 4-14　磁致伸缩液位计

4.10.1　磁致伸缩液位计的维护

① 磁致伸缩液位计一般每年或一个装置运转周期检修一次。

② 拆装检修前要切断电源。

③ 拆装检修防爆结合面时，不得有划痕碰伤，不可涂油漆，可涂少量润滑油和少量防锈油。

④ 检查探测杆有无变形或破损，并清除脏物。

⑤ 检查浮球有无变形或破损，并清除附着物。

⑥ 重新安装后要随工艺设备一同试压，并确认接线无误、电源电压正确，然后重新校对变送器。

4.10.2　磁致伸缩液位计的故障分析

① 现场调校中偶尔会发现浮子上下移动不够灵活。这大多是由于安装不当引起的，此时要注意法兰的中心是否在一条线上，是否与水平垂直。一般情况下，与水平面夹角最好不小于 87°，如果偏差较大，可能会影响浮子的顺利移动。

② 液位计调校正常，投用后发现浮子在某一位置出现一段时间的“吸住”现象。这主要是液位计穿过钢制平台安装时，与钢板距离过近产生的。所以，穿过钢制平台安装时，需要特别注意液位计连通管管壁与平台切割边线的间距。根据现场使用经验，此间距

在 100mm 左右即能保证对磁性浮子不产生影响。

③ 液位计现场投用时，要特别注意应先打开上部闸阀，后打开下部闸阀。因为液位计连通管的底部装有保护浮子的止推弹簧，否则，大压差的作用可能撞碎浮子，导致液位计无法使用。

④ 液位计投入使用一段时间后，出现浮子难以浮起且浮子移动不灵活的情况。这是因为磁性浮子上沾有铁屑或其他污物造成的，可先排空介质，再取出浮子，清除磁性浮子上沾有的铁屑或其他污物即可。

⑤ 如果因运输或其他原因导致现场指示用的密闭玻璃管破裂，则可更换国产玻璃管，但最好能抽真空，还有注意玻璃管是否垂直，以免影响指示器的指示。

⑥ 液位计使用过程中，如果输出信号产生频繁扰动或干扰脉冲，就要检查信号电缆屏蔽层是否可靠接地，工作接地电阻能否满足要求。倘若干扰仍然没有完全消除，可用信号隔离器来解决。

⑦ 液位计使用时尤其要注意，千万不要用强磁铁在连通管外上下拉动浮子进行检查，否则会导致磁性浮子磁化而改变极性，甚至会使浮子磁性减弱，以致难以正常工作。

⑧ 选用本安型液位计时，要注意液位计与安全栅的阻抗是否匹配。由于液位计的电源电压为 14.5～36V DC，小于一般变送器的 14.5～45V DC，故负载较大时不能正常工作。

第 5 章　流量测量仪表故障实例

工业生产过程中，流量是指导操作、监视设备运行情况和进行核算的一个重要参数和依据，流量以质量表示时称为质量流量，以体积表示时为体积流量。为有效地进行生产和控制，需要经常对各种介质（液体、气体、蒸汽）的流量进行检测，工业上检测流量的仪表一般分为速度式流量仪表、容积式流量仪表、质量式流量仪表三种类型。

5.1　流量测量仪表故障判断

流量测量系统见图 5-1。

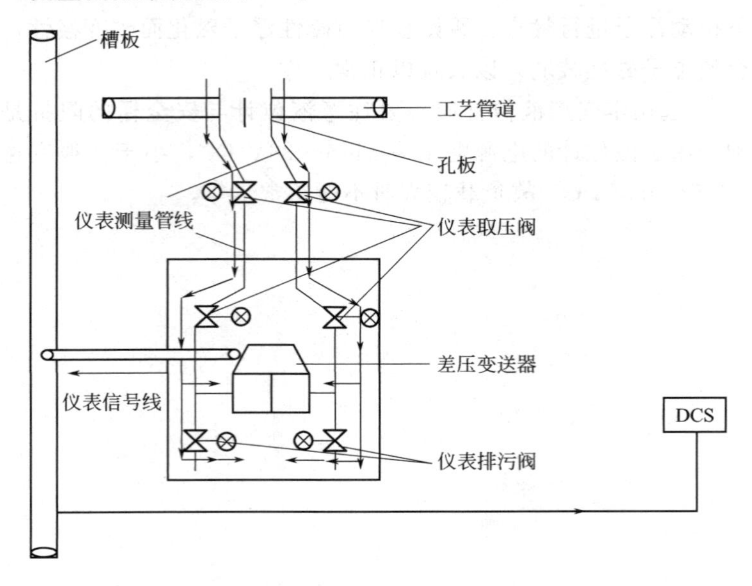

图 5-1　流量测量系统

作为流量检测系统，无论用什么检测方法，用什么检测仪表，其故障现象最终都表现为流量指示不正常，不是指示偏高，就是流量指示偏低，或者没有指示等现象，所以流量检测故障判断的思路大致相差不多。现以差压变送器为例，说明流量检测故障判断思路。具体流程见图 5-2。

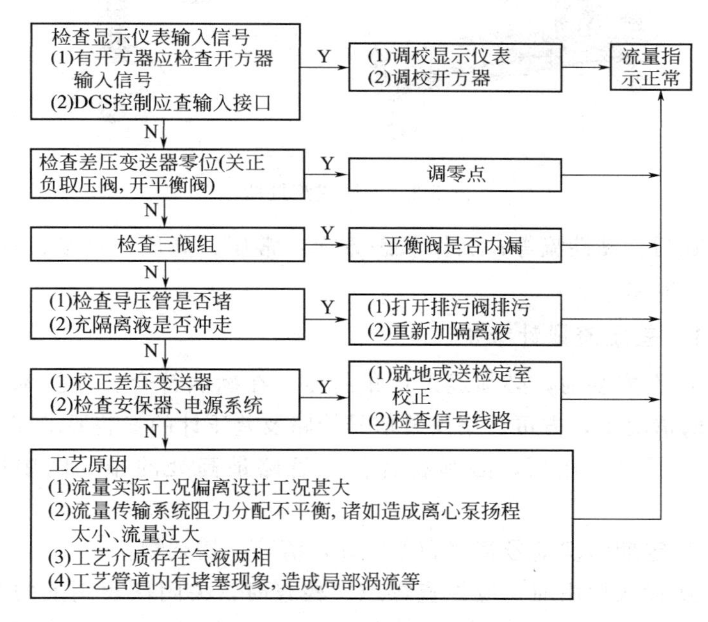

图 5-2　流量检测故障判断流程

5.2　差压流量计维修实例

差压式流量计（图 5-3）由节流装置（包括节流元件和取压装置）、导压管和差压计或差压变送器及显示仪表组成，是基于被测流体流动的节流原理，利用流经节流装置时产生的压差来检测流体的流量。通常以节流元件形式对差压式流量计分类，如孔板流量计、文丘里流量计等。差压式流量计应用范围特别广泛，在封闭管道的流量测量中各种对象都有应用，如流体方面：单相、混相、洁

图 5-3 差压式流量计

净、脏污、黏性流等；工作状态方面：常压、高压、真空、常温、高温、低温等。

5.2.1 差压流量计维护

① 在安装前，必须经过计量检定，在确认符合各项技术指标要求的情况下，方可严格安装信号管路及差压计的安装要求安装。

② 投入使用后，必须在各信号管路最高处的排气阀中排除空气。

③ 定期清洗信号管路和差压计，清除一切杂物。

④ 投入使用前，应检查零位，检查时，关闭仪表阀上的两个导压阀并打开平衡阀，若发现零位偏移，应查明原因，予以调整。

⑤ 若发现流量计示值与被测值有明显差异，应全面检查和调修，并重新进行计量检定。

⑥ 按检定规程要求，对差压式流量计进行周期检定。

⑦ 孔板、导压系统及前后管道应按期排污，新装引压导管需排污勤一点（约 1 个礼拜排一次），往后时间可长一点。

⑧ 当改动孔板开孔直角进口边缘的锐利度和垂直度、孔板端面平行度、亮光度等参数超差时，应及时对孔板进行修改和予以改换。

⑨ 差压变送器容室“O”形密封圈拆装时，必需肃清密封槽

内残余，并用清洗剂润滑。

5.2.2　差压流量计常见故障与处理

见表5-1。

表5-1　差压式流量计常见故障与处理

故障现象	故障原因	处理方法
指示零或移动很小	平衡阀未全部关闭或泄漏	关闭平衡阀,修理或换新
	节流装置根部高低压阀未打开	打开
	节流装置至差压计间阀门、管路堵塞	冲洗管路,修复或换阀
	蒸气导压管未完全冷凝	待完全冷凝后开表
	节流装置和工艺管道间衬垫不严密	拧紧螺栓或换垫
	差压计内部故障	检查、修复
指示在零下	高低压管路反接	检查并正确连接好
	信号线路反接	检查并正确连接好
	高压侧管路严重泄漏或破裂	换件或换管道
指示偏低	高压侧管路不严密	检查、排除泄漏
	平衡阀不严或未关紧	检查、关闭或修理
	高压侧管路中空气未排净	排净空气
	差压计或二次仪表零位失调或变位	检查、调整
	节流装置和差压计不配套,不符合设计规定	按设计规定更换配套的差压计
指示偏高	低压侧管路不严密	检查、排除泄漏
	低压侧管路积存空气	排净空气
	蒸气等的压力低于设计值	按实际密度补正
	差压计零位漂移	检查、调整
	节流装置和差压计不配套,不符合设计规定	按规定更换配套差压计

续表

故障现象	故障原因	处理方法
指示超出标尺上限	实际流量超过设计值	换用合适范围的差压计
	低压侧管路严重泄漏	排除泄漏
	信号线路有断线	检查、修复
流量变化时指示变化迟钝	连接管路及阀门有堵塞	冲洗管路、疏通阀门
	差压计内部有故障	检查排除
指示波动大	流量参数本身波动太大	高低压阀适当关小
	测压元件对参数波动较敏感	适当调整阻尼作用
指示不动	防冻设施失效，差压计及导压管内液压冻住	加强防冻设施的效果
	高低压阀未打开	打开高低压阀

5.2.3 故障实例分析

（1）节流式流量计常见故障

① 负压管堵塞

故障现象：指示值升高或降低。

故障分析：

a. 当流量 F 增加时，对流量值的影响。

设原流量为 F_1，$\Delta p_1=p_{1+}-p_{1-}$，$F_1=K\sqrt{\Delta p_1}$。

流量增加后为 $F_2(F_2>F_1)$，流量增加后，设管道静压增加了 p_a，因为负压管堵塞，则 $p_{1-}=p_{2-}$（p_{1-}为流量 F_1 时的负压管静压）。

即 $$\Delta p_2=p_{2+}-p_{1-}=(p_{1+}+p_a)-p_{1-}=\Delta p_1+p_a$$

则 $$\Delta p_2>\Delta p_1,\Delta F_2=K\sqrt{\Delta p_2}$$

$$\Delta p=\Delta p_2-\Delta p_1=\Delta p_1+p_a-\Delta p_1=p_a,\Delta F=K\sqrt{\Delta p}=K\sqrt{p_a}$$

则 $$F_2=F_1+\Delta F=F_1+K\sqrt{p_a}$$

所以：当流量增加而负压管堵塞时，流量示值升高。

b. 当流量 F 下降时，对流量示值的影响。

设原流量为 F_1，$\Delta p_1=p_{1+}-p_{1-}$，$F_1=K\sqrt{\Delta p_1}$。

流量减少为 F_2（$F_2<F_1$），流量减少后，设管道静压减少了 p_a，因为负压管堵塞，则 $p_{2-}=p_{1-}$，$p_{2+}=p_{1+}-p_a$，即

$$\Delta p_2=p_{2+}-p_{2-}$$
$$=(p_{1+}-p_a)-p_{1-}=\Delta p_1-p_a$$

则 $$\Delta p_2<\Delta p_1, \Delta F_2=K\sqrt{\Delta p_2}$$

$$\Delta p=\Delta p_2-\Delta p_1=\Delta p_1-p_a-\Delta p_1=-p_a,$$
$$-\Delta F=-K\sqrt{\Delta p}=-K\sqrt{p_a}$$

则 $$F_2=F_1-\Delta F=F_1-K\sqrt{p_a}$$

所以：当流量减少而负压管堵塞时，流量示值降低。

故障处理：用蒸汽吹、钢丝捅开负压管，使流量示值正常。

② 正压管堵塞

故障现象：指示值不变、下降或升高。

故障分析：

a. 当流量 F 增加时，对流量示值的影响。

设原流量为 F_1，$\Delta p_1=p_{1+}-p_{1-}$，$F_1=K\sqrt{\Delta p_1}$。

流量增加为 F_2（$F_2>F_1$），$\Delta p_2=p_{2+}-p_{2-}$。由于正压管堵塞，则 $p_{1+}=p_{2+}$。当流量增加时，对于 p_{2-} 值，因为流量增加为 F_2，则与流量 F_1 相比，流量管道中的静压也相应增加，设增加了 p_a，同时当流量增加时，p_{2-} 值中还由于流速增加而产生的静压降低，设其值为 p_0，此时

$$p_{2-}=p_{1-}+p_a-p_0$$

则 $$\Delta p_{2+}-p_{2-}=p_{1+}-(p_{1-}+p_a-p_0)$$
$$=p_{1+}-p_{1-}-p_a+p_0=\Delta p_1+(p_0-p_a)$$
$$F_2=K\sqrt{\Delta p_2}=K\sqrt{\Delta p_1+(p_0-p_a)}$$

所以：当 $p_0=p_a$ 时，$F_2=K\sqrt{\Delta p_2}=K\sqrt{\Delta p_1}$，即流量示值不变。

当 $p_0<p_a$ 时，$\Delta p_2<\Delta p_1$，$F_2<F_1$，即流量示值下降。

当 $p_0>p_a$ 时，$\Delta p_2>\Delta p_1$，$F_2>F_1$，即流量示值增加。

b. 流量减少时，对流量示值的影响。

设原流量为 F_1，$\Delta p_1 = p_{1+} - p_{1-}$，$F_1 = K\sqrt{\Delta p_1}$。

当流量降低后为 $F_2(F_2 < F_1)$，$\Delta p_2 = p_{2+} - p_{2-}$，由于正导压管堵塞，则当流量分别为 F_1、F_2 时，$p_{1+} = p_{2+}$，当流量降低时，p_{2-} 值由于流量降低为 F_2 则与流量 F_1 时相比，流体管道中的静压也相应降低，设降低了 p_a，同时当流量降低时，p_{2-} 值还有因流速减少而静压升高，设其值为 p_0，此时

$$p_{2-} = p_{1-} - p_a + p_0$$

所以

$$\begin{aligned}\Delta p_2 &= p_{2+} - p_{2-} = p_{1+} - (p_1 - p_a + p_0)\\ &= \Delta p_1 + p_a - p_0\end{aligned}$$

$$F_2 = K\sqrt{\Delta p_2} = K\sqrt{\Delta p_1 + p_a - p_0}$$

所以：当 $p_0 = p_a$ 时，$\Delta p_1 = \Delta p_2$，$F_1 = F_2$，其流量示值不变。

当 $p_0 < p_a$ 时，$\Delta p_2 > \Delta p_1$，$F_2 > F_1$，其流量示值升高。

当 $p_0 > p_a$ 时，$\Delta p_2 < \Delta p_1$，$F_2 < F_1$，其流量示值下降。

故障处理：用蒸汽吹扫通，使流量示值为正常。

③ 负压管漏

故障现象：指示值不变、升高或降低

故障分析：

a. 当流量 F 增加时，对流量值的影响。

设原流量为 F_1，$\Delta p_1 = p_{1+} - p_{1-}$，$F_1 = K\sqrt{\Delta p_1}$。

流量增加后为 $F_2(F_2 > F_1)$，流量增加后，设管道静压增加了 p_a，负压管静压下降为 p_0，负压管漏压为 p_s，则

$$p_{2+} = p_1 + p_a, p_{2-} = p_{1-} + p_a - p_0 - p_s$$

$$\begin{aligned}\Delta p_2 &= p_{2+} - p_{2-} = p_{1+} + p_a - (p_{1-} + p_a - p_0 - p_s)\\ &= p_{1+} - p_{1-} + p_0 - p_s\end{aligned}$$

$$F_2 = K\sqrt{\Delta p_2} = K\sqrt{\Delta p_1 + (p_0 + p_s)}$$

所以：当流量增加而负压管漏时，流量示值升高。

b. 当流量 F 下降时，对流量值的影响。

设原流量为 F_1，$\Delta p_1 = p_{1+} - p_{1-}$，$\Delta F_1 = K\sqrt{\Delta p_1}$。

流量下降后为 F_2（$F_2 < F_1$），流量下降后，设管道静压下降了 p_a，负压管静压增加为 p_0，负压管漏压为 p_s，则

$$p_{2+} = p_{1+} - p_a, p_{2-} = p_{1-} - p_a + p_0 - p_s$$

$$\begin{aligned}\Delta p_2 &= p_{2+} - p_{2-} = p_{1+} - p_a - (p_{1-} - p_a + p_0 - p_s) \\ &= p_{1+} - p_{1-} + (p_s - p_0)\end{aligned}$$

$$F_2 = K\sqrt{\Delta p_2} = K\sqrt{\Delta p_1 + (p_s - p_0)}$$

所以：当 $p_s = p_0$ 时，$\Delta p_1 = \Delta p_2$，$F_1 = F_2$，其流量示值不变。

当 $p_s > p_0$ 时，$\Delta p_2 > \Delta p_1$，$F_2 > F_1$，其流量示值升高。

当 $p_s < p_0$ 时，$\Delta p_2 < \Delta p_1$，$F_2 < F_1$，其流量示值下降。

④ 正压管漏

故障现象：指示值不变、升高或降低

故障分析：

a. 当流量 F 增加时，对流量值的影响。

设原流量为 F_1，$\Delta p_1 = p_{1+} - p_{1-}$，$F_1 = K\sqrt{\Delta p_1}$。

流量增加后为 F_2($F_2 > F_1$)，流量增加后，设管道静压增加了 p_a，负压管静压下降为 p_0，正压管漏压为 p_s，则

$$p_{2+} = p_{1+} + p_a - p_s, p_{2-} = p_{1-} + p_a - p_0$$

$$\begin{aligned}\Delta p_2 &= p_{2+} - p_{2-} = p_{1+} + p_a - p_s - (p_{1-} + p_a - p_0) \\ &= p_{1+} - p_{1-} + (p_0 - p_s) = \Delta p_1 + (p_0 - p_s)\end{aligned}$$

$$F_2 = K\sqrt{\Delta p_2} = K\sqrt{\Delta p_1 + (p_0 - p_s)}$$

所以：当 $p_0 = p_s$ 时，$\Delta p_1 = \Delta p_2$，$F_1 = F_2$，其流量示值不变。

当 $p_0 > p_s$ 时，$\Delta p_2 > \Delta p_1$，$F_2 > F_1$，其流量示值升高。

当 $p_0 < p_s$ 时，$p_2 < \Delta p_1$，$F_2 < F_1$，其流量示值下降。

b. 当流量 F 下降时，对流量值的影响。

设原流量为 F_1，$\Delta p_1 = p_{1+} - p_{1-}$，$F_1 = K\sqrt{\Delta p_1}$。

流量下降后为 F_2($F_2 < F_1$)，流量下降后，设管道静压减少了 p_a，负压管静压增加为 p_0，正压管漏压为 p_s，则

$$p_{2+} = p_{1+} - p_a - p_s, p_{2-} = p_{1-} - p_a + p_0$$

$$\Delta p_2 = p_{2+} - p_{2-} = p_{1+} - p_a - p_s - (p_{1-} - p_a + p_0)$$

$$=p_{1+}-p_{1-}-p_0-p_s=\Delta p_1-(p_0+p_s)$$

$$F_2=K\sqrt{\Delta p_2}=K\sqrt{\Delta p_1-(p_0+p_s)}$$

所以：当正压管漏而流量下降时，流量示值下降。

⑤ 孔板倒装

故障现象：流量示值下降。

故障分析：设正确安装时 $\Delta p_1=p_1-p_2$，倒装时 $\Delta p_2=p_1'-p_2'$，流速变化率要大于倒装的流速变化率，则 $\Delta p_1>\Delta p_2$，所以孔板倒装后，流量示值下降。

故障处理：拆装孔板，重新对孔板进行正确安装。

（2）流量仪表无指示

① 苯酐车间检修开车后邻二甲苯的加料流量始终无指示。仪表维护工反复检查变送器和孔板测量系统未发现问题，对变送器排污管排放后能有流量指示，过了一段时间，又无流量指示。而测量同一流量的转子流量计指示的流量却很稳定，从工艺氧化器的温度来看，确实有物料已经加入反应器中。

故障检查、分析：仪表维护工及工程技术人员对现场孔板测量系统进行了全面检查，可以完全排除仪表系统问题。最后怀疑物料有问题，于是从孔板导压管取样进行分析。从导压管中的取样液明显可以看到有分层现象。拿到化验室进行分析，结果说明原料邻二甲苯中含水严重超标，接近 30%的含量。由于邻二甲苯和水的密度差较大（接近 100g/L），而孔板测量导压管比较长（4m 左右），因此由于密度差造成的差压值已经克服了孔板节流过程中形成的压差，故仪表无流量指示。

故障处理：通知工艺车间处理原料邻二甲苯中含水问题，处理完毕重新开启流量计后正常。

② 工艺操作人员反映硫化床气包补水流量无指示，而从气包液位和反应温度看应该有补水流量。

故障检查、分析：仪表维护工首先对差压变送器的正负测量腔室进行排放，发现排负压室侧变送器有输出，说明变送器自身无故障。而排放正压室后发现管路不很通畅，判断为正导压管路堵塞。

故障处理：逐段进行检查，用压缩空气吹管判断堵塞处。从变送器椭圆法兰取压处到三阀组接头无堵塞现象，而三阀组自身也未堵塞。从三阀组入口到孔板一次阀出口接头处也无堵塞现象。最终判定为孔板一次阀包括孔板测量环室堵塞。由于一次孔板阀为针形截止阀，无法通堵，申请临时停车检查孔板一次阀。经检查孔板一次阀堵塞，更换一个球阀后运行正常。水流量孔板的一次取压阀应选用球阀取压，以便于日常维护中处理管道、阀门堵塞故障。

（3）流量仪表指示偏低或零

① 某化工企业一蒸汽流量测量系统，采用环室孔板取压节流装置和差压变送器检测蒸汽流量。操作人员反映蒸汽流量指示偏低。

故障检查、分析：首先检查差压变送器的零位是否偏低、漂移，再检查取压系统，发现差压变送器的平衡阀有微量泄漏。由于平衡阀有泄漏，正压侧压力 p_+ 通过平衡阀传递到负压侧，使负压侧压力 p_- 增加，造成压降 $\Delta p = p_+ - p_-$ 减小，指示偏低。如是微量泄漏，Δp 下降很慢，则流量指示表现为慢慢下降。如泄漏量很大，则 $p_+ = p_-$，$\Delta p = 0$，流量指示为零。另外，在孔板两边压差作用下，导压管内的冷凝液被冲走，虽然蒸汽冷凝会补充一些冷凝液，但速度慢，补充不了冷凝液被冲走的量，这样将造成正压导压管内冷凝液慢慢地下降，流量指示也会慢慢的降低。

故障处理：更换平衡阀，或处理造成平衡阀泄露的原因，流量指示恢复正常。

② 合成氨一台测量高压锅给水流量的差压变送器（E＋H 低差压变送器，0～7kPa 量程，取压元件是孔板），指示总是偏低。

故障检查、分析：分析故障原因有仪表超差、仪表导压管有堵塞现象、平衡阀泄漏、仪表零点低四种情况，经检查上述几种情况，均无问题，且仪表校表合格。而在检查仪表导压管线时发现，导压管线有 15m 长。判断是导压管线过长导致。

故障处理：在将导压管线缩短为 2m 后，问题消失。

③ FT-233 测量 T-220 塔的蒸汽量，测量信号突然为零。

故障检查、分析：检查发现差压变送器接线端子，接触不良使信号中断。现场许多仪表处在高温区，接线端子受热膨胀，在端子的丝口和螺丝膨胀系数有一定差别的时候，接线端子的螺丝就会松动，严重时会使仪表信号中断。

故障处理：接紧端子后，蒸汽流量恢复正常值。

(4) 流量仪表指示偏高

① 操作人员反映，某乙烯装置裂解汽油（TCR）出料流量指示偏高，但检查仪表无故障（图 5-4）。

故障检查、分析：一路裂解汽油来源于放散塔（T102）塔底，经 E-107 冷却和长距离输送，其温度较低，另一路来自脱丁烷塔（T204）塔底，其距离近，温度高。这两路裂解汽油在管道相交处发生较为严重的水击作用，管道压力控制越高其水击作用越厉害，这样的结果使其工艺管道更为振动，因此操作人员将管道压力 PIC-246 的设定值从原来的 0.31MPa 降为 0.1MPa 后水击作用减轻。但这会引起 TCR（C_5 ～ C_{10}）部分汽化，使其成为汽液混合物，密度下降，体积增大。为使质量流量不变，就要开大调节阀增大体积流量，仪表指示值偏高。

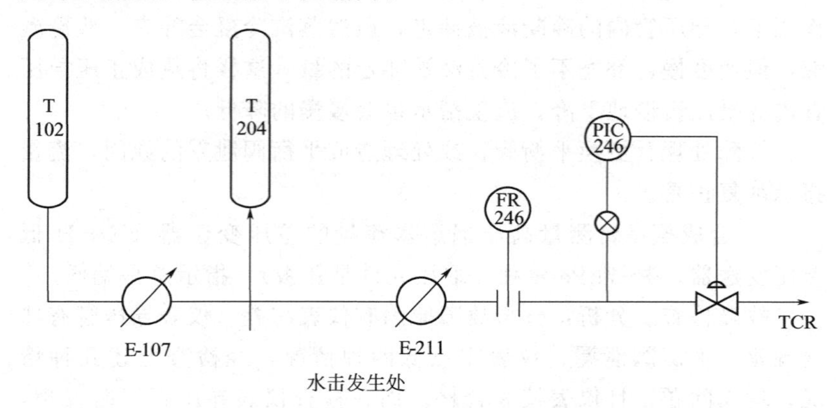

图 5-4　裂解汽油出料流量计量示意图

故障处理：提高管道控制压力，流量指示正常。

从其故障看来，工艺条件温度、压力对流量测量带来了影响。特别对气体、蒸汽的流量检测中应尤为注意，其压力的升高或降低以及温度的变化，都需对流量进行补偿。但在检测液体流量时，由于液体是不可压缩的，其密度仅受温度影响而与压力变化无关。

② 某装置一空气流量表指示偏高。

故障检查、分析：仪表采用的是 EJA110A 型差变，被测介质为空气。对差变和二次表的设置（零点、量程等）进行检查及对差变常规的检查（零点、变化趋势等）都未发现问题。判断问题很可能出在导压管上，对正负导压管进行检查发现负导压管有微堵的现象。导致压差大，流量偏高。

故障处理：通负导压管。

（5）流量指示为负

① 某化工装置一台差变 FCX 测流量仪表改造后投运，差变的输出不但不上升反而零下。

故障检查、分析：用流量孔板和差压变送器配套的流量测量系统投运时，仪表输出跑零下，这可能有以下原因：导压管堵塞或泄漏、变送器高低压导压管接反、工艺管道内的介质流动方向相反、变送器有故障，经检查，变送器是好的，导压管也无堵塞和泄漏，而变送器高低压导压管接反（介质流动方向相反，也可看作导压管接反）。

故障处理：改变检测部件和传送部件间的相对位置和导压管接口。将检测部件和传送部件的相对位置转动 180°，并把导压口改在另一个即可。改变检测传送部件的相对位置时，先要把传送部件内的扁平电缆的接头拔下来，然后再松开外部的两个内六角固定螺钉进行转动，处理后流量指示正常。

② 有一流量检测系统，一次元件为孔板。当系统投运后差压变送器的输出不但不上升，反而比量程的下限值还小。

故障检查、分析：使用节流孔板和差压变送器配套的流量检测系统投运时，仪表输出低于量程下限，可能是正值、负值、不定，原因有以下几种可能：

a. 变送器正压导管堵塞或泄漏；

b. 变送器正负压导管接反；

c. 工艺管道内介质流动方向相反；

d. 变送器有故障。

经检查，变送器是好的，输出能随差压信号的变化而变化，导压管也无堵塞和泄漏，而是正负压导管接反。

故障处理：处理正负压导管接反的问题，对于某些老型变送器是比较困难的，需要重新安装，特别是对于在线运行的仪表系统，更是一件麻烦的事情。但对于智能变送器就比较简单，一般有如下方法。

a. 改变检测部件和传送部件间的相对位置和导压管接口。例如富士 FCX-A/C 系列变送器的高压导口和低压导口有两个，它们是可以互换的。若前面一个导口接导压管，则后面一个导口接排液放空堵头，因此，只要将检测部件和传送部件的相对位置转动 180°，并把导压口改在另一个即可。

改变检测传送两部件的相对位置时先要把传送部件内的扁平电缆的接头拨下来，然后再松开外部的内六角固定螺钉进行转动，切不可不拨电缆转动，这样容易把电缆扭断。

b. 改变正反按片位置。老型变送器一般只有一种作用，即差压信号增加，输出信号也增加，称它为正作用。但对于智能变送器来说，还有反作用，即差压信号增加，仪表输出下降。此时只要改变接片的位置，就可以解决导压管接反的问题。

c. 数据设置方面的问题。有时由于管道的一些技术参数提供不准确，这样将造成流量的指示不准，或过大过小等故障。

(6) 差压变送器问题

① 差压变送器 PT0427（ROSEMOUNT）校验之后，变送器回装投用，差压变送器总是输出最大值。

故障检查、分析：检查电源正常，排污检查导压管正常，再次拆检，变送器仍然输出最大值，拆卸检查后发现变送器膜盒破裂。由于负压过滤网堵塞，并未清洗，由于校表时从正压管加信号，所以校表正常，可以回装，回装后开表过程中，开表顺序正确，但负压侧膜片处压力没有建立起来，一旦正压侧迅速引入压力，两端压差太大，必然击穿膜盒，导致膜盒损坏。

故障处理：膜盒已击穿，无法修复，更换新表。

② 二造气差变 FX 测蒸汽流量仪表开表后差变的输出为零，过了好久，流量指示才慢慢升起来。

故障检查、分析：对于蒸汽系统而言，为防止变送器膜盒损坏，引压管内必须存有隔离液才能正常开表。当差压变送器的三阀组上的平衡阀被打开后，若同时打开了高压侧和低压侧的截止阀，引压管内的原有的冷凝液会因差压的作用而被冲入管道，高压蒸汽引进变送器膜盒内，影响变送器正常工作。

故障处理：每次开表时，当差压变送器的三阀组上的平衡阀被打开后，不同时打开高压侧和低压侧的截止阀，以免冲走冷凝液。这样可以保证仪表正常运行。

③ 蒸汽差压变送器开表程序（图 5-5）不正确造成故障。

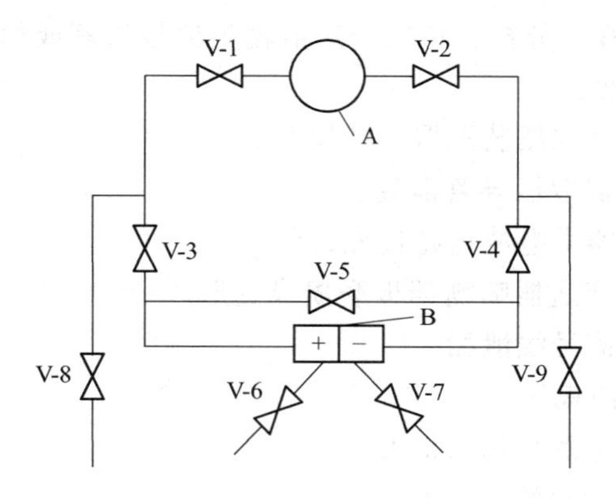

图 5-5　蒸汽差压变送器开表程序示意图

A—孔板元件；B—差压变送器

冷凝水被冲跑，仪表示值下降，单向受压，蒸汽冲击脉冲管线产生振动。

故障检查、分析：当开表时未经冲洗、排污，先开三阀组

“V-5”、“V-4”阀后，再开三阀组“V-3”阀，即为不正确开表，就产生上述故障现象，引起计量表示值下降和不正常现象。

开表前准备：

首先为吹扫冲洗过程：先关阀 V-3、V-4、V-5、V-6、V-7；开阀 V-8、V-9；开阀 V-1、V-2。

吹扫冲洗结束后，关阀 V-8、V-9，其他阀保持吹扫冲洗状态，待冷凝液充满脉冲管道后为开表做好准备。

正确开表程序：

开阀 V-5；开阀 V-3（使高压冷凝液经阀 V-5 到负压室）；开阀 V-6、V-7（放气）；关阀 V-6、V-7；关阀 V-5；开阀 V-4；或先开阀 V-4、关阀 V-5，而后开阀 V-3，其他程序不变。

故障处理：如发现因开表程序不正确引起仪表故障，则应按正确开表程序开表，消除故障。

④ 某蒸汽流量控制系统，有时会出现变送器输出信号偏高或偏低的现象。

故障检查、分析：造成变送器输出信号偏高或偏低的原因主要有以下几方面：

a. 变送器取压装置取压孔堵塞。

b. 变送器取压导管泄漏。

c. 变送器供电波动超过允许值。

d. 气动变送器喷嘴挡板磨损或变形。

e. 气动信号线泄漏。

f. 检测挡板坏。

g. 三阀组的平衡阀泄漏。

h. 排泄阀泄漏。

由于该系统是一蒸汽流量控制系统，其特点是高温高压，综上所述，该系统变送器信号偏高或偏低，其主要原因是取压导管泄漏。

处理方法：取压导压管尽量不采用卡套式接头连接以减少静密封点，确保取压管内要有足够的冷凝液才能开表。

(7) 孔板问题

① 孔板装反，造成仪表指示偏低。

工艺操作人员认为 T-105 精馏塔的加汽流量较检修前指示偏低。原来 20%阀位对应流量为 1.2t/h，而现在仅显示为 0.8t/h。而工艺参数和阀门的流通特性都未改变，从物料能源平衡角度计算也不应该指示 0.8t/h。可以判定仪表指示不准。

故障检查、分析：仪表工对差压变送器进行校验，证实变送器自身无故障。又对三阀组进行确认，确定无内漏现象。检查仪表测量管路，管路通畅，无堵塞和泄漏情况。于是对孔板下线检查，发现孔板节流片装反。

故障处理：重新安装节流片，开表后运行正常。

② 孔板对水流量测量的影响

某锅炉给水量和产汽量不平衡，产汽量明显高于给水量。

故障检查、分析：对于产汽量明显高于给水量的现象，首先对蒸汽流量回路和给水流量的回路进行非常详细的检查和校验，包括变送器、导压管、插件模块、乘法器、开方累积器、温度补偿回路、压力补偿回路等，其次核对给水量，对锅炉的定排、连排等排水量也进行了核算，对一次补水流量回路、二次补水流量回路，均进行了比较精确的校验。没发现问题，于是对原设计的孔板数据进一步核对，同时对高压蒸汽正负压侧导压管存在 2mm 的位差进行了迁移。但不平衡问题仍未解决，于是怀疑可能是孔板有问题，因此在大修期间对孔板进行了拆卸离线检查，离线检查表明，测量高压蒸汽的喷嘴没有问题，而是测量高温高压锅炉给水流量的两套孔板有严重的缺陷：一是由于流速大，温度和压力高，开停车次数多，使孔板变形；二是由于长期冲刷，孔板的表面粗糙度明显增大，孔板入口边缘已经不再锐利，且有多处较深划痕。

故障处理：重新加工孔板，经补焊修复，重新安装投运后，消除了给水流量的测量误差，蒸汽与给水流量的不平衡问题得以彻底解决。对孔板测量的流量应根据介质特性、介质温度压力等情况，定期对孔板进行检查，对变形、损坏的孔板要及时更换。

③ 孔板计算错误，导致氢气流量无法测量。

硫化床补充新氢流量总是无指示，检查孔板流量计的导压管无堵塞情况，对差压变送器反复校验证实仪表无问题，何故？

故障检查、分析：由于硫化床超负荷运行，原设计新氢流量经常在最大处运行，无法判断实际用量。经技术人员重新核算孔板流量参数，决定对孔板孔径扩大，并计算差压变送器的相应的量程后重新安装。由于时间紧急，未能立刻出具孔板计算数据表，只是口头通知仪表维护工人实施安装，通知过程中误将差压变送器量程为100mm 水柱说成 100kPa，因此造成仪表始终无指示。

故障处理：经重新核对孔板计算参数，对差压变送器的量程按照 100mm 水柱校正后恢复安装，仪表指示正常。因此，孔板测量计算参数改变必须出具计算书，并经专业技术人员核对确认无误后方可实施变更。

④ 低压蒸汽串入中压蒸汽后，孔板变形，测量误差较大。

故障现象：原 MEA 车间低压蒸汽日消耗量在 27t 左右，大修后对原装置进行扩建，使年生产能力由 3500t 增至年产 7000t。开车一个月后发现该车间的低压蒸汽用量非但没有增加反而较改造前用量有所减少，可以肯定仪表测量指示不准。

故障检查、分析：仪表维护工对孔板导压管、差压变送器、三阀组进行全面系统检查无任何问题。工程技术人员对孔板计算参数进行核对也无差错。最后判断孔板自身有问题。利用装置临时停车机会，对孔板下线检查。经检查发现孔板的节流孔处边缘已经凸起变形严重，有效孔径是原设计孔径的 1.15 倍。原来装置扩产后，低压蒸汽明显满足不了生产需要，于是工艺人员经常向低压蒸汽串中压蒸汽以满足工艺需求，由于减压阀控制失灵，所以造成低压汽孔板经常流通中压蒸汽，结果造成孔板节流孔径变形严重，引起测量误差。

故障处理：增加了孔板片厚度，通知工艺车间修复减压阀后再未出现过此类现象。

(8) 导压管问题

① 导压管汽化造成计量不准。

水汽车间的总4#线低压蒸汽流量经常发生记录曲线波动，而且严重时出现流量为零的情况。与蒸汽来源厂的蒸汽计量表比较，月份计量累计相差9000t蒸汽，可以确认仪表计量不准。

故障检查、分析：仪表维护工及工程技术人员对差压变送器、STLD累计器进行校验，均未发现问题。对正负取压管进行排放，发现正导压管有汽化现象，排放后仪表指示正常。

故障处理：对仪表导压管和伴热管进行检查，发现有接近1m的长度伴热管贴在导压管处，采取隔热措施后不再出现类似情况。

② 导压管含水后，空气流量指示偏差大故障。

当装置停用空气时，仪表仍指示有流量通过。

故障检查、分析：仪表维护工首先对一次差压变送器进行检零操作，检零指示正常。于是对变送器正负测量腔室进行排放，发现有水。排净导压管中水后仪表指示为零。

故障处理：对一次变送器移位安装，使测量管路和变送器均处于孔板的上方，以保证变送器测量系统内无水，经过移位安装后再未出现过类似现象，而且测量数据也比较准确、灵敏。

③ 蒸汽流量计导压管泄漏引起测量不准。

总低压蒸汽近期计量数值变化较大，查阅历史记录曲线，发现一周前记录曲线非常平稳，而实际装置用汽一直没有变化。

故障检查、分析：仪表维护人员对检测系统进行全面检查，对一次差压变送器、二次累计记录仪表以及三阀组进行测试和校验，均无问题。检查测量管路系统，发现孔板取压管处有泄漏点。

故障处理：由于无法停汽进行焊接处理，联系带压堵漏人员对泄漏点堵漏处理。

④ 流量变送器波动大。

焦化装置四路进料流量FT1123、FT1124、FT1125、FT1126仪表，工艺反映波动大投不上自动。

故障检查、分析：该仪表为打隔离液仪表，经检查、分析，初步判定为导压管内进入渣油。

故障处理：将导压管系统进行了彻底地吹扫，并重新打好隔离液，启动仪表，正常工作。

(9) 重油测量故障

某常减压装置加热炉采用重油作为燃料，其流量控制系统检测仪表采用孔板与差压变送器，取压阀门后装隔离液罐，隔离液采用乙二醇和水配置，导压管用低压蒸汽供热保温。使用过程中出现了下列问题。

① 流量指示不能随工艺阀门开度的变化而变化，或者说流量变化了，而仪表指示不变；

② 下了一场大雨后该流量控制系统的流量指示出现了上下波动的现象。

问题①故障分析：流量指示不随流量变化而变化，说明流量改变，引起差压信号的这个变化没有通过变送器传递到指示仪表中来，以致造成仪表指示不变。其原因一是变压器损坏，不能反映流量的变化，这就需要首先检查差压变送器，如果正常，排除变送器原因。另一个原因就是检测系统原因了。由于保温不良，引起取压导压管与取压阀门等处重油凝固，堵死导压管或堵死取压阀门出口，造成压力无法传递，使正负压室内压力不变，因此流量指示不变。

故障处理：用蒸汽吹扫导压管和取压阀，使凝固的重油熔化。由于重油的黏度大，附加力强，要多次反复吹扫。吹扫之前，先关闭取压阀，吹扫干净后，更换隔离液，然后再打开取压阀，开表投用。

问题②故障分析：流量出现波动现象，不仅仅是检测问题，还有系统问题。首先将调节器由自动调节切换到手动调节，观察流量指示变化情况。如流量指示仍然上下波动，说明是系统检测问题。如流量指示不波动，说明是控制系统的问题，可以通过改变 PID 参数重新整定控制系统，但有时这种办法不能解决问题。针对一场雨后，流量指示出现上下波动的故障现象，一般不可能是系统问题，大多出现在检测系统上，分析其原因，导压管保温系统的保温棉外面的保护层破损，大雨将保温层淋湿，热量损失，使导压管内重油黏度增加，压力传递阻力增加，反映滞后，孔板两侧的压差变化不能及时传到变送器上，使调节器不能对流量变化的信号进行有效控制。正常控制时，当流量指示稍有变化，出现偏差，调节器根据偏差信号随即反映，该变调节器的输出信号去控制调节阀的开度，使流量很快达到给定值，而现在检测流量变化了，但调节器不能立即改变输出信号进行调节，流量继续变化，经调节器做出反映时，流量大幅度变化，这样反复不止，使系统指示出现上下波动。

故障处理：打开保温供热蒸汽，使导压管温度上升，重油黏度降低，克服检测滞后，流量指示恢复正常。完善保温供热，增加防雨措施。

5.3　电磁流量计维修实例

电磁流量计（图 5-6）是基于电磁感应定律而工作的流量测量仪表。电磁流量计由变送器和转换器组成。电磁流量变送器将流量的变化转换成感应电势的变化。转换器将微弱的感应电势放大，并转换成统一的标准信号输出，以便进行远传指示、记录、积算和调节。它能测量具有一定电导率的液体或液、固混合物的体积流量，常用于检测酸、碱、盐、含固体颗粒液体的流量，这是它优于其他流量计的特点。

图 5-6　电磁流量计

5.3.1 电磁流量计的使用、维护

① 变送器应安装于管内任何时候均充满液体的地方，以免在管内无液体时出现指针不在零位的错觉。一般应垂直安装，预防液体流过电极时形成气泡造成误差。

② 电磁流量计的信号较为微弱，一般为2.5～8mV，尤其是当流量很小时，只有几微伏，因而在使用时特别注意外来干扰对测量精度的影响。所以变送器的外壳、屏蔽线、测量导线、变送器两端的管道均需接至单设的接地点，以免因地电位不等而引入附加干扰。

③ 变送器应安装于远离一切磁源的地方，不允许有振动。

④ 使用电源时，变送器和二次表需使用同一相线，以免检测和反馈信号相位差120°，造成仪表无法正常工作。

⑤ 变送器管内壁沉积垢层要定期清理，以防电极短路，甚至于无法测量流量。始终保持一次表的导管内绝缘衬里良好状态，以免酸碱盐等腐蚀，导致仪表无法检测。

⑥ 对仪表作周期性直观检查，检查仪表周围环境，扫除尘垢，确保不进水和其他物质。

⑦ 检查接线是否良好，检查仪表附近有否新装强电磁场设备或有新装电线横跨仪表。

5.3.2 电磁流量计常见故障与处理

（1）电磁流量计常见故障

电磁流量计使用中的常见故障，有的是由于仪表本身元器件损坏引起的故障，有的是由于选用不当、安装不妥、环境条件、流体特性等因素造成的故障，如显示波动、精度下降甚至仪表损坏等。一般可以分为两种类型：安装调试时出现的故障（调试期故障）和正常运行时出现的故障（运行期故障）。

① 调试期故障。调试期故障一般出现在仪表安装调试阶段，一经排除，在以后相同条件下一般不会再出现。常见的调试期故障一般由安装不妥、环境干扰以及流体特性影响等原因引起。

a. 管道系统和安装等方面。通常是电磁流量传感器安装位置不正确引起的故障，常见的如将传感器安装在易积聚气体的管网最高点；或安装在自上而下的垂直管上，可能出现排空；或传感器后无背压，流体直接排入大气而形成测量管内非满管。

b. 环境方面。主要是管道杂散电流干扰，空间强电磁波干扰，大型电机磁场干扰等。管道杂散电流干扰通常采取良好的单独接地保护就可获得满意结果，但如遇到强大的杂散电流（如电解车间管道，有时在两电极上感应的交流电势峰值 V_{pp} 可高达 1V），尚需采取另外措施和流量传感器与管道绝缘等。空间电磁波干扰一般经信号电缆引入，通常采用单层或多层屏蔽予以保护。

c. 流体方面。被测液体中含有均匀分布的微小气泡通常不影响电磁流量计的正常工作，但随着气泡的增大，仪表输出信号会出现波动，若气泡大到足以遮盖整个电极表面时，随着气泡流过电极会使电极回路瞬间断路而使输出信号出现更大的波动。低频方波励磁的电磁流量计测量固体含量过多浆液时，也将产生浆液噪声，使输出信号产生波动。测量混合介质时，如果在混合未均匀前就进入流量传感进行测量，也将使输出信号产生波动。电极材料与被测介质选配不当，也将由于化学作用或极化现象而影响正常测量。应根据仪表选用或有关手册正确选配电极材料。

② 运行期故障。运行期故障是电磁流量计经调试并正常运行一段时期后出现的故障，常见的运行期故障一般由流量传感器内壁附着层、雷电打击以及环境条件变化等因素引起。

a. 传感器内壁附着层。由于电磁流量计常用来测量脏污流体，运行一段时间后，常会在传感器内壁积聚附着层而产生故障。这些故障往往是由于附着层的电导率太大或太小造成的。若附着物为绝缘层，则电极回路将出现断路，仪表不能正常工作；若附着层电导率显著高于流体电导率，则电极回路将出现短路，仪表也不能正常工作。所以，应及时清除电磁流量计测量管内的附着结垢层。

b. 雷电击。雷电击在仪表线路中感应出高电压和浪涌电流，使仪表损坏。它主要通过电源线或励磁线圈或传感器与转换器之间的流量信号线等途径引入，尤其是从控制室电源线引入占绝大部分。

c. 环境条件变化出现干扰源。在调试期间由于环境条件尚好（例如没有干扰源），流量计工作正常，此时往往容易疏忽安装条件（例如接地并不怎么良好）。在这种情况下，一旦环境条件变化，运行期间出现新的干扰源（如在流量计附近管道上进行电焊，附近安装上大型变压器等），就会干扰仪表的正常工作，流量计的输出信号就会出现波动。

（2）电磁流量计常见故障处理

① 仪表无显示。出现此故障时，应首先检查电源是否接通，检查电源保险丝是否完好，检查供电电压是否符合要求，如果上述都正常，应将转换器送与生产厂家进行维修。

② 励磁报警。出现此现象时，应检查励磁接线 x 和 y 是否开路，检查励磁线圈电阻值是否正常，以此判定转换器是否有故障。

③ 空管报警。出现此问题时，应测量流体是否充满传感器测量管，检查信号连线是否正确。检查流量传感器电极是否正常。用导线将转换器信号输入端子 a、b 和 c 三点短路，此时如果“空管报警”提示撤消，说明转换器正常，有可能是被测流体电导率低或空管阈值及空管量程设置错误。

④ 测量的流量不准确。出现此情况时，应检测流体是否充满传感器测量管，信号线连接是否正常，检查传感器系数、传感器零点是否按传感器标牌或出厂校验单设置正常。

5.3.3　故障实例分析

（1）仪表无指示

① 水汽 383 工号含氮小房电磁流量计无指示。

故障检查、分析：通过对盘后和现场的一次元件间的信号测量发现，盘后供电已送出，现场来的信号线无信号，一次元件有故障。

故障处理：更换现场一次元件。

② 苯胺车间开车期间，酸性苯流量时有少许流量或无指示。

故障检查、分析：该流量计为E+H新型电磁流量计，现场指示为时而有少许流量，时而显示流量为零。检查流量计的各项参数，参数设置状态正确。而实际流过的流量已经很大。与同口径的电磁流量计对换安装，两台流量计指示现象一致。可以判定不是流量计本身问题，最后确认为酸性苯导电率低，因此无法测量实际流量。

故障处理：将电磁流量计改为转子流量计测量后运行指示正常。

③ FT-6024电磁流量计无指示。

故障检查、分析：仪表维护人员对DCS历史趋势进行查找，发现在FT-6024指示为零之前一段（12h）趋势显示有过指示为零的记录。到现场检查变送器，发现变送器出现故障灯闪烁，闪烁表明流量计处于"空管运行"状态，将电磁流量计拆下检查发现，一次传感器内被焦油污染严重，导致无法测量介质流速。

故障处理：清洗电磁流量计，同时通知工艺清洗工艺管道后恢复安装，仪表显示正常。

④ 苯酐装置DCS改造后，循环水电磁流量计无指示。

故障检查、分析：工艺人员反映循环水流量现场有流量指示，而DCS操作画面显示"IOP"故障。仪表维护人员到现场检查，确认仪表回路信号电缆无问题，流量计的二次仪表显示状态均正确，DCS工程师对通道进行检查，确认为现场电磁流量计到DCS系统的信号为有源信号，而DCS通道设置为无源信号，因此DCS显示为"IOP"故障。

故障处理：将DCS通道卡件进行有源/无源信号切换后正常。

（2）仪表指示波动

① H-酸干燥岗位的加料流量计指示波动大。

故障检查、分析：仪表维护人员对电磁流量计进行检查，一次传感器与二次仪表的接线和线路绝缘均无问题。将电磁流量计拆回实验室校正，各个流量刻度进行校正均符合精度范围，而且运行稳定。分析原因为现场环境干扰影响造成流量波动大，到现场发现流量计附近有一大型鼓风机长期运转，而且加料管线接地措施不好。

故障处理：对电磁流量计专门进行接地，按照标准接地方式对其前后法兰和壳体统一接地后，流量计指示不再波动。

② 某化工厂排污系统一电磁流量计安装后流量计运行正常，测量准确度高，在使用一段时间后发现流量计显示有时会回零，而且显示值也有波动现象。

故障检查、分析：该流量计为分体安装，传感器安装在竖井中，因为下雨，竖井中有很深积水，传感器经过长时间浸泡有潮气进入接线盒，导致励磁线圈与大地间绝缘电阻降低，以至于流量计无法正常工作。

故障处理：将传感器处的接线盒打开，用电吹风把接线盒里的水汽烘干，使绝缘电阻大于 20MΩ，用硅胶将接线盒进线口密封。

③ 661B 氧压站测量生活水的电磁流量计为 ABB000142142/X099 型，流量计工作时，信号越来越小或突然下降。

故障检查、分析：造成上述情况的主要原因是电极间的绝缘变坏或被短路。上述现象应从以下三个方面考虑：

a. 测量导管的内壁可能沉积污垢，应予以清洗和擦拭电极。

b. 测量导管衬里可能被破坏，应予以更换。

c. 信号插座可能被腐蚀，应予以清理或更换。

经检查，信号插座被腐蚀。

故障处理：更换插座，此现象消失。所以日常要定期对其流量计进行检查防腐。

④ 电磁流量计 FT0610 指示波动。

故障检查、分析：经检查流量计电源、信号及表体本身正常，但测量管道压力不稳，振动较大，使测量介质流速变化大，造成电磁流量计指示波动。

故障处理：压力稳定后流量指示恢复正常。

⑤ FT-6103 流量计无流量时有指示，或有流量时指示不准。

故障检查、分析：仪表维护人员对电磁流量计进行零点校正后，可以保证无流量时有指示故障不再出现，可是又出现有流量时无指示故障。检查一次传感器与二次仪表的接线和线路绝缘均无问题，一次传感器的线圈阻值也在规定范围之内，更换二次转换器，问题没有解决。最后将一次传感器拆下检查，发现测量腔室内积垢严重，测量电极污染。

故障处理：清理电磁流量计的腔室和电极后恢复安装，仪表运行正常。

⑥ 成品酸流量测量不稳定。

故障检查、分析：电磁流量计安装在调节阀后，阀门开关频繁，导致介质流产生气泡，从而影响测量。

故障处理：停水后将电磁流量计移至阀前。

⑦ 循环废酸流量计停车后指示最大。

故障检查、分析：仪表维护人员对流量计的一次传感器、二次转换器进行全面检查，未发现任何问题。检查参数设定，发现出厂参数设置“空管检测”输出最大。经了解工艺人员确定管道内处于空管状态，协调工艺人员将物料充满管道，仪表指示为零。

故障处理：将电磁流量计参数设置“空管检测”输出最小功能。

⑧ 水汽车间120泵房出口流量计指示偏高。

故障检查、分析：仪表维护人员经过一段时间对两台计量仪表数据进行跟踪对比，对比结果表明120泵房的流量计与污水厂流量计比较始终指示偏高，而且随着水量减小，量差指示越大。经检查发现120泵房出口流量计处于未满管状态下运行，因此计量数据指示偏高。

故障处理：将电磁流量计出口处液位提高，保证出口处液面高于流量计的后部直管出口顶部，问题解决。

⑨ 脱盐水装置电磁流量计有时有流量但是不稳定且很小。

故障检查、分析：二级脱盐水太干净了，不导电，电磁流量计无法测量。

故障处理：更换能满足此介质的电磁流量计或时间位移式超声波流量计。

(3) 因工艺流体波动干扰引起的故障

① 强流束的干扰。

如图 5-7 所示电磁流量计 FT-112 安装在弯曲管道底部 A 位置，前后直管长度均符合要求。但装置投运后，工作不正常。流量波动很大，DCS 趋势图杂乱，经检查，仪表安装、电极、接地均无问题。后检查工艺上游管道，主管道的流量由三股流束 F_1、F_2、F_3 组成，其中 F_3 来自一高位槽，与流量计安装位置距离约 20m。而 D 段管道长约 1m，H 段管道约 1.5m。F_3 流束从高位槽下来后，由于其巨大位能转换成动能，使 F_3 和 F_1、F_2 未混合稳定而直接穿过电磁流量计，即有两种不同流速的流体穿过流量计。这股流束对主流体的干扰，使流量计指示紊乱波动。将 FT-112 从 A 位置移到 B 位置后（B 位置距原管道弯曲部分 2m），指示正常。

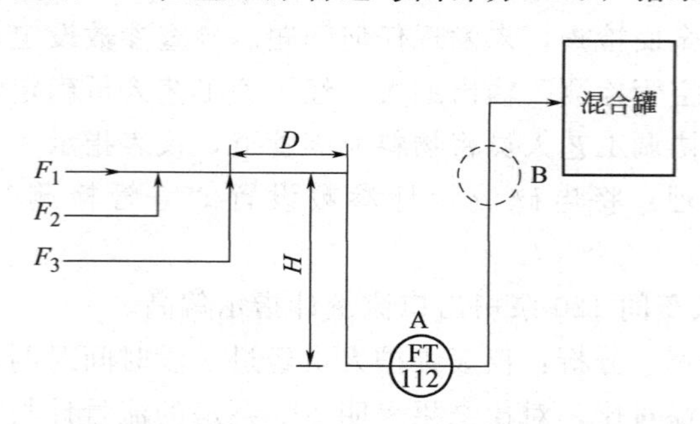

图 5-7 电磁流量计 FT-112 安装示意图

② 容器内局部阻力变化对流量的干扰。

如图 5-8 所示电磁流量计 FT-377 安装位置前后直管段及接地均符合要求，但开车后其流量示值一直跳动。经检查，母液罐内的搅拌器停运后，流量示值稳定。此搅拌器是侧壁安装，其位置距离流量计管线出口约 1m。因此，搅拌器桨叶所翻起的浪波改变了管道出口的阻力。流量计出口到容器壁的距离 D_1 约 1.5m，由于距离太短，搅拌波浪使管道出口压力波动，使流量计出口流速不稳，流量示值跳动。因此将流量计位置从 A 位置改到 B 位置，距原安装位置约 10m，流量计正常运行。

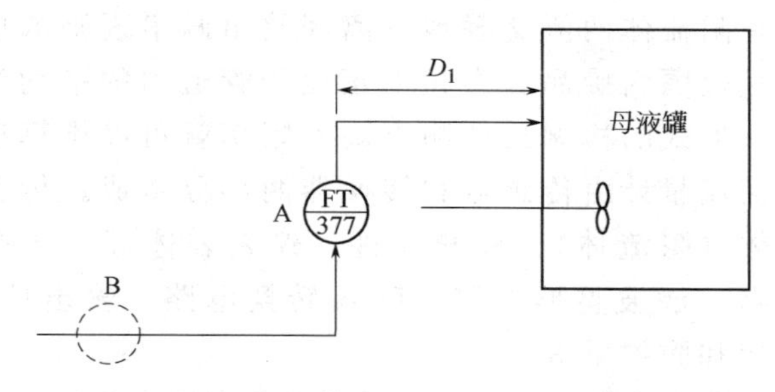

图 5-8 电磁流量计 FT-377 安装示意图

③ 温度对流量示值的干扰。

如图 5-9 所示，工艺流体经流量计 FT-114 后再经两个流量计 FT-126、FT-127 进入反应器。正常情况下，FT-114 的示值应等于 FT-126 及 FT127 流量之和，但发现有时误差很大。在工艺人员配合下，发现原来在投料初期，流经 FT-127 的一股流体要经过一个换热器 E（根据工艺有时要对这股流体加热，原 100℃ 加入到 180℃）。由于流体温度升高引起液体体积膨胀，使流经 FT-127 的流束速度加快。电磁流量计是速度流量计，因此使这股流束所指示的流量数值加大，从而使分流之和大于总流量。根据温度情况对这股流量进行修正，解决问题。

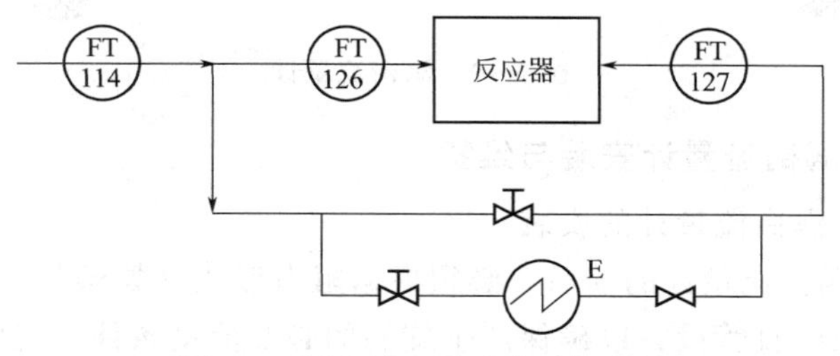

图 5-9 温度对流量示值干扰实例

5.4 涡街流量计维修实例

涡街流量计是在流体中安放一根（或多根）非流线型阻流

体，流体在阻流体两侧交替地分离释放出两串规则的旋涡，在一定的流量范围内旋涡分离频率正比于管道内的平均流速，通过采用各种形式的检测元件测出旋涡频率就可以推算出流体的流量。涡街流量计由传感器和转换器两部分组成。传感器包括旋涡发生体（阻流体）、检测元件、仪表表体等；转换器包括前置放大器、滤波整形电路、D/A 转换电路、输出接口电路、端子、支架和防护罩等。

涡街流量计（图 5-10）主要用于工业管道介质流体的流量测量，如气体、液体、蒸气等多种介质。其特点是压力损失小，量程范围大，精度高，在测量工况体积流量时几乎不受流体密度、压力、温度、黏度等参数的影响。

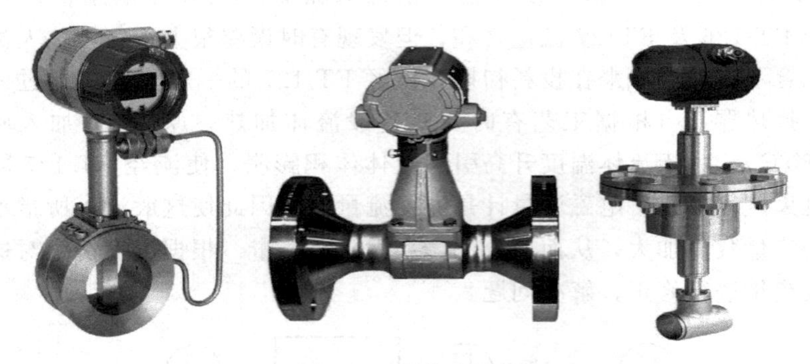

图 5-10　涡街流量计

5.4.1　涡街流量计安装与维护

（1）涡街流量计的安装

① 涡街流量计的前后，必须根据阻力形式（如阀门、弯头等）有足够长的直管段，以确保产生旋涡的必要流动条件。流体的流向和传感器标志的流向一致。

② 涡街流量计的安装地点应防止传感器产生机械振动，特别是管道的横向振动会导致管内的流体随之振动，从而使仪表产生附加误差。

③ 涡街流量计的安装地点还应避免外部电磁场的干扰。传感

器与二次仪表之间的连线应采用屏蔽线，并应穿在金属导管内，金属导管应接地。

④ 遇有调节阀、半开阀门时，涡街流量计应安装在它们的上游。但如果流体有脉动，如用往复泵输送流体，则应安装在阀门的下游，如加储罐，以减少流体的脉动。

⑤ 涡街流量计的内径应和其匹配的管道直径相一致，相对误差不能大于3%。

⑥ 如果要在流量计附近安装温度计和压力计时，则测温点、测压点应在流量计下游$5D$以上的位置。

⑦ 流量计的中心线应和管道的中心线保持同心，并应防止垫片插入管道内部。

（2）涡街流量计的维护

① 对仪表作周期性直观检查，检查仪表指示、累积值是否正常，周围环境，扫除尘垢，确保不进水和其他物质，检查接线是否良好，检查表体与工艺管道连接处有无泄漏，检查仪表电气接线盒及电子元件盒密封是否良好，检查涡街流量计仪表附近有否新装强电磁场设备或有新装电线横跨仪表。若是测量介质容易沾污电极或在测量管壁内沉淀、结垢，应定期作清垢、清洗。

② 涡街流量传感器无运动部件，长时间运行没有磨损无需经常维修。当被测介质不纯净或有沉淀物时，可根据实际情况，定期清洗传感器。检定周期为两年。

③ 传感器检查：

a. 在管道充满介质的情况下，用万用表测量接线端子A、B与C之间的电阻值，A-C、B-C之间的阻值应大致相等。若差异在1倍以上，可能是电极出现渗漏、测量管外壁或接线盒内有冷凝水吸附。

b. 在衬里干燥情况下，用MΩ表测A-C、B-C之间的绝缘电阻（应大于200MΩ）。再用万用表测量端子A、B与测量管内两只电极的电阻（应呈短路连通状态）。若绝缘电阻很小，说明电极渗漏，应将整套流量计返厂维修。若绝缘有所下降但仍有50MΩ以上且步骤①的检查结果正常，则可能是测量管外壁受潮，可用热风机对外壳内部进行烘干。

c. 用万用表测量 X、Y 之间的电阻，若超过 200Ω，则励磁线圈及其引出线可能开路或接触不良。拆下端子板检查。

d. 检查 X、Y 与 C 之间的绝缘电阻，应在 200MΩ 以上，若有所下降，用热风对外壳内部进行烘干处理。实际运行时，线圈绝缘性下降将导致测量误差增大、仪表输出信号不稳定。

④ 检修涡街流量计时，应特别保护好漩涡发生体和探头体。在没有弄清探头体故障时，不得随意拆卸，以免损坏探头体或破坏密封性能，造成传感器泄漏现象。

⑤ 防爆型涡街流量传感器现场维修时，不允许带电维修和现场使用仪器仪表，使用的万用表电源不应大于 9V。

⑥ 涡街流量计安装点的上游较近处若装有阀门，不断地开关阀门，对流量计的使用寿命影响极大，非常容易对流量计造成永久性损坏。流量计尽量避免在架空的非常长的管道上安装，这样时间一长后，由于流量计的下垂非常容易造成流量计与法兰的密封泄漏，若不得已安装时，必须在流量计的上下游 $2D$ 处分别设置管道紧固装置。

5.4.2 涡街流量计常见故障与处理

(1) 涡街流量计在使用中存在的问题

① 选型方面的问题。涡街传感器在口径选型上或者在设计选型之后，由于工艺条件变动，使得规格的选择偏大，而实际选型应选择尽可能小的口径，以提高测量精度。由于选型不当可能造成指示长期不准，指示波动大无法读数。大流量时还可以，小流量时指示不准现象。

② 安装方面的问题。如果在安装时传感器前后面的直管段长度不够，将影响测量精度，并可能造成流量指示长期不准。

③ 二次仪表的问题。常见的二次仪表问题有电路板有断线之处，量程设定个别位显示坏，K 系数设定有个别位置显示坏，使得无法确定量程设定及其他参数的设定，这将使仪表指

示不准。

④ 回路线路接线的问题。有些回路表面看线路连接的很好，但仔细检查，有的接头已松动，造成回路的中断，有的接头虽连接很紧，但由于剥线和接线的操作问题，紧固螺钉压在了线皮上，也可使得回路中断，这将会造成仪表始终无指示。

⑤ 二次仪表与后续仪表的连接问题。由于后续仪表的问题或者在后续仪表检修时，使得二次仪表输出的电流信号造成开路，可能造成二次仪表始终无指示等故障。

⑥ 使用环境问题。特别是安装在地井中的传感器部分，由于环境湿度大，造成线路板受潮，也可能造成指示值不准或无指示等故障。

（2）涡街流量计常见故障与处理

见表5-2。

表5-2　涡街流量计常见故障与处理

故障现象	故障原因	处理方法
通电后无流量时有输出信号	输入屏蔽或接地不良，引入电磁干扰	改善屏蔽与接地，排除电磁干扰
	仪表靠近强电设备或高频脉冲干扰源	远离干扰源安装，采取隔离措施加强电源滤波
	管道有较强振动	采取减振措施，加强信号滤波降低放大器灵敏度
	转换器灵敏度过高	降低灵敏度，提高触发电平
通电通流后无输出信号	电源出故障	检查电源与接地
	输入信号线断线	检查信号线与接线端子
	放大器某级有故障	检测工作点，检查元器件
	检测元件损坏	检查传感元件及引线
	无流量或流量过小	检查阀门，增大流量或缩小管径
	管道堵塞或传感器被卡死	检查清理管道，清洗传感器
	旋涡发生体结垢	清洗旋涡发生体

续表

故障现象	故障原因	处理方法
输出信号不规则不稳定	有较强电干扰信号	加强屏蔽和接地
	传感器被玷污或受潮,灵敏度降低	清洗或更换传感器,提高放大器增益
	传感器灵敏度过高	降低增益,提高触发电平
	传感器受损或引线接触不良	检查传感器及引线
	出现两相流或脉动流	加强工艺流程管理,消除两相流或脉动流现象
	管道振动的影响	采取减振措施
	工艺流程不稳定	调整安装位置
	传感器安装不同心或密封垫凸入管内	检查安装情况,改正密封垫内径
	上下游阀门扰动	加长直管段或加装流动调整器
	流体未充满管道	更换装流量传感器地点和方式
	发生体有缠绕物	消除缠绕物
	存在气穴现象	降低流速,增加管内压力
测量误差大	直管段长度不足	加长直管段或加装流动调整器
	模拟转换电路零漂或满量程调整不对	校正零点和量程刻度
	供电电压变化过大	检查电源
	仪表超过检定周期	及时送检
	传感器与配管内径差异较大	检查配管内径,修正仪表系数
	安装不同心或密封垫凸入管内	调整安装,修整密封垫
	传感器玷污或损伤	清洗更换传感器
	有两相流或脉动流	排除两相流或脉动流
	管道泄漏	排除泄漏
测量管泄漏	管内压力过高	调整管压,更改安装位置
	公称压力选择不对	选用高一档公称压力传感器
	密封件损坏	更换密封件
	传感器被腐蚀	采取防腐和保护措施

续表

故障现象	故障原因	处理方法
传感器发出异常啸叫声	流速过高，引起强烈颤动	调整流量或更换通径大的仪表
	产生气穴现象	调整流量和增加液流压力
	发生体松动	紧固发生体
流量累积计数器不动作	计数器字轮机构不灵活或卡死	清洗计数器齿轮或更换计数器
	计数器线圈断	重新绕制线圈或更换相同备件
	系数设置和编程器组件电路故障	检修相应组件电路或更换相应元
	显示板前放组件电路故障	检修相应组件电路或更换相应元部件
	旋涡变送器无输出	检修或更换变送单元

5.4.3 故障实例分析

(1) 仪表无指示

① 合成氨一台测量水的涡街流量计，无指示。

故障检查、分析：分析主要原因是仪表测量元件或仪表电路部分出现故障引起的，经检查一次元件没坏，将仪表打开后发现仪表内有水，电路部分腐蚀。

故障处理：仪表更换后，问题解决。

② 加氢装置球罐原料氢气流量采用涡街流量计进行测量，正常球罐操作压力为0.8～1.2MPa，近期由于氢气产出量经常供应不足，导致球罐压力工作在0.4MPa压力以下。原料氢气流量也经常出现指示为零，而实际却有大量氢气进入球罐。

故障检查、分析：检查流量计的信号回路和设置参数，未发现问题。分析认为由于氢气压力过低导致传感器无法检测到振动信号，因氢气压力低时的密度值小于涡街测量的最小密度值，因此无法测量氢气流量。

故障处理：提高氢气系统压力后，仪表指示正常。

从该故障分析来看，氢气测量情况下，尽量不要选用涡街流量计进行测量，尤其在压力较低、介质工作密度小的情况禁用。

(2) 无流量时有指示

① 硝酸753尾气涡街流量计测量管道内无流体流动，但显示仪表有流量显示。

故障检查、分析：造成涡街流量计发生故障的主要原因有以下几种：

a. 新安装或新检修好的涡街流量计安装在现场管道上后，在开表过程中有时显示仪表无指示。这往往是管道内无流量或流量很小，致使速度 $v=0$ 或很小，在传感器内无旋涡产生。也可能是由于传感器内的检测放大器灵敏度调得太低。如果管道内未吹净的焊渣、铁屑等杂物卡在探头与内壁之间，使探头不振动，也会引起一次表无指示。

b. 管道内无流体流动，但显示仪表有流量显示。这是由于仪表接地不良，引入了外部干扰引起的；也可能是由于灵敏度调得太高所致。实践证明，灵敏度不能调得太高，否则会引起流量偏高或指示波动；调得太低，显示仪表又无指示。一般应在无流量和无外界干扰，使显示仪表指零即可。

c. 管道内有强烈的机械振动，也会使显示仪表有指示，而工业生产的现场管道常常受动力设备的影响而发生振动，这种振动所形成的噪声干扰，对涡街流量计仪表的准确检测是非常有害的，严重时会导致仪表无法正常工作。如泵可以引起流体的压力脉动（静压脉动)，而间隙性大幅度的开闭阀门，或负荷的突变，则可引起流体对仪表的大冲击。涡街流量计最怕大范围的波动冲击，更怕介质中央夹杂的焊渣、石块等硬物的冲击，这些都会使噪声信号增大，以致影响测量精度。

d. 流量显示仪表摆动，这除了是放大器灵敏度调整的不合适以外，另一个原因是流量计安装不正确，使流场产生振动。

e. 涡街传感器的探头与内壁只有很小的距离，极易被沙粒、污物堵住，使振动源不能振动，仪表指零。此时如用外力敲击几下一次表的壳体，有时会把探头与内壁之间的污物振动掉，使仪表恢复指示。有时二次表指示偏低且迟缓，是有污物堵在了探头与内壁之间，但未堵死，此时可旋动丝杠，使振动源旋转180°，即把振动源倒过来，让流体反冲一下振动源，有时会解决问题。

f. 有时一送电，仪表就指示某一刻度，且不管怎样调整灵敏度电位器，也总不变化，这往往是一次表内部某元件损坏所致。

通过应用以上的方法进行排查发现造成此故障的原因是该仪表的接地不良。

故障处理：将仪表的接地接好，仪表指示正常。

② 一YF100型涡街流量计，安装运行后一直正常，一次检修后，关死流量计前端阀门后，流量计仍有流量显示。

故障检查、分析：经检查发现流量计附近有大功率电动机和高压线经过，分析可能是电动机及高压线产生的电磁信号干扰，检查屏蔽线接触良好，调整NBC噪声平衡参数H01及TLA（触发器输入电平参数H02），故障依旧。调整流量计参数H07，使其切除信号范围增大（即调整小信号切除参数，流量计指示为零），但流量计在小流量状态下，信号被覆盖，流量计无法检测。后来发现流量计一直显示50Hz的频率信号，根据计算：$Q_f = f \times 3.6/kt$（m^3/h），其结果与仪表瞬时流量示值一致，因此怀疑是工频电源交流信号的影响。将转换器和传感器完全接地，仍有流量显示，应是供电电源引起的故障。

故障处理：将普通的稳压电源换成开关电源，故障消除（开关电源与一般电源相比，有多级吸收滤波系统，能吸收各种高频、低频信号的干扰）。也可以在流量计前加装隔离型配电器，能起到抗干扰作用。

（3）仪表指示不准

① 新安装的涡街流量计指示长期不准，而且指示波动大。

故障检查、分析：检查仪表回路接线、参数设定均无问题。流量计前后的直管段满足安装要求，测量介质温度在设计范围无汽化现象。最后判定只能由于一次传感器出现问题，拆下传感器进行检查，将变送器拆下后，未发现腔室有挂料和凝堵现象。将变送器送到流量检定室进行检定，各个流量刻度都非常稳定和准确。于是决定恢复安装，现场安装时发现原来安装的垫片内径小于涡街传感器内径，因此造成流量指示不准。

故障处理：更换合适的垫片后运行一直比较准确和稳定。

② 工艺人员反映硫化床加料仪表流量指示偏低，根据反应器热点温度和补充的氢气量进行估算，至少流量在 $3m^3/h$ 左右，而测量仪表显示仅在 $1m^3/h$ 左右。传感器挂料后流量指示误差大。

故障检查、分析：检查仪表回路接线、参数设定均无问题。测量介质温度在设计范围无汽化现象。分析一次传感器出现问题，拆下传感器后，发现腔室有物料和金属缠绕垫片的碎片附着在涡街止流体上。

故障处理：对止流体进行清理恢复安装后开表运行正常。

③ 高压 N_2 停用时，仪表仍有20%的流量指示。

故障检查、分析：现场检查仪表回路接线、参数设定均无问题。对其流量零点和小流量切除点进行修改，修改后流量确实指示为零。但当用量小于小流量切除点时，仪表又无法测量，检查现场工艺条件，发现现场管道固定不好，振动比较严重。

故障处理：将变送器前后的工艺管线分别进行固定，减少了管道振动，解决问题。

④ 中压蒸汽由孔板流量计改造为涡街流量计测量后，指示流量与原来的流量比较相差较大，指示量较以往数据低10%左右。

故障检查、分析：检查变送器的线路未发现问题，检查二次记录仪表和一次仪表的量程参数设置均一致，原二次仪表的流量开方特性也已经改为线形。检查涡街流量计的密度参数设置，设定参数为 $10.5kg/m^3$，而实际密度为 $11.6kg/m^3$。

故障处理：将密度参数按照 $11.6kg/m^3$ 设定后，显示数据与以往数据基本一致。

⑤ 原T-103塔加热用汽为0.4MPa蒸汽，由于0.4MPa蒸汽用量较大，供汽满足不了生产需求，于是工艺人员将1.0MPa蒸汽代替0.4MPa蒸汽使用。月底蒸汽能源数据盘点结果显示：1.0MPa蒸汽缺口较大，而0.4MPa蒸汽虽有富裕量，但与

1.0MPa 蒸汽缺口量不能平衡。

故障检查、分析：计量人员到现场检查 0.4MPa 蒸汽和 1.0MPa 蒸汽的各仪表，认定问题出现在 T-103 塔加热用汽计量表，原因为 T-103 塔加热用汽改为 1.0MPa 蒸汽后相应的流量参数未进行修改。

故障处理：将原来为 0.4MPa 蒸汽的涡街流量计的温度、压力、密度按照 1.0MPa 蒸汽的温度、压力、密度参数进行修改重新核算量程后开表运行。此后的月份蒸汽能源盘点数据未出现过上述情况。

（4）因选型方面问题引起流量计小流量时无法测量

新苯胺车间的加碱流量仪表 FT-418 在调节阀阀位小于 56%时无显示，而大于 56%阀位时指示正常，不利于工艺操作。

故障检查、分析：现场检查发现，FT-418 正常控制流量在 0.5～1.2m^3/h，而选用的涡街流量计口径为 DN40，正常测量范围是 4～30m^3/h，因此在调节阀阀位小于 56%时无显示。有显示的数值误差也比较大。

故障处理：更换小口径涡街流量计，由于无现成的 *DN*25 以下的涡街流量计，更换了一台 DN40 的电磁流量计。由于电磁流量计的低流速测量效果较涡街流量计效果明显，运行后小于 0.5m^3/h 的流量也能显示出来，大大地方便了工艺人员操作。

（5）因设计错误而引起故障

新苯胺车间的 4＃线管网蒸汽用于装置自产汽和外来用汽输送，当装置自产汽大于本身用汽量时则向外输送蒸汽，当自产汽小于本身用汽量时则向内输送蒸汽。为了能够分别测量自产汽和外用汽的流量，需要在 4＃线管网的一条管线上安装两台流量计进行测量。原设计为两台涡街流量计分别从产汽和进汽方向相向安装。可是运行中发现两台流量计均有指示（如下图）。

自产汽　产汽计量表 →　← 用汽计量表　外来汽

故障检查、分析：因涡街流量计测量为旋涡信号，因此无论自产汽还是外来汽流过两台流量计，都会有旋涡信号在两台流量计流过，因此将会出现两台计量表同时有流量显示。

故障处理：将原设计的涡街流量计改为孔板流量计测量方式，因为孔板产生差压信号，当向外产汽时，产汽计量表接受为正差压信号因此显示有输出，而用汽计量表接受为负差压信号无输出，反之亦然。实施改造后，再未出现两台表同时有输出的情形。

5.5　质量流量计维修实例

质量流量计（图 5-11）直接用于测量介质的质量流量、密度和温度，具有测量精度高、量程比宽、稳定性好、维护量低等特点，它由一台传感器和一台用于信号处理的变送器和显示器三部分组成，再配用流量积算器组成流量测量系统。在传感器的外壳内有一对平行的测量管（测量管的形状，不同的厂家是不同的。如美国 ROSEMOUNT 公司的 U 管，德国 E＋H 公司的直形管，还有 Ω 形管、S 形管等），该管在安装于管子端部的电磁驱动线圈作用下，做近似音叉的振动，流动的流体在振动管内产生科氏力，由于测量管进出侧所受的科氏力方向相反，所以管子会产生扭曲，再通过电磁检测器或光电检测器，将测量管的扭曲转变成电信号，变送器将电信号转换成标准信号。由于质量流量计中的传感元件较大，因此

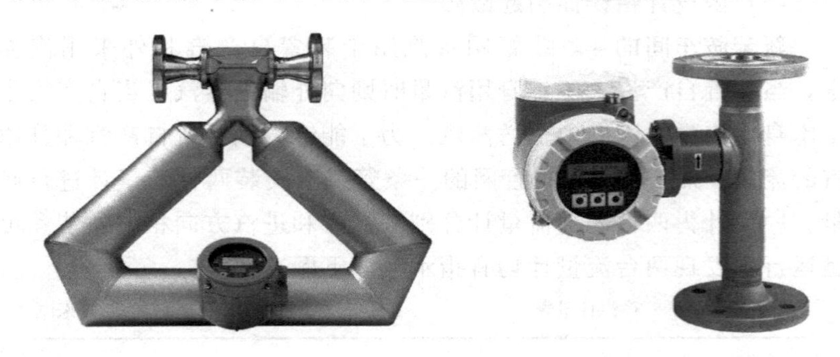

图 5-11　质量流量计

变送器和传感器分开制作，两者的距离可达300m，但需要用专用电缆连接。质量流量计可分为直接式、间接式或推导式两类。

5.5.1　质量流量计的安装、维护

(1) 质量流量计的安装

① 质量流量计是通过传感器的振动来实现测量的，为了防止外界干扰，仪表安装地点不能有大的振动源，并采取加固措施来稳定仪表附近的管道。

② 质量流量计工作时要利用激励磁场，因此它不能安装在大型变压器、电动机、机泵等产生较大磁场的设备附近，至少要和它们保持0.6～1.0m以上的距离，以免受到干扰。

③ 质量流量计的传感器和管道连接时不应有应力存在（主要是扭力），为此要将传感器在自由状态下焊接在已经支撑好的管道上。

④ 直管质量流量计最好垂直安装，这样，仪表停用时可使测量管道排空，以免结垢，如果水平安装，则需将两根测量管处于同一水平面上。

⑤ 弯管流量计水平安装时，如果测量液体，则应外壳朝下，以免测量管内积聚气体，如果测量气体，则应外壳朝上，以免测量管积聚冷凝液。

⑥ 传感器和变送器的连接电缆应按说明书规定，因为变送器接受的是低电平信号，所以不能太长，并应使用厂家的专用电缆。

(2) 质量流量计的日常维护

① 零点检查和调整。

每二～三个月检查一次，在生产允许的情况下，对安装在重要监测点的质量流量计，零点检查时间应适当缩短。

零点漂移值较大时，应首先检查原因，予以排除，然后进行零点调整。

② 流量计密封性能的检查维护。

流量计在有腐蚀性气体、潮湿或粉尘多的环境中，要经常注意检查传感器接线口处的密封完好情况，以防止腐蚀接线端子，造成

仪表不能正常运行。

③ 工作参数检查

a. 经常注意所设置的工作参数是否发生了变化，所显示的流量、密度、温度值是否正常。

b. 流量计运行时注意检查流量计前后压差。

c. 随时查看流量变送器菜单各工作参数是否正常。

④ 定期观察流量计的故障指示。

根据流量计的型号、规格、生产厂家的不同，故障显示方式和内容各有不同，对不同的故障告警指示，可查看产品使用说明书以确定故障原因，进行处理。

⑤ 流量计周期检定。

流量计使用一段时间后，按要求进行周期检定，以确定流量计的使用性能，根据质量流量计国家检定规程，质量流量计检定周期根据使用情况确定。

⑥ 流量计直观检查

检查仪表指示、累积值是否相符，扫除尘垢，仪表电气接线盒及元件盒密封是否良好，流量计线路有无损坏及腐蚀，流量计表体及连接件是否有损坏和腐蚀，检查流量计与工艺管道连接有无泄漏，检查保温和伴热有无损坏。

5.5.2 质量流量计常见故障与处理

(1) 质量流量计常见故障

① 硬件故障。

此类故障危害较大，且不易判断，处理起来比较复杂。

a. 安装不规范：不规范的安装可直接导致流量计零点漂移，带来测量误差；若安装错误则流量计不能工作。

b. 接线问题：接线错误时变送器无法工作。如果接线时不认真，导致线圈回路阻值过大或过小，轻者带来测量误差，重者变送器无法工作。

c. 工艺介质变化：若测量介质出现夹气、气化或两相流等现象，变送器会发出报警提示；严重时变送器停止工作。

d. 变送器失效：变送器某部分器件有故障，可能导致变送器零漂超限带来测量误差；或者某部分器件失效，导致变送器失效无法工作；或者变送器的某种功能失效。此类故障可通过更换变送器来简单判断。

e. 传感器失效：传感器测量管若渗漏，测量介质会注满表壳，导致测量管振动阻尼增大，变送器驱动电压随之飙升；或者介质温度过高，损伤测量管上的线圈，导致驱动、检测电压失衡。此类故障最难判断，因其绝少发生，且变送器并无对应的报警信息，只能凭经验综合多方面的因素来判断。

② 软件故障

a. 参数设置有误：不正确的流量和密度系数必然造成测量误差；若系数相差太大，则变送器报警并停止工作。

b. 零点校准有误：流量计安装后（包括新安装和拆下后再安装）必须严格按要求进行零点校准，否则会造成误差；长期运行未拆卸的流量计也要定期进行零点校准，以消除安装后的应力累积效应。需特别注意，如果在有流量的情况下进行零点校准，则有可能破坏某些内存参数。

c. I/O组态有误：I/O（输入/输出）有误，流量计系统虽能正常工作，但二次表却显示异常。若输出采用频率信号，则两端的脉冲当量应一致；若使用RS-485通讯，则应确保通讯协议的一致。

（2）质量流量计常见故障处理与排除方法（见表5-3、表5-4）

表5-3　质量流量计常见故障处理

故障现象	故障原因	处理方法
瞬时流量恒示最大值	传输信号电缆线断或传感器损坏	更换电缆或更换传感器
转换器无显示	电源故障、保险管烧坏	检查电源、更换保险管
无交流电压但有直流电压	测量管堵塞	疏通测量管
	安装应力太大	重新安装

续表

故障现象	故障原因	处理方法
零位漂移	阀门否泄漏	排除泄漏
	流量计的标定系数错误	检查消除
	阻尼过低	检查消除
	出现两相流	消除两相流
	传感器接线盒受潮	检查、修复
	接线故障	检查接线
	接地故障	检查接地
	安装有应力	重新安装
	是否有电磁干扰	改善屏蔽，排除电磁干扰
显示和输出值波动	阻尼低	检查阻尼
	驱动放大器不稳定	检查驱动放大器
	密度显示值不稳	检查密度标定系数
	接线错误	检查接线
	接地故障	检查接地
	振动干扰	消除振动干扰
	传感器管道堵塞或有积垢	检查清理管道，清洗传感器
	两相流	消除两相流
质量流量显示不正确	流量标定系数错误	检查标定系数
	流量单位错误	检查流量单位
	零点错误	零点调整
	流量计组态错误	重新组态
	密度标定系数错误	检查消除
	接线、接地故障	检查接线、接地
	两相流	消除两相流
密度显示不正确	密度标定系数错误	检查消除
	接线、接地故障	检查接线、接地
	两相流、团状流	消除
	振动干扰	消除

续表

故障现象	故障原因	处理方法
有电源无输出	电源故障	检查传感器不同接线端间的电源
零点稳定但不能回零	安装问题	重新安装
	流体温度、密度与标校用水的差别较大	增大或减小调零电阻
	传感器测量管堵塞	疏通测量管

表 5-4　质量流量计故障排除方法

序号	步　　骤	下一步操作
1	检查流量的校准系数是否正确	(1)如果检查流量校准系数正确，进行第 2 步 (2)如果流量校准系数不正确，修改并进行第 15 步
2	检查流量单位	(1)流量单位正确，进行第 3 步 (2)如果流量单位错，修改并进行第 15 步
3	确认流量表已经准确地进行了零点标定	(1)如果流量表已准确地校准零点，进行第 4 步 (2)如果流量表没有准确地校准零点，进行零点校准并进行第 15 步
4	流量表的设置是按质量还是按体积进行测量的	(1)如果设置的是按质量测量，进行第 6 步 (2)如果设置的是按体积测量，进行第 5 步
5	检查密度校准系数是否正确	(1)如果密度校准系数正确，进行第 6 步 (2)如果密度校准系数不正确，修改并进行第 15 步
6	确认流体的密度读数是准确的	(1)如果密度读数正确，进行第 7 步 (2)如果密度读数错，进行第 11 步
7	确认流体的温度读数是准确的	(1)如果温度读数正确，进行第 8 步 (2)如果温度读数错，进行第 14 步
8	流量表的设置是按质量还是按体积进行测量的	(1)如果设置是按质量测量，进行第 11 步 (2)如果设置是按体积测量，进行第 9 步
9	参照数的总量是以固定的密度值为依据得来的	(1)如果总量是以固定值得来的，进行第 10 步 (2)如果总量不是以固定值得来的，进行第 11 步
10	将流量单位改为质量流量单位	进行第 15 步

续表

序号	步　骤	下一步操作
11	检查是否有接地故障或接地不正确	(1)如果接地正确,进行第12步 (2)如果接地不正确或有故障,修理后进行第15步
12	检查是否存在两相流体	(1)如果没有两相流体,进行第13步 (2)如果存在两相流体,解决问题后,进行第15步
13	检查秤(或测量参考值)的准确性	(1)如果秤的读数准确,进行第14步 (2)如果秤的读数不准确,修理后进行第15步
14	检查流量表的接线是否正确	(1)如果流量表的接线正确,进行第15步 (2)如果流量表的接线不正确或有问题,修理或更换接线后,进行第15步
15	重新进行计量操作,检查是否还存在同样问题	(1)如果流速或总量正确,则说明已解决问题 (2)如果流速或总量不正确,重新进行第2步到第15步的操作

5.5.3 故障实例分析

(1) 质量流量计现场使用后精度降低

① 某装置中，采用了20多台质量流量计。其精度按仪表制造厂的样本显示应达0.15%，可是现场测试结果均在0.3%以下。

故障检查、分析：经计算，选型无误，且都满灌，现场检查发现，安装存在问题：

a. 质量流量计安装在泵的附近，泵启动后较大的振动必将干扰流量计的正常工作。

b. 流量计的仪表支撑柱普遍较细，有些质量流量计的支撑架一边只有一个。当管道应力传输至仪表安装段时，其支撑件不足以抵御管道应力，将降低质量流量计的测量精度。

c. 质量流量计的支撑件连在一起。当其中一台质量流量计受到振动干扰和应力时，将不可避免地传至其他流量计，并可能产生共振。

d. 一些垂直安装的质量流量计固定支撑件不能稳定较重较大口径的质量流量计本体。管道由于流体通过或管线应力而产生的振动将影响质量流量计正确测量。

e. 支撑件安装在流量计的流量管部或连接法兰处，也可能导致应力产生而干扰流量管振动频率，造成精度偏差。

故障处理：综上所述，引起质量流量计精度下降的原因是振动的干扰和应力的影响。对此，采取的措施为：

a. 远离振动泵 3m 以上。

b. 支撑件位置在流量计上、下游 15D 内，仪表的两边分别设置两个固定的支撑架，以抵御流体流经管道时产生的振动和管道的应力（尤其是当附近有较重的阀门时）。支撑架必须从仪表本体上移开，其直径足以支撑质量流量计本体和管线的重量，并且隔离振动。

c. 当垂直管道直径较大支撑件不易制作时，可将安装流量计的管道设计成水平形式。

d. 各个质量流量计的支撑件不可公用或连在一起，必须分开。

e. 仪表出口管线最好高于流量计第 2 个支撑架后的管线，以产生一个小的背压，避免虹吸现象。

f. 对振动过大的地区，应设置减振器或采用其他的减振措施。

② 在羧甲基纤维素钠（CMC）生产的关键工艺——碱化反应中，需精确控制各种参加反应化工原料的用量。选用 Fisher-Rosemount R 型质量流量计测量盐酸、浓碱及碱化混合液的质量。安装 3 套流量计（图 5-12）。在试车中，发现所测盐酸与工艺经验值比对存在一定误差。

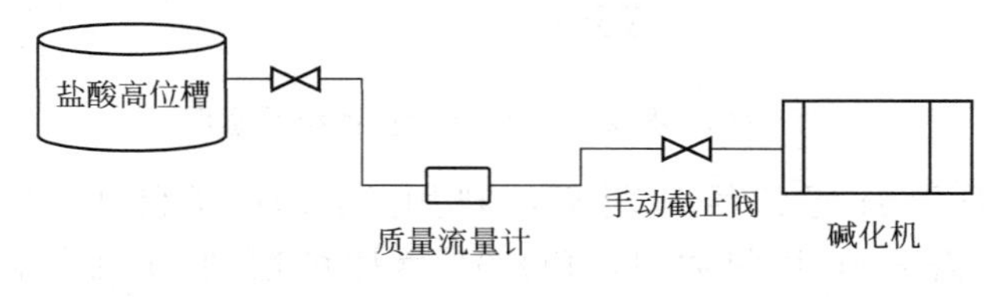

图 5-12　安装示意图

故障检查、分析：经检查，发现试生产时所加盐酸比正常生产时少，在质量流量计后部截止阀全开的情况下，盐酸不能完全充满介质，影响了仪表测量。

故障处理：稍微关小后部截止阀，重新测试，结果与工艺经验值相符。正常生产后，全开此截止阀流量计亦工作正常。

(2) 新配管后质量流量计累积流量与实际量不符

在调合装置生产工艺中，利用 MP201 泵将 TK107 立罐中的基础油加入调合釜 BLR201 中，科氏力质量流量计 FQ201 用来累计进入 BLR201 中的基础油总量。操作员预先在 DCS 的 FQ201 仪表面板上设置需加基础油的总量，对上次实测累积量清零，并启动本次计量功能，打开调合釜入口电磁阀 V201 并启动基础油泵 MP201，FQ201 开始对加入釜内的基础油计量。当实测累计量达到 FQ201 中操作员设置的目标量后，DCS 内自动送出联锁信号关闭调合釜入口电磁阀并停泵。BLR201 上安装了反吹风式液位变送器 LI201，用于监测釜内液位，以吨为单位，也为 FQ201 累计量提供了一个参考值。近期根据生产需要，装置从一个卧罐 TK204，新铺设一条管线至 MP201 泵，因此还可利用 MP201 泵将 TK204 罐中的基础油加入到 BLR201 中，如图 5-13 所示。

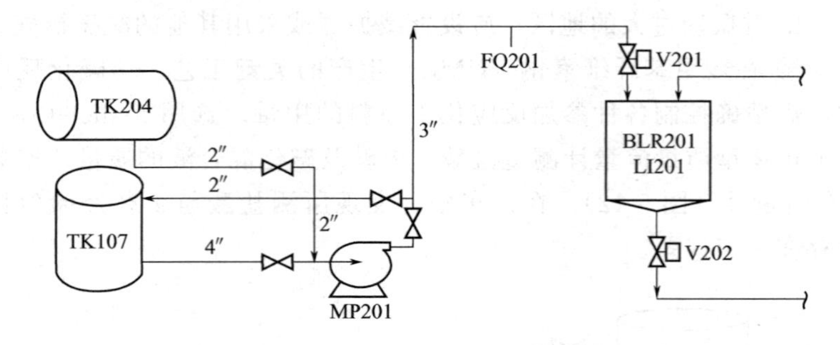

图 5-13 某装置基础油计量系统示意图

当采用新配管线加料后，利用 TK204 罐和 MP201 泵向 BLR201 输送 8t 基础油时，FQ201 累计量达到 8t 后关阀停泵，BLR201 釜上的液位计 LI201 只显示 5.7t，远远低于所需量。

故障检查、分析：

① 由于 BLR201 釜采用氮气反吹风法测量液位，因此最初怀疑氮气压力不够造成液位仪表显示偏低。查看公用工程画面上的氮气压力指示值，装置供氮正常。仪表维修人员确认液位计 LI201 工作正常。

② 用检尺方法测量液位，表明釜内实际数量远远小于 8t。

③ 由于采用的是新管线，怀疑管线处理后仍有残留的杂渣进入质量流量计中。利用 TK107 内的基础油向 BLR201 补加 2.3t 后再检尺，发现质量流量计工作正常。

④ 由于 FQ201 是科氏力质量流量计，与被测介质的温度、密度、压力、黏度变化无关，因此排除原料密度的略微不同对 FQ201 的影响。

⑤ 查看工艺管线，发现 TK107 至 MP201 入口采用的是 4in 管线，从 MP201 至 BLR201 采用 3in 管线，而从 TK20 至 MP201 入口之间新铺设的管线由于空间有限，而采用了 2in 管线。泵入口管线是 2in，而出口管线为 3in。在加油过程中，发现泵出口压力低，原来正常时 FQ201 的瞬时流量为 30t/h，现在降至 5t/h。由于新配工艺管线不合理，造成流量过低而形成缓流，无法完全充满质量流量计传感器部分的 U 形管，是引起本例故障的主要原因。

⑥ 在科氏力质量流量计中，需对传感器管子进行电磁激励，使其振荡。当流体流过管子时，在科里奥利力作用下，管子会发生形变，通过测量管子形变而测得流体质量流量。在本例故障中，当被测液体在未充满管子的情况下缓慢流动时，对传感器管子造成不平衡振动，因而影响了传感器的性能和精确度，造成仪表读数不准。

故障处理：

① 关小泵出口手阀，增加泵出口压力，FQ201 的瞬时流量由 5.7t/h 增加到 8t/h，但仍然无法满足 FQ201 正常工作的条件，因此，只好采用方法 2。

② TK204 罐内物料用完后，重新在罐底开 4in 口，并另选路径铺设 4in 管线至泵 MP201 入口处。重新送料，FQ201 工作正常。

(3) 流量指示故障

① 原料车间一测量纯苯质量流量计无流量指示，屏幕显示“SENSER ERROR”、“TUBE NOT VIBRTING”，而实际却有纯苯流过。

故障检查、分析：检查一次传感器的各项参数，检测线圈、励磁线圈电阻均在规定数值范围内。检查温度传感信号电阻时发现阻值显示较高，用手触摸管道，感觉温度很高。判断由于温度高造成纯苯汽化而引起无法测量。

故障处理：联系工艺人员将物料温度降低到规定范围后，仪表指示正常。

② 合成氨一台测量液氨的 EMERSON 质量流量计，工艺送液氨一小时，仪表仍无指示。

故障检查、分析：分析故障原因有液氨未冲满管道、仪表检测单元有故障、显示单元有故障三种情况，经检查工艺条件正常，测量单元无故障，已起振，但显示单元有故障。

故障处理：更换仪表显示单元故障消除。

③ MEA 车间精制塔进料一老式 E+H 的质量流量计流量无指示，转换器故障信息为“EPPROM ERROR”。

故障检查、分析：检查转换器上参数信息，温度、密度参数显示均正确。但流量 K 系数和口径参数显示错误，对其数据进行更正，但无法存储到数据存储器中。判断故障原因为“EPPROM”数据丢失。

故障处理：因该流量计为老式流量计，“EPPROM”置于一次传感器的电路板中，将电路板打开后，更换了同型号的“EPPROM”芯片后仪表指示正常。

④ 苯酐车间渣油流量计送料后无流量显示。

故障检查、分析：该表为斯仑伯杰的质量流量计，从转换器的输入端子排测量 A、B、C、D、E、F、G、H 各点间阻值及绝缘情况，测量结果A-B间电阻值指示最大，其他参数均在规定范围之内。到现场一次表将流量计插头拔下，测量A、B、C、D、E、F、G、H各点间阻值，测得结果均在规定范围之内。可以判断为中间专用电缆线或流量计插头有问题。

故障处理：将流量计插头打开进行检查专用电缆和插头情况，打开后发现流量计插头的A端子与专用电缆的焊点脱开，重新焊接后开表正常。

⑤ 丁辛醇装置质量流量计FQ103开车送料后瞬时流量为零、累积流量没有变化。

故障检查、分析：质量流量计需要介质充满管道后，才能正常指示，但由于送料管线过长，始终无法充满管道，造成流量计长时间没有变化。

故障处理：检查电源正常，仪表无故障。等待40min后仪表指示正常，流量累积开始变化。

⑥ 合成气外送渣油累计量使用质量流量计，仪表工月末清总量后，瞬时量回零，无指示。

故障检查、分析：经核实判断，有可能是按错了键，应按清总量键，误按在了零校准上了，由于在线进行零校准，提升了零点位置，因此指示为零。造成事故的原因主要是新使用此类仪表，仪表工还不熟悉操作。稳妥的办法是给显示仪加密，即使按错键，也不会出现此类错误。

故障处理：联系工艺停表，对质量流量计进行重新零校准，投运后，指示正常。

⑦ 乙烯流量计检定后指示误差大。

故障检查、分析：该表为罗斯蒙特的质量流量计，送流量检定站检定后返回。检定结果表明仪表准确度较高，而且根据以往计量的数据判断运行一直很准确。此次检定完毕恢复安装后计量数据与以往数据相比明显误差较大，而工艺条件无变化。因此可以肯定仪表指示有误差。检查流量计的各项参数，发现流量系数值、温度、密度参数均为1.0，显然参数设置有问题。

故障处理：将流量系数值、温度、密度参数值重新敲入后，仪表指示正常。分析故障原因为，操作人员在调用仪表参数时，误将流量计参数恢复为“原厂设置”，因此出现上述计量误差大的情况。

从该故障分析看，质量流量计工作后必须加设密码保护，防止参数被修改引起计量数据误差。

⑧ 苯酚车间的原料纯苯计量不准，日原料累计量差 7t。

故障检查、分析：据原料工反映，苯酚车间的纯苯最近一段时间计量误差较大，月盘点结果累计相差 200t 左右，相当于日计量误差 7t 左右。将流量计送到流量检定中心，送检结果证明计量表精度在规定范围之内。该流量计为斯伦伯杰 DM100 质量流量计，检查流量计的电源系统、回路接线无错误。流量计显示的温度、密度均正常。检查流量计参数设置，发现零点（ZERO）值为 0，其他参数（K、C1、C2、D1、D2）均与检定报告单相符。于是将流量计前后截止阀关闭，对流量计进行零点校正，自动校正无法实现。

故障处理：根据以往记录的零点值采取手动（MAN）方式输入，仪表瞬时量显示下降了 0.3t/h。由于该表为 24h 不间断进行收料，所以日累计量相差达到 7t。经过手动输入零点值后，再未出现类似现象。

⑨ 甲苯流量计收纯苯过程中，仪表无流量指示。屏幕显示“SENSER ERROR”、“TUBE NOT VIBRTING”，而实际却有纯苯流过。

故障检查、分析：检查一次传感器的各项参数，检测线圈、励磁线圈电阻均在规定数值范围内。检查温度传感信号电阻发现阻值，元件阻值指示开路，判断一次温度传感器损坏。由于温度传感器内置于检测管壁，无法进行更换。于是决定采取外接温度传感器进行补救。

故障处理：在质量流量计入口处加一短管，将普通 PT100 测温元件安装其中。引信号电缆至专用质量流量计电缆，并将流量计连同短管一起送至流量检定站进行标定。检定合格后恢复安装到现场，开表后运行正常。

⑩ 空分装置一台 LZLB-6 型质量流量计因雷击，μR100 记录仪指示回零。

故障检查、分析：检查转换器正常累计指示，μR100 记录仪指示回零，分析可能是由于雷击，接地不好造成质量流量计输出板损坏，测量 μR100 记录仪输入信号为零，确认是由于雷击，接地不好造成质量流量计输出板损坏，使记录仪指示回零。

故障处理：更换新的输出板后，记录仪指示正常。

⑪ 质量流量计指示故障，如何判断为一次传感器故障还是二次转换器故障。

故障检查、分析：首先从二次转换器的屏幕显示故障信息进行判断，根据信息提示可以初步判定故障原因。如 ABB 的 KF-2500 流量计屏幕显示"TEMP HI"，说明现场温度高，你可以首先检查温度传感器信号及温度测量线路。如果确认温度传感器、温度测量线路无问题，则可判定二次转换器的温度输入卡故障。最全面的检查方法是，在二次转换器的输入端子处对一次传感器的各项参数进行测量，并与说明书提供的参数进行比较。如说明书提供"A-B"间电阻为 40～50Ω，而实际测的数据也在 40～50Ω 范围内，则可判定一次传感器参数正确。依次对其他参数进行测量。如果每组数据都在规定范围数据内，则可以确定一次传感器无故障。

故障处理：根据测得数据进行判断一次传感器或二次转换器故障后，分别进行检查处理一次线路问题或用备件替换相应故障插头及部分卡件。

5.6　转子流量计维修实例

转子流量计，又称浮子流量计，通过量测设在直流管道内的转动部件（位置）来推算流量的装置，是变面积式流量计的一种。转子流量计（图 5-14）由两个部件组成，一件是从下向上逐渐扩大的锥形管，另一件是置于锥形管中且可以沿管的中心线上下自由移

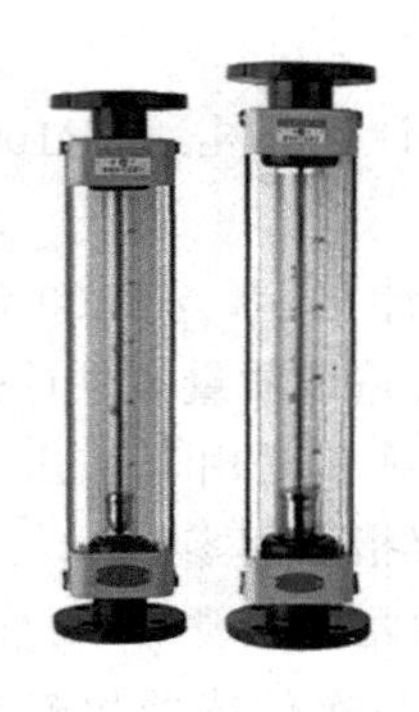

图 5-14　转子流量计

动的转子。圆形横截面的浮子（转子）的重力是由液体动力承受的，浮子可以在锥管内自由地上升和下降。在流速和浮力作用下上下运动，与浮子重量平衡后，通过磁耦合传到与刻度盘指示流量。一般分为玻璃和金属转子流量计，金属转子流量计是工业上最常用的，对于小管径腐蚀性介质通常用玻璃材质，由于玻璃材质的本身易碎性，关键的控制点也有用全钛材等贵重金属为材质的转子流量计。

5.6.1　转子流量计安装、维护

（1）转子流量计的安装、使用

① 仪表安装方向。绝大部分浮子流量计必须垂直安装在无振动的管道上，不应有明显的倾斜，流体自下而上流过仪表。浮子流量计中心线与铅垂线间夹角一般不超过 5°，高精度（1.5 级以上）仪表 $\theta \leqslant 20°$。如果 $\theta = 12°$则会产生 1%附加误差。仪表无严格上游直管段长度要求，但也有制造厂要求（2～5）D 长度的，实际上必要性不大。

② 用于脏污流体的安装。应在仪表上游装过滤器。带有磁性耦合的金属管浮子流量计用于可能含铁磁性杂质流体时，应在仪表前装磁过滤器。

要保持浮子和锥管的清洁，特别是小口径仪表，浮子洁净程度明显影响测量值，必要时可冲洗配管，定时冲洗。

③ 脉动流的安装。流动本身的脉动，如拟装仪表位置的上游有往复泵或调节阀，或下游有大负荷变化等，应改换测量位置或在管道系统予以补救改进，如加装缓冲罐；若是仪表自身的振荡，如测量时气体压力过低，仪表上游阀门未全开，调节阀未装在仪表下游等原因，应针对性改进克服，或改选用有阻尼装置的仪表。

④ 扩大范围度的安装。如果测量要求的流量范围度宽，范围度超过10时，经常采用2台以上不同流量范围的玻璃管浮子流量计并联，按所测量择其一台或多台仪表串联，小流量时读取下流量范围仪表示值，大流量时读取大流量仪表示值，串联法比并联法操作简便，无须频繁启闭阀门，但压力损失大。也可以在一台仪表内放两只不同形状和重量的浮子，小流量时取轻浮子读数，浮子到顶部后取重浮子读数，范围度可扩大到50～100。

⑤ 要排尽液体用仪表内气体。进出口不在直线的角型金属浮子流量计，用于液体时注意外传浮子位移的引申套管内是否残留空气，必须排尽；若液体含有微小气泡流动时极易积聚在套管内，更应定时排气。这点对小口径仪表更为重要，否则影响流量示值明显。

⑥ 流量值作必要换算。若非按使用密度、黏度等介质参数向制造厂专门定制的仪表，液体用仪表通常以水标定流量，气体仪表用空气标定，定值在工程标准状态。使用条件的流体密度、气体压力温度与标定不一致时，要做必要换算。换算公式和方法各制造厂使用说明书都有详述。

(2) 转子流量计的日常维护

① 日常巡回检查仪表指示、供电是否正常，查看表体（连接管路、线路）是否泄漏、损坏、腐蚀。

② 每周进行一次仪表清洁工作。

③ 零点和100%值可以通过内部的按钮进行设置。

5.6.2 转子流量计常见故障与处理

(1) 指针抖动

① 轻微指针抖动：一般由于介质波动引起。可采用增加阻尼

的方式来克服。

② 中度指针抖动：一般由于介质流动状态造成。对于气体一般由于介质操作压力不稳造成。可采用稳压或稳流装置来克服或加大转子流量计气阻尼。

③ 剧烈指针抖动：主要由于介质脉动，气压不稳或用户给出的气体操作状态的压力、温度、流量与转子流量计实际的状态不符，有较大差异造成转子流量计过量程。

（2）指针停到某一位置不动

主要原因是转子流量计的浮子卡死。

一般由于转子流量计使用时开启阀门过快，使得转子飞快向上冲击止动器，造成止动器变形而将转子卡死。但也不排除由于转子导向杆与止动环不同心，造成转子卡死。处理时可将仪表拆下，将变形的止动器取下整形，并检查与导向杆是否同心，如不同心可进行校正，然后将转子装好，手推转子，感觉转子上下通畅无阻卡即可，另外，在转子流量计安装时一定要垂直或水平安装，不能倾斜，否则也容易引起卡表并给测量带来误差。

（3）测量误差大

① 安装不符合要求。对于垂直安装转子流量计要保持垂直，倾角不大于 20°；对于水平安装转子流量计要保持水平，倾角不大于 20°。

转子流量计周围 100mm 空间不得有铁磁性物体，安装位置要远离阀门变径口、泵出口、工艺管线转弯口等。要保持前 5D 后 250mm 直管段的要求。

② 液体介质的密度变化较大也是引起误差较大的一个原因。由于仪表在标定前，都将介质按用户给出的密度进行换算，换算成标校状态下水的流量进行标定，因此如果介质密度变化较大，会对测量造成很大误差。解决方法可将变化以后的介质密度带入公式，换算成误差修正系数，然后再将流量计测出的流量乘以系数换成真实的流量。

③ 气体介质由于受到温度压力影响较大，建议采用温压补偿

的方式来获得真实的流量。

④ 由于长期使用及管道振动等多因素引起转子流量计传感磁钢、指针、配重、旋转磁钢等活动部件松动，造成误差较大。解决方法：可先用手推指针的方式来验证。首先将指针按在 RP 位置，看输出是否为 4mA，流量显示是否为 0%，再依次按照刻度进行验证。若发现不符，可对部件进行位置调整。一般要求专业人员调整，否则会造成位置丢失，需返回厂家进行校正。

（4）无电流输出

① 首先看接线是否正确。

② 液晶是否有显示，若有显示无输出，多为输出管坏，需更换线路板。

③ 丢失标校值。由于 E^2PROM 故障，造成仪表标定数据丢失，也会引起无输出电流，电流会保持不变。解决办法：可用数据恢复操作，如果不起作用，可先设定密码 2000 中的数据，再设定密码 4011 中数据，方法是用手推指针标定从 RP 至 100% 中的数据。

（5）无现场显示

① 检查接线是否正确。

② 检查供电电源是否正确。

③ 将液晶模块重新安装，检查接触不实。

④ 对于多线制供电方式检查 12、13 端子是否接电流表或短路。

（6）现场液晶总显示 0 或满量程

① 检查 2000 密码中设定量程、零点参数。要求 ZERO 要小于 SPAN 的值，两值不能相等。

② 检查采样数据是否上来，用手推指针看采样值变化，若无变化，一般为线路板采样电路故障，需更换线路板。

（7）报警不正确

① 检查偏差设定 d 值不能太大。

② FUN 功能中，逻辑功能是否正确。HA-A 表示上限正逻

辑。LA-A 表示下限正逻辑。

③ 检查 SU 中报警值设定大小。

④ 若液晶条码指示正确，输出无动作，可检查外部电源及外部电源的负极是否与仪表供电的负极相连。

⑤ 线路板故障，更换线路板。

(8) 累积脉冲输出不正确

① 检查选择累积脉冲输出的那一路报警值是否设为零。

② 线路板故障，更换线路板。

5.6.3 故障实例分析

(1) 测量通风流量的转子流量计转子因风压大冲到流量计上部不动

在柠檬酸、味精等产品的发酵生产中，使用玻璃转子流量计来进行发酵罐通风流量的测量。当风压突然增大或操作中不慎将阀门开大时，转子流量计中的转子会冲升到流量计上部与上部的缓冲橡胶垫黏住，堵死流量计上部出风口，即使关闭流量计前面的控制阀门，转子也不掉下，导致玻璃转子流量计无法使用。

故障检查、分析：这种情况主要是由于玻璃转子流量计内上部有一个缓冲橡胶垫圈造成的，当转子浮到顶部与橡胶垫圈贴住，在黏湿气体作用下，堵塞了流量计上部出气口，由于流量计玻璃管内压力保持不变而拖住转子，转子便一直处在流量计上部，导致这一现象发生，进而流量计失效。

故障处理：对玻璃转子流量计进行改进，将玻璃转子流量计拆开解体，取出转子导杆，在导杆上部固定螺纹以下开始用 ϕ3mm 不锈钢丝绕制一个长度约为 10cm 左右的限位弹簧，并将此弹簧固定在转子导杆上，使该弹簧下部分位于玻璃转子流量计上限刻度以上即可，然后按顺序组装好流量计，就可以正常使用，当转子冲到上限刻度以上时，由于上部限位弹簧的缓冲减速作用，转子就不会冲到顶部，就不会被粘住，这样流量计内部气流就会保持流畅，不会再出现上述故障了。

(2) 转子剧烈振动

某公司新上三套流量测量设备，流量计选用转子流量计。投用后，流量计的转子就时常出现剧烈振动，导致生产设备压力波动、防爆膜炸裂、设备停车、经济损失严重。

故障检查、分析：仪表技术人员对生产工艺及流量计进行了仔细分析和测试，最终找到了仪表不能正常工作的原因是由于被测介质压力不稳，导致转子流量计转子振荡。

故障处理：针对压力不稳导致转子振荡这一问题，技术人员决定采用无可动部件的涡街流量计取代转子流量计。将改进后的系统投入使用，取得了十分满意的效果。

(3) 转子卡住

① 转子流量计 FT0810 在工艺正常送料的情况下流量指示不变化。

故障检查、分析：仪表信号线路检查正常，使用扳手敲击流量计，流量计指示发生变化。转子流量计内部转子被杂质卡住，不能够上下移动，导致流量指示没有变化。

故障处理：流量计被敲击振动后，转子活动恢复正常。

② 硝基苯回流量指示恒定不变。

故障检查、分析：经检查发现现场指示在 50%左右恒定不变，拆下变送器表头检查磁耦合机构均正常。可以确认为金属浮子卡造成流量指示不变。

故障处理：采用橡皮锤敲击测量腔室的上下法兰处，敲击了几分钟后，转子流量计开始有流量变化，于是让工艺人员瞬间改变几次加料流量，流量计也相应有所变化。故障基本上得到解决。

③ 硝化岗位的硝酸流量不容易控制，经常因为转子卡，而无法确定硝酸加入量，对后部中和过程稳定生产造成一定影响。

故障检查、分析：由于硝酸腐蚀性较强，转子流量计只能选用衬氟流量计，即使频繁更换新流量计，也总是出现转子卡的故障。而采用 316 钢材质的流量计虽然转子卡的故障消除了，可是使用寿命不到半年，便将导向固定架腐蚀得支零破碎。

故障处理：决定改变测量方式，采用电磁流量计测量方式。选用了铂铱合金作为电极材质，彻底解决了硝酸流量难以控制的老问题。

(4) 停送介质后，仪表不回零

合成氨一台测量介质为氨气的 KRONHE 转子流量计，停氨后仪表指示不为零。

故障检查、分析：分析故障可能由转子被卡住、表内有污垢两种原因所致，将仪表隔离拆开发现转子活动自如，但表内有大量污垢。

故障处理：对仪表进行清洗后故障消失。

(5) 仪表指示不准

① 工艺操作人员反映硫化床还原加料仪表指示不准，目前只能根据经验进行操作。

故障检查、分析：仪表维护人员到现场进行检查，发现现场转子流量计表头指示位零流量。而通知工艺配合改变流量大小，用小锣刀能够检测到浮子随着流量变化能够上下自由移动。可以确认未发生浮子卡的故障。打开转子流量计的磁耦合腔室，发现平衡锤的六角固定螺钉松动，因此磁耦合系统不能跟踪浮子的位移变化。

故障处理：将平衡锤重新固定到最佳位置，并紧固六角螺钉后用胶水封住后运行指示正确。

② 硝化 FIC-403A 流量计始终指示最大。

故障检查、分析：现场检查发现该流量计为 KRONE 的 H27 型转子流量计。表头指针处于最大位置，测量变送器回路输出已经超出 20mA。检查四连杆反馈机构，发现反馈杆由于外界振动造成脱落，可以确认故障原因所在。

故障处理：恢复连接后仪表运行正常。

③ 在调节阀输出正常的情况下，转子流量计 FT0805 流量没有变化。

故障检查、分析：检查流量计发现仪表指针不动作，拆卸面板发现仪表刻度盘松动，将指针卡住。因此故障原因是由于转子流量计的振动使流量计刻度盘松动，卡住流量计指针，使指示没有变化。

故障处理：重新固定刻度盘后恢复正常。

（6）远传转子流量计转子容易卡牢

故障分析：远传转子流量计远传部分是靠磁性与转子耦合的。被测介质虽经机械过滤，但介质中的磁性小颗粒（如铁屑）难免有一部分要进入锥管被转子上端的磁钢吸牢，日积月累，活动部分与锥管之间的间隙逐渐缩小，从而产生摩擦，引起呆滞。

故障处理：改进的方法，一是定期拆洗转子，消除被吸牢的铁磁物质，二是在仪表前面的管道上加一道“磁性过滤”，不让铁磁物质进入锥管。最简单的办法是在原有过滤器中的适当部位，装上磁钢。

5.7　超声波流量计维修实例

超声波流量计是通过检测流体流动对超声束（或超声脉冲）的作用以测量流量的仪表。根据检测的方式，可分为传播速度差法、多普勒法、波束偏移法、噪声法及相关法等不同类型的超声波流量计。

超声波流量计（图 5-15）由超声波换能器、电子线路及流量显示和累积系统三部分组成。超声测量仪表的流量测量准确度几乎

图 5-15　超声波流量计

不受被测流体温度、压力、黏度、密度等参数的影响，又可制成非接触及便携式测量仪表，故可解决其他类型仪表所难以测量的强腐蚀性、非导电性、放射性及易燃易爆介质的流量测量问题。

超声波流量计均可管外安装、非接触测流，仪表造价基本上与被测管道口径大小无关，是较好的大管径流量测量仪表。并且超声波流量计不用在流体中安装测量元件，故不会改变流体的流动状态，不产生附加阻力，仪表的安装及检修均不影响生产管线运行。

5.7.1 超声波流量计维护

(1) 零流量的检查

当管道液体静止，而且周围无强磁场干扰、无强烈振动的情况下，表头显示为零，此时自动设置零点，消除零点飘移，运行时须做小信号切除，通常流量小于满程流量的5%，自动切除。同时零点也可通过菜单进行调整。

(2) 仪表面板键盘操作

启动仪表运行前，首先要对参数进行有效设置，例如，使用单位制、安装方式、管道直径、管道壁厚、管道材料、管道粗糙度、流体类型、两探头间距、流速单位、最小速度、最大速度等。只有所有参数输入正确，仪表方可正确显示实际流量值。

(3) 流量计的定期校验

为了保证流量计的准确度，需进行定期的校验，通常采用更高精度的便携式流量计进行直接对比，利用所测数据进行计算：误差=(测量值－标准值)/标准值，利用计算的相对误差，修正系数，使得测量误差满足±2%的误差，即可满足计量要求。

(4) 定期维护

对于外贴换能器超声波流量计，安装以后无水压损失，无潜在漏水，只需定期检查换能器是否松动，与管道之间的黏合剂是否良好即可；插入式超声波流量计，要定期清理探头上沉积的杂质、水垢等有无漏水现象；如果是一体式超声波流量计，要检查流量计与管道之间的法兰连接是否良好，并考虑现场温度和湿度对其电子部件的影响，等等。定期维护可以确保超声波流量计的长期稳定运行。

5.7.2　超声波流量计常见故障与处理

见表5-5。

表5-5　超声波流量计常见故障与处理

故障现象	故障原因	排除方法
无信号	换能器与主机之间连线断开	重新连接
信号强度不够	出现的电源污染	净化电源
	换能器位置移动	重新调整换能器位置
瞬时流量稳定，但比实际值偏大	换能器声楔出现故障	更换换能器
瞬时流量波动大	流体受到干扰，流态不稳	更换换能器位置
	主机阻尼系数设置太小	增大阻尼系数
瞬时与累计流量不一致	主机出现故障	更换主机

5.7.3　故障实例分析

(1) 时差式超声波流量计故障

某台时差式超声波流量计运行期间，时常出现多种问题：指示不准；无指示；指示流量过大或过小；指示流量为负值；流量指示波动大；声波接收信号弱。

故障分析：

① 在测量点选择方面的问题。有些测量点选择在压力不足的垂直管段或水平管段介质未充满状态，这样会使得信号丢失或变弱，造成流量指示不准、无指示等故障；有些测量点选择在有泵、调节阀或套管弯曲段处，上下游直管段的长度没有达到要求，导致介质的流动状态不稳定，将会造成仪表流量指示不准和示值波动大等故障；如果测量点选择在管道内部有腐蚀或锈斑的管道，将使测量信号失真测不出来流量。

② 探头安装方面的问题。在探头与管道的接触面上，由于管道外表上的锈斑和油漆，影响信号的接收，或者探头与接触面耦合剂涂不均匀，有气泡存在不能充分接触，将会造成仪表无指示等故

障；在水平管段上，发射器的安装高于管道侧面的正侧线，这样容易受管道底部沉淀物和管道上部气泡影响，引起信号的失真，造成指示值不准等故障。

③ 发射器电缆连接方面的问题。如果发射器有上游发射器和下游发射器时，应由两根电缆相连，如果安装颠倒了，测量的将是相反的流量，造成流量指示值为负。

④ 回路线路连接问题。线路接头松动或虚假连接造成回路中断。

⑤ 数据设置方面的问题。有时由于管道的一些技术参数提供不准确，这样将会造成流量指示不准，或过大过小等故障。

⑥ 发射器安装方法的选择方面问题。因该超声波流量计可测的管径范围在5～25m，因此选择合适的发射器安装方法至关重要，否则导致信号减弱或无法接收。

（2）流速显示不正常，数据剧烈变化

故障分析：传感器安装在管道振动大的地方或改变流态装置（如调节阀、泵、缩流孔的下流）。

故障处理：将传感器装在远离振动源的地方或移至改变流态装置的上游。

（3）超声波流量计读数不准确

① 故障分析：a. 传感器装在水平管道的顶部和底部的沉淀物干扰超声波信号；b. 传感器装在水流向下的管道上，管内未布满流体。

故障处理：a. 将传感器装在管道两侧；b. 将传感器装在布满流体的管段上。

② 故障分析：a. 使流态强烈波动的装置如：文氏管、孔板、涡街、涡轮或部分封闭的阀门，正好在传感器发射和接收的范围内，使读数不正确；b. 流量计输入管径与管道内径不匹配。

故障处理：a. 将传感器装在远离上述装置的地方，传感器上游距上述装置30D，下游距上述装置10D或移至上述装置的上游。b. 修改管径，使之匹配。

（4）传感器是好的，但流速低或没有流速

故障分析：①因为管道外的油漆、铁锈未清除干净；②管道面凹凸不平或安装在焊接缝处；③管道圆度不好，内表面不光滑，有管衬式结垢。若管材为铸铁管，则有可能出现此情况；④被测介质为纯净物或固体悬浮物过低；⑤传感器安装在纤维玻璃的管道上；⑥传感器安装在套管上，则会削弱超声波信号；⑦传感器与管道耦合不好，耦合面有缝隙或气泡。

故障处理：①重新清除管道，安装超声波流量计传感器；②将管道磨平或远离焊缝处；③选择钢管等内表面光滑管道材质或衬的地方；④选用适合的其他类型仪表；⑤将玻璃纤维除去；⑥将传感器移到无套管的管段部位上；⑦重新安装耦合剂。

（5）控制阀门部分关闭或降低流量时读数反会增加

故障分析：传感器装的过于靠近控制阀下游，当部分关闭阀门时流量计测量的实际是控制阀门缩径流速提高的流速，因口径缩小而流速增加。

故障处理：将传感器远离控制阀门，传感器上游距控制阀 $30D$ 或将传感器移至控制阀上游距控制阀 $5D$。

（6）流量计工作正常，突然流量计不再测量流量了

故障分析：①被测介质发生变化；②被测介质由于温度过高产生气化；③被测介质温度超过传感器的极限温度；④传感器下面的耦合剂老化或消耗了；⑤由于出现高频干扰使仪表超过自身滤波值；⑥计算机内数据丢失；⑦计算机死机。

故障处理：①改变测量方式；②降温；③降温；④重新涂耦合剂；⑤远离干扰源；⑥重新输入数值；⑦重新启动计算机。

第 6 章　温度测量仪表故障实例

温度是表征物体冷热程度的物理量，是工业生产中最普遍、最重要的热工参数之一。温度不能直接测量，只能借助于冷热不同的物体之间的热交换，或物体的某些物理性质随温度的不同而变化的性质进行间接测量。测量温度的方法很多，按照测量体是否与被测介质接触，可分为接触式测温法和非接触式测温法两大类。按其工作原理可以分为膨胀式温度计、热电偶温度计、热电阻温度计、压力式温度计、辐射高温计和光学高温计等类型。

6.1　温度测量仪表故障判断

温度测量系统见图 6-1，其检测框图见图 6-2。

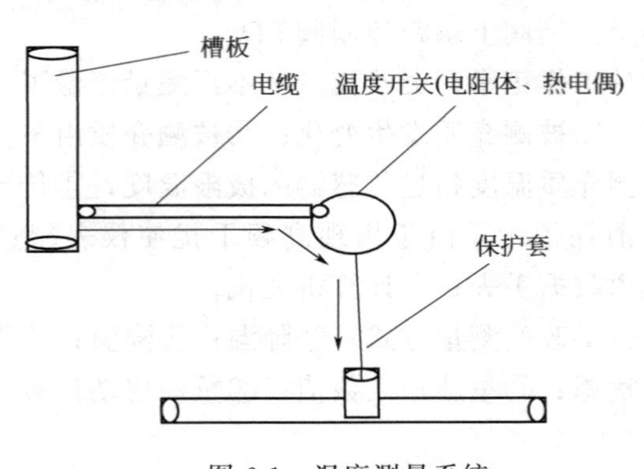

图 6-1　温度测量系统

温度检测最常见的故障现象就是温度指示不正常，现以热电偶作为测温元件进行阐述。需要说明一点的是这里分析的故障是正常生产过程中热电偶的故障，不是新安装的热电偶的故障。温度检测故障流程见图 6-3。

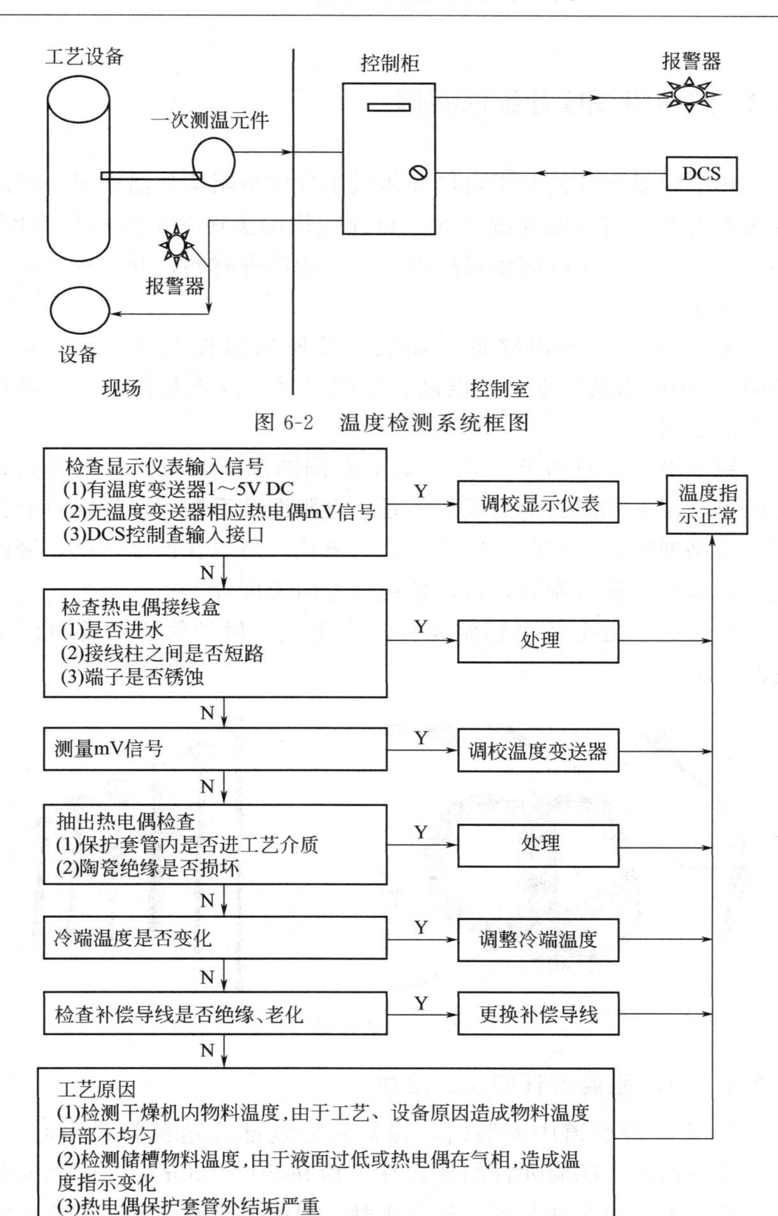

图 6-2　温度检测系统框图

图 6-3　温度检测故障判断

6.2 热电阻温度计维修实例

热电阻温度计是基于金属导体或半导体电阻值与温度成一定函数关系的原理实现温度测量的。目前使用的金属热电阻材料有铜、铂、镍、铁等，实际应用最广的是铜、铂两种材料，并已经列入了标准化生产。

铂热电阻由纯铂丝烧制而成，其使用温度范围为－200～850℃。铂电阻的特点是精度高、性能可靠、抗氧化性好、物理化学性能稳定。

铜热电阻一般用于－50～150℃范围的温度测量。它的特点是电阻值与温度之间基本为线性关系，电阻温度系数大，且材料易提纯，价格便宜，但它的电阻率低，易氧化，所以在温度不高，测温元件体积无特殊限制时，可以使用铜电阻温度计。

普通热电阻主要由感温元件、内引线、保护管等几部分组成（图 6-4）。

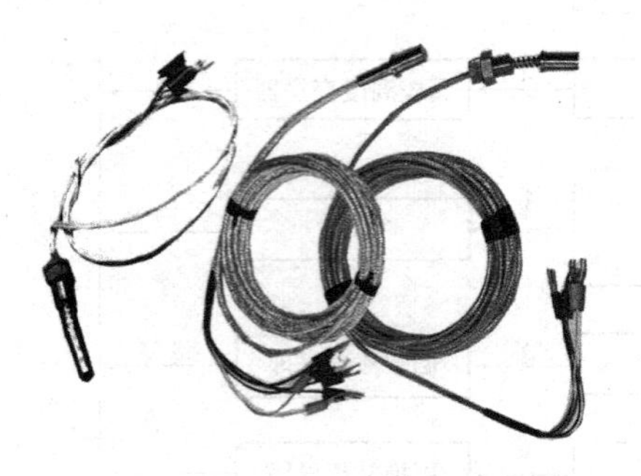

图 6-4 热电阻

6.2.1 热电阻温度计安装、维护

① 在一般管道中安装时，保护套管端部应达到管道中心处，对于高温高压，感温元件的插入深度应在 70～100mm 之间。安装时，应保证测量元件与流体充分接触，因此要求测温元件迎着被测介质流向，至少要与被测介质的流向成 90°，切勿与被测介质形成

顺流。

② 在其他容器中安装时，其插入深度应能准确反映被测介质的实际温度。

③ 在直径小于76mm的管道上安装时，应加装扩大管或选用小型感温元件。

④ 热电阻的安装应尽量避开其他热源、磁场、电场，防止外来干扰。

⑤ 热电阻与套管间的对地绝缘电阻，不应小于2MΩ。

⑥ 安装在高空的露天热电阻要注意做好套管及引线的防水措施，以免热电阻内部进水造成短路。

⑦ 安装在高温、高压处的热电阻要做好对引线的隔热措施。

⑧ 使用中的热电阻要不定期检查接线盒是否盖好，保护套管、软管及穿线管是否破裂磨损或腐蚀，连接处是否松动。

⑨ 定期进行热电阻的外部清洁工作。

6.2.2 热电阻温度计常见故障与处理

见表6-1。

表6-1 热电阻温度计常见故障与处理

故障现象	故障原因	处理方法
电阻值偏低	内部局部短路	更换热电阻
	绝缘能力降低	清洗烘干
电阻值偏高或无穷大	接线端子接触不良	拧紧接线端子
	热电阻内部或引线断开	更换电阻体
示值不稳定	接线端子接触不良	拧紧接线端子
	绝缘能力降低	清洗烘干
阻值与温度关系有变化	热电阻丝材料受腐蚀变质	更换热电阻
显示仪表指示负值	显示仪表与热电阻接线有误	改正接线
	热电阻短路	更换热电阻、加强绝缘

6.2.3 故障实例分析

（1）测量示值偏高

① 空分装置测量空压机轴温的 Pt100 电阻体，二次仪表为数显 SWT-21 经常发生指示偏高的现象。

故障检查、分析：热电阻在现场采用三线制连接，A、B 之间接电阻体，B、C 之间短接，当 A 线接触不良时，阻值变大，温度指示偏高，B 或 C 线接触不良时，温度指示会偏低。

故障处理：重新紧固现场的 A 端子及仪表上的 A 端子。消除温度指示偏高的现象。

② 工艺操作人员反映装置温度点 TIC0405 指示比实际值高。

故障检查、分析：测量阻值，参考温度对照表，温度变送器正常，将 Pt100 电阻体拆下检查，使用万用表测量电阻体有断路现象，电阻体断路导致电阻过大，使温度点指示最大。

故障处理：更换电阻体后指示恢复正常。

③ 某装置工艺反映 T407-2 点显示信号时而最大时而正常。

故障检查、分析：分析是接触不好，对现场各点重新进行了接线、紧固处理，显示正常。过一天又出现此现象，于是对电缆进行了校线，发现电缆时通时断，后经查找发现在一低处穿线管内有断线处，因测温点在室外，雨水顺导线流入穿线管低处，又由于年久，积水加老化腐蚀导线断路，当对接点重新接线时，碰动断点接上，指示正常，再有振动又断开，指示又最大，这样反复出现指示不正常现象。

故障处理：对此处进行了更换后恢复正常。

④ 合成氨装置一测量 0～200℃的一体化智能温度变送器，指示偏高于实际温度。

故障检查、分析：该变送器一次元件为 Pt100，采用三线制连接，分析指示偏高主要有以下三种原因：一次元件超差、温变超差、线路阻值高。经校验一次元件合格，温变合格，在测量线路阻值时，发现 B、C 线阻值超过正常阻值。

故障处理：把各接线端子重新紧固后，故障消失。

⑤ 某石化装置 100＃温差 TDI-108 指示偏高。

故障检查、分析：TDI107 与 TDI108 是测量氧气混合站前后的温度差，两套系统前后两对测温点位置非常接近，正常都指示−1℃左右，此时 TDI108 指示 0.6℃，指示正值是不符合工艺条件的，因为氧气混合站出口温度应比入口温度略低，通常应该为−1℃左右。首先检查现场测温元件的接线端子，发现端子上有锈痕，因为测温元件是热电阻，端子上有锈痕，使接触电阻变大，直接影响了测量结果，防爆密封接头密封不严，接线盒盖密封不严是导致端子上有锈的主要原因。

故障处理：处理后，TDI108 指示正常。

(2) 测量示值偏低、不稳、不变

① 加氢温度指示 TI1508 指示不稳，数值偏低。

故障检查、分析：经检查是电阻体接线端子与卡件处接触不良引起的。

故障处理：用螺丝刀重新刮新并紧固后正常。

② 装置加热器 E401 入口温度 TR402 工艺反映指示值比实际值低。

故障检查、分析：温度变送器确认没有问题，检查电阻体保护套管发现内有金属屑、灰尘。

故障处理：清理保护套管内的杂物，处理后指示正常。

(3) 水汽循环水氮气温度指示波动。

故障检查、分析：温度波动原因一般是由于元件到显示仪表部分各端子连接不好造成的，检查一次测温元件，发现故障原因为一次测温元件与连接导线之间的端子排螺钉松动造成温度指示波动。

故障处理：紧固螺钉后，指示正常。

(4) 硝酸 782 工号漂白塔温度指示不准。

故障检查、分析：通过测量热电阻的电阻值发现盘后值与现场值差距较大，发现盘后接线端子的接触不是很好，电阻较大。

故障处理：重新对端子进行接线，示值正常。

(5) 加氢车间 TI615 用于测量二级冷却器温度，在前一段时间工艺检修冷却器后出现指示温度只在−3～2℃之间变化，而实际温度应该在 18℃左右，指示偏低。

故障检查、分析：一般出现此类现象多为元件误差大或元件一次检测部分接触水分，造成指示有误的现象。将一次元件从保护套管中取出，发现检测部分浸有水分，判断元件套管漏或进水，但由于所测量介质为硝基苯，所以套管未漏，是由于元件密封不好造成元件套管进水，由于水的导热比金属慢且起到降温作用，导致指示偏低。

故障处理：将套管内水分去除后指示正常。

（6）原料车间 55＃库 24 罐温度指示不变。

故障检查、分析：温度不变故障多为元件故障、温度变送器故障两种原因。检查一次测温元件，正常。在现场用标准电阻箱加 0～100℃的电阻信号，显示仪表仍无变化，但在控制盘后，温度变送器输入端检测，有信号变化。在温度变送器用标准电阻箱加 0～100℃的电阻输入信号，显示仪表无变化，且显示仪表检查正常。判断故障点在温度变送器处，对温度变送器进行校验检查时，温度变送器量程板损坏。

故障处理：更换量程板，故障现象消失。

6.3 热电偶温度计维修实例

热电偶的测温原理是以热电效应为基础，将温度变化转化为热电势变化进行温度测量的仪表，是应用最广的温度传感器（图 6-5）。两种不同成分的导体（称为热电偶丝材或热电极）两端接合成回路，当接合点的温度不同时，在回路中就会产生电动势，其中，直接用作测量介质温度的一端叫做工作端（也称为测量端），另一端叫做冷端（也称为补偿端）；冷端与显示仪表或配套仪表连接，显示仪表会指出热电偶所产生的热电势。

热电偶温度计由热电偶、电测仪表和连接导线组成，它被广泛用来测量 100～1600℃范围内的温度，用特殊材料制成的热电偶还可以测量更高或更低的温度。热电偶结构类型较多，应用最广泛的

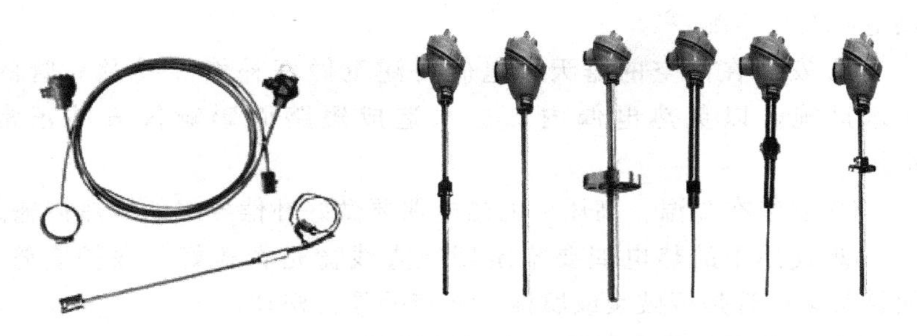

图 6-5　热电偶

主要有普通型热电偶及铠装热电偶。热电偶测温时，冷端必须为 0℃，否则将产生测量误差，而在工艺上使用时，很难使冷端保持在 0℃，所以必须对热电偶冷端进行补偿。

6.3.1　热电偶温度计安装、维护

① 热电偶的测量端应有足够的插入深度。在一般管道中安装感温元件时，保护套管端部应达到管道中心处，对于高温高压，感温元件的插入深度应在 70～100mm 之间。如果管道公称直径小于 50mm，应将温度计安装于加装的扩大管上。

安装时，应保证测量元件与流体充分接触，因此要求测温元件迎着被测介质流向，至少要与被测介质的流向成 90°，切勿与被测介质形成顺流。

② 热电偶的安装地点，应尽量避开其他热源、磁场、电场，防止外来干扰。

③ 热电偶补偿导线型号应与热电偶型号相符。

④ 补偿导线对地绝缘电阻和极间绝缘电阻，不应小于 2MΩ。

⑤ 对于热电偶参考端温度恒定但不等于 0℃时可根据中间温度定律计算出参考端为 0℃的热电势值。

⑥ 对于动圈式仪表也可使用调整仪表机械零点法，将仪表指针调至参考端温度点。

⑦ 对于热电偶参考端温度波动，且不等于 0℃时可用补偿导线法，将热电偶参考端温度延伸至温度恒定的地方。补偿导线型号与

热电偶型号匹配。

⑧ 安装在高空的露天热电偶要注意做好补偿导线及套管的防水措施，以免热电偶内部进水造成短路而影响仪表的正常指示。

⑨ 安装在高温、高压处的热电偶要做好补偿导线的隔热措施。

⑩ 使用中的热电偶要不定期检查线盒是否盖好，保护套管，软管及穿线管是否破裂或腐蚀，连接处是否松动；

⑪ 定期进行热电偶的外部清洁工作。

6.3.2 热电偶温度计常见故障与处理

（1）热电偶输入产生故障判别法

按照仪表接线图进行正确接线通电后，仪表先是显示仪表的热电偶分度号，接着显示仪表量程范围，再测仪表下排的数码管显示设定温度，仪表上排数码管显示测量温度。若仪表上排数码管显示不是发热体的温度，而显示“OVER”、“0000”或“000”等状况，说明仪表输入部位产生故障，应作如下试验：

① 把热电偶从仪表热电偶输入端拆下，再用任何一根导线把仪表热电偶输入端短路。通电时，仪表上排数码管显示值约为室温时，说明热电偶内部连线开路，应更换同类型热电偶。若还是以上所说的状况，说明仪表在运输过程中，仪表的输入端被损坏，要调换仪表。

② 把上述故障仪表的热电偶拆去，换用旁边运行正常的同种分度号仪表上接入的热电偶，通电后，原故障仪表上排数码管显示发热体温度时，说明热电偶内部连线开路，更换同类型热电偶。若还是以上所说的状况，说明仪表在运输过程中，仪表的输入端被损坏，要更换仪表。

③ 把有故障的热电偶从仪表上拆下来，用万用表放在测量欧姆（R）×1 挡，用万用表两表棒去测热电偶两端，若万用表上显示的电阻值很大，说明热电偶内部连接开路，更换同类型热电偶。否则有一定阻值，说明仪表输入端有问题，应更换仪表。

④ 按照仪表接线图接线正确，若仪表通电后，仪表上排数码

管显示有负值等现象，说明接入仪表的热电偶“+”与“−”接错而造成的。只要重新调换一下即可。

⑤ 接线正确。仪表在运行时，仪表上排数码管显示的温度与实际测量的温度相差 40～70℃，甚至相差更大，说明仪表的分度号与热电偶的分度号搞错。按热电偶分度号 B、S、K、E 等热电偶的温度与毫伏（mV）值的对应关系来看，同样温度的情况下，产生的毫伏值（mV）B 分度号最小，S 分度号次小，K 分度号较大，E 分度号最大，按照此原理来判别。

（2）热电偶温度计常见故障与处理

见表 6-2。

表 6-2　热电偶温度计常见故障与处理

故障现象	故障原因	处理方法
热电势值偏低	热电极短路	找出短路原因，如因潮湿所致，则需进行干燥；如因绝缘子损坏所致，则需更换绝缘子
	热电偶的接线柱处积灰，造成短路	清扫积灰
	补偿导线线间短路	找出短路点，加强绝缘或更换补偿导线
	热电偶热电极变质或热端损坏	在长度允许的情况下，剪去变质段重新焊接，或更换新热电偶
	补偿导线与热电偶极性接反	重新接正确
	补偿导线与热电偶不配套	更换相配套的补偿导线
	热电偶安装位置不当或插入深度不符合要求	重新按规定安装
	热电偶冷端温度补偿不符合要求	调整冷端补偿器
	热电偶与显示仪表不配套	更换热电偶或显示仪表使之相配套
热电势值偏高	热电偶与显示仪表不配套	更换热电偶或显示仪表使之相配套
	补偿导线与热电偶不配套	更换补偿导线使之相配套
	有直流干扰信号进入	排除直流干扰

续表

故障现象	故障原因	处理方法
热电势输出不稳定	热电偶接线柱与热电极接触不良	将接线柱螺钉拧紧
	热电偶测量线路绝缘破损,引起断续短路或接地	找出故障点,修复绝缘
	热电偶安装不牢或外部振动	紧固热电偶,消除振动或采取减振措施
	热电极将断未断	修复或更换热电偶
	外界干扰(交流漏电,电磁场感应等)	查出干扰源,采用屏蔽措施
热电势误差大	热电极变质	更换热电极
	热电偶安装位置不当	改变安装位置
	保护管表面积灰	清除积灰

6.3.3 故障实例分析

(1) 指示偏低

① 石化企业某装置一反应器采用K型热电偶测量反应器温度，在一次开车过程中发现温度点TI0708A指示偏低约40℃。

故障检查、分析：根据现象对测量回路、端子接线、接地绝缘等进行了检查，均正常，但在检查热电偶接线时发现补偿导线与偶丝的极性接反，导致阻值与实际不符，造成指示不准确。

故障处理：重新正确连接，指示正常。

② 合成气汽化炉内温度是用双铂铑热电偶测温的，并用吹氮形式保护套管，汽化炉开车一段时间，工艺反映T107-4点温度指示偏低，其他正常。

故障检查、分析：根据此类现象，并对比这批套管钼化镁头使用后的观察分析，是接触火燃的钼化镁质量问题，高温腐蚀套管出洞，使保护氮气阻力变小，流速加快，在感温点形成快速流动的氮气流，降低了测温点处的温度，从而使仪表指示偏低。

故障处理：仪表工到现场对各个接点进行了处理和接线，并实际测量了毫伏值，结果与显示表相符，指示正确。

③ 己烷闪蒸塔温度仪表 TR-702（图 6-6）指示偏低。

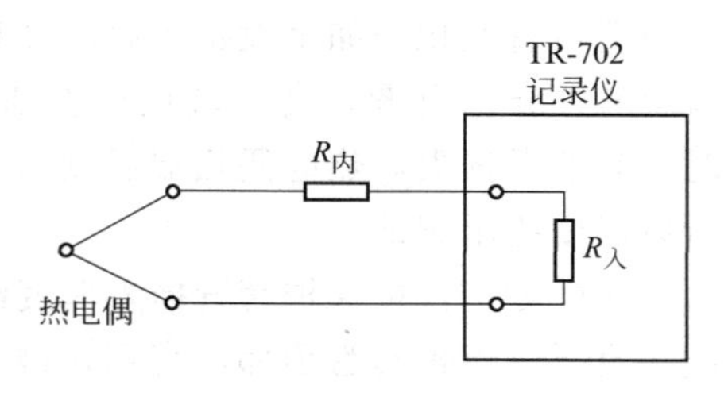

图 6-6　TR-702 输入回路

故障检查、分析：检查 DCS 温度卡，无故障；检查装置上的热电偶，发现热电偶接线端子腐蚀生锈并松动，接触不好。接触不好造成接触电阻增大，即信号源内阻增大。当信号源内阻很大时，会有部分信号被分压掉，造成温度指示偏低。

故障处理：端子除锈，紧固螺钉，温度指示恢复正常。

④ 温度测量仪表 TR401 在检修后工艺反应温度指示偏低。

故障检查、分析：热电偶指示偏低的原因主要有接线端子修饰或松动造成内阻增加，补偿导线极性接反，电偶插入深度不够，校验误差等。此表在检修过程中更换过补偿导线，所以先对补偿导线进行了检查。检查发现 K 型电偶补偿导线极性接反，造成指示温度偏低。

故障处理：K 型补偿导线正极绝缘护套为红色，负极为蓝或黑。更正接线后，仪表指示正常。

⑤ 某裂解炉出口温度控制系统采用热电偶作为测量元件，控制燃料流量来调节出口温度，在运行当中温度指示值偏低，当调节调节阀开度增加燃料流量时，温度指示变化缓慢。

故障检查、分析：温度调节系统出现这样的故障现象比较难以判断。调节系统调节不灵敏有许多因素，诸如调节器 P、I、D 参数不合适，比例 P 和积分 I 作用不够，调节阀的调节裕量不够等，如工艺提量了，阀门口径没有变，调节阀显得小了，或调节阀有卡堵现象等。再者是测温元件滞后，造成调节系统不灵敏。经过检查，发现热电偶芯长度不够，没有插到保护套管底部，这样造成热电偶热端和套管顶部之间有一段空隙。由于空气热阻大，传热性能差，造成很大的测量滞后。纯滞后大的测量系统一般 PID 调节器是很难改善调节品质的，所以出现温度变化迟钝等现象。另外测温点位置也有变化。如果设备内温度分布不很均匀，那么各点的温度就会有差异。再者，套管端点温度通过空气层传递到热电偶热端时，有热量损失，热电偶热端温度 t_1 要低于保护套管顶部温度 t_0，所以温度指示偏低。

故障处理：按保护套管插入深度配置热电偶长度，使热电偶热端一直插到保护套管顶部，直到相碰为止。处理完后，温度指示正常，调节系统品质指标也得也改善了。

⑥ 己烷塔温度测量仪表 T712 变化迟缓。

故障检查、分析：在 DCS 中调出 T712 与同台设备的另两个温度点 T711、T713，比较温度变化趋势，T712 变化缓慢，问题为仪表故障。检查热电偶发现电偶芯长度不够，没有插到保护套管底部，由于空气热阻大，传热性能差，造成很大的测量滞后。

故障处理：延长电偶芯到套管底部或更换热电偶。

（2）指示偏高

① 造气车间气化炉用铂铑-铂热电偶测量炉温，用刚玉作套管，指示仪表突然超限。

故障判断检查、分析：此现象是由断偶引起的，铂铑-铂热电偶用于测量煤气等还原性介质时，因为还原性气体可从氧化物中夺取氧原子，使热电偶的热接点产生白色脆性物质，导致断偶。

故障处理：处理其表面的物质，可以采用吹气（空气或氮气）方法防止断偶现象，这样可以延长热偶的寿命，减少温度指示偏高的现象。

② 硝酸 753 尾气反应器的温度突然指示最大。

故障检查、分析：通过测量热电偶的输出毫伏值，发现此现象是因为热电偶故障发生引起输出非常大，该热电偶已经损坏。

故障处理：更换新的热电偶。

（3）指示不准、波动、异常

① 小苯脱氢炉温度指示偏差大。

故障检查、分析：根据经验判断是接线端子接触不良造成双支热电偶输出不准。用 mV 信号发生器到现场测量热电偶接线端子信号，信号不准，检查发现接线盒的接线端子严重腐蚀，接触不良造成热电偶输出不准。

故障处理：由于接线端子腐蚀严重，无法重新接的更好，更换此热电偶。

② 合成氨气化炉温度指示波动（一次元件为 B 型热偶，带两层外套管）。

故障检查、分析：分析引起故障原因有三方面：补偿导线接触不好、温变性能不稳定、一次元件损坏。经检查温变合格，补偿导线没有问题，在测量热电偶输出时发现毫伏值波动，说明热电偶外套管破损，导致热电偶氧化使热电偶性能变坏。

故障处理：更换热电偶。

③ 某温度检测系统采用热电偶作为检测元件，在一塔内从上至下装有一只 10m 左右长的热电偶套管，内插多点热电偶。开车升温过程中发现有温度指示异常现象，初期各测温点温度指示相应上升，一段时间后，下部各测温点温度仍继续上升，均在 200℃左右，唯最上部测温点的温度指示在 100℃左右停滞。据分析，该点实际温度肯定在 130℃以上。

故障分析：最上部测温点温度指示在 100℃左右停滞，说明该处有水汽积聚，其水分受热后向上蒸发，在上部遇冷凝结成小水珠，该水珠又在套管内落下，如此反复，致使上部测温点的指示停滞在水沸点（100℃）左右。产生此故障的原因，是由于保护导管安装前未经处理或处理不符合要求，套管内气体温度仍较高所致。

故障处理：将该多点热电偶往上提，使上部测温点高于套管顶部一定距离，其内部的部分水汽被夹带出套管后在外部蒸发。如水汽不多，一般可恢复正常。否则，需把热电偶全部取出，用一支细尼龙管插入导管底部，将干燥的氮气充入管内，使水汽逐渐地被置换出来。

6.4 温度变送器维修实例

6.4.1 温度变送器故障与处理

见表6-3。

表6-3 温度变送器故障与处理

故障现象	故障原因	处理方法
变送器无输出	变送器电源接反	电源极性接正确
	变送器无电源	检查电源，保证供给变送器的电源电压≥12V。如果没有电源，则应检查回路是否断线、检测仪表是否选取错误(输入阻抗应≤250Ω)等
	表头损坏	更换表头
	电流不正常	检查回路中其他仪表是否正常
变送器输出≥20mA	变送器电源不正常	电源电压、负载符合要求
	电源线未接热电阻输入端	电源线接在电源接线端子上
	实际温度超过变送器量程	重新选用适当量程的温度变送器
	热电阻或热电偶断线	更换热电阻或热电偶
	接线松动	接好线并拧紧
	铂电阻三线制接线错误	正确接线
变送器输出≤4mA	变送器电源不正常	电源电压、负载符合要求
	实际温度超过变送器量程	重新选用适当量程的温度变送器
	铂电阻三线制接线错误	正确接线
变送器输出精度不合要求	变送器电源不正常	电源电压、负载符合要求
	未进行过一体化调试	进行一体化调试
	热电阻(或热电偶)与外壳绝缘未达到要求	绝缘处理

续表

故障现象	故障原因	处理方法
指示温度不正确	参照温度表的精度低	换精度较高的温度表
	温度指示仪表的量程与温度变送器的量程不一致	温度指示仪表的量程必须与温度变送器的量程一致
	仪表的输入与相应的接线错误	正确接线
	热电阻(或热电偶)与外壳绝缘未达到要求	进行绝缘处理
	变送器电源不正常	电源电压、负载符合要求
	变送器负载的输入阻抗不符合要求	根据其不同可采取相应措施:如升高供电电压(但必须低于36VDC)、减小负载等
	多点纸记录仪没有记录时输入端是否开路	如开路: 1. 不能再带其他负载; 2. 改用其他没有记录时输入阻抗≤250Ω的记录仪
	相应的设备外壳是否接地	设备外壳接地
	是否与交流电源及其他电源分开走线	与交流电源及其他电源分开走线

6.4.2　故障实例分析

① 工艺反映TI1352（HONEYWELL一体化温变）温度指示不准确，显示值比实际值偏低，影响正常操作。

故障检查、分析：根据工艺反映的情况，对温变进行检查，拆开接线盒发现里面有反霜现象，并有少量积水，导致接线盒内部绝缘不好，导致温度指示不准确。

故障处理：将积水清除并擦干温变后，重新接线恢复正常。

② 一台新安装的ROSEMOUNT一体化温度变送器（支持HART协议），无电流输出信号。

故障检查、分析：分析引起故障主要有以下四个方面：温变未编程、温变型号不对、接线不正确、一次元件与温变不配套。检查温变按一次元件PT100，四线制连接，0～100℃进行编程，而实际一次元件按三线制连接，且接线错误。

故障处理：正确接线后，正常。

③ 温度 TT04006（E＋H 一体化智能温变，一次元件为 PT100），指示不变化。

故障检查、分析：检查一次元件、温变、安全栅，是温变电流输出无变化。

故障处理：更换温变后正常。

④ T-241 无纸记录仪共有 16 点温度指示，个别通道经常出现指示波动。

故障检查、分析：对无纸记录仪的输入信号进行测量，没有发现信号有波动现象，确认无纸记录仪的问题，对无纸记录仪进行检查，发现线路板松动。

故障处理：固定线路板，仪表指示正常。

第 7 章　在线分析仪表故障实例

在线分析仪表是指在工业生产流程中，对物质的成分及性质完全自动分析与测量的仪器仪表。借助分析仪表，可以了解生产过程中的原料、中间产品及最后产品的性质及其含量，从而直接判断生产过程进行的是否符合要求。分析仪表一般都由三个部分构成：取样及预处理装置；检测器或检测系统；信号处理装置。在线分析仪表（图 7-1）采用现场安装方式，它可以自动采样、预处理，自动分析、信号处理以及远传，通常在线分析仪表和样品预处理装置组成一个在线测量系统，常用在线分析仪表有：热学式分析仪表、电化学式分析仪表、磁式分析仪表、光学式分析仪表、色谱分析仪等分析仪表。

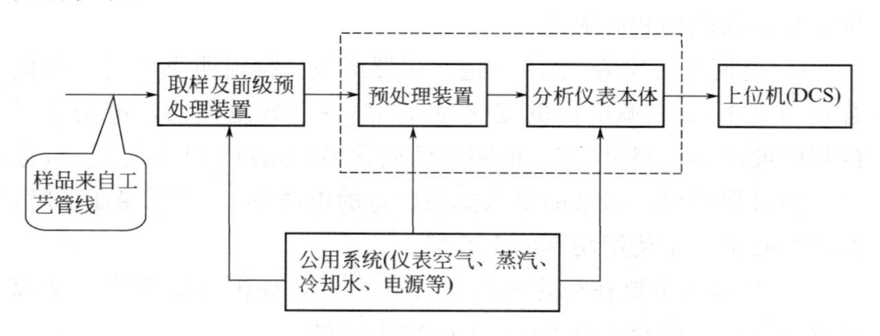

图 7-1　在线分析仪表基本组成图

7.1　在线气相色谱仪维修实例

在线气相色谱仪（图 7-2）是采用色谱柱和检测器对混合气体先分离、后检测进行定性、定量的分析。在线气相色谱一般由以下七个部分组成：载气；载气压力调节系统；样品阀；色谱柱；检测

图 7-2 气相色谱仪

器；样品处理系统；系统控制器。

7.1.1 在线气相色谱仪维护

(1) 气相色谱仪的安装

① 室内应无腐蚀性气体，离仪器及气瓶 3m 以内不得有电炉和火种。

② 室内不应有足以影响放大器和记录仪（或色谱工作站）正常工作的强磁场和放射源。

③ 电网电源应为 220V（进口仪器必须根据说明书的要求提供合适的电压），电源电压的变化应在 5%～10%范围内，电网电压的瞬间波动不得超过 5V。电频率的变化不得超过 50Hz 的 1%（进口仪器必须根据说明书的要求提供合适的电频率）。采用稳压器时，其功率必须大于使用功率的 1.5 倍。

④ 仪器应平放在稳定可靠的工作台上，周围不得有强振动源及放射源，工作台应有 1m 以上的空间位置。

⑤ 有的气相色谱仪要求有良好的接地，接地电阻必须满足说明书的要求（美国规定绿色是地线，黑色是火线，白色是零线；英国规定绿/黄色是地线，褐色是火线，蓝色是零线）。

(2) 气相色谱仪的维护

① 保持过滤器清洁通畅。

② 检查样品流速防进样滞后。

③ 检查流路系统运行状况，防止样品流路出现死区。

④ 检查管线中样品运行条件，防止管线中发生化学反应。

⑤ 确认流路切换时机是否正确，防止出现样品混合。

⑥ 检查样品进样与排放压力，检查大气平衡阀门动作是否正常，保证进样量稳定。

7.1.2　在线气相色谱仪常见故障与处理

工业气相色谱仪常见故障：

（1）基线不稳定（见表 7-1）

（2）无峰或峰太低（见表 7-2）

（3）出乱峰（见表 7-3）

（4）程序设置不当（见表 7-4）

（5）重复性差（见表 7-5）

表 7-1　基线不稳原因及处理

故障现象	故障原因	处理方法
基线漂移	炉温漂移	检查炉温和温控电路
	热导检测器不稳定	更换热丝,用无水酒精清洗
	载气流速不稳定或泄漏	检漏、重调载气流量
	色谱柱固定液流失严重	检查或更换色谱柱
基线噪声大	检测器污染	清洗热导池或火焰离子化检测器
	放大器漂移	检修或更换放大器
	记录器的放大器性能不好	检修放大器
	热导检测器供电不稳	检查供电电源电压及纹波
	载气未净化好或污染	检查和处理净化装置
	载气压力不稳,流速过高	检查和测试载气流速
	载气泄漏	检漏
	检测器污染或接触不良,或热丝松弛	检查和清洗热导池,更换热丝;检查和清洗火焰离子检测器
	色谱柱被污染或固定液流失严重	检查色谱柱,用高纯载气吹扫,无法挽回时,更换柱系统
	输气管道局部堵塞	检查、吹扫
	放空管道不通畅	检查

续表

故障现象	故障原因	处理方法
基线噪声大	电路接触不良	接插件用无水酒精清洗吹干，插紧，拧紧各端子接线
	接地不良	改变一点接地点或浮空检查
	桥路供电稳定性不好或纹波太大	改变供电电源，观察变化，修复
	放大器噪声引起	输入端短路，修复
	信号电缆绝缘性能下降	电缆两端接头拆卸，用兆欧表检查
	加热器电源干扰	切断加热器电源，修理
	记录器灵敏度太高，工作不正常或电位器触头太脏	输入端短路确认，调节放大量，或修理，或用无水酒精擦洗电位器触头
基线无规则漂移	载气净化不好	再生或更换净化装置
	载气压力不稳或泄漏	检漏或测试流速，调节阀件上的压差应大于0.05MPa
	载气中有空气使热丝氧化严重	热丝阻值大于1Ω以上更换
	气路放空管位置处于风口或气流扰动大的区域	改变放空位置
	温控不稳	暂停用，确认后检查、修理
	色谱柱系统低沸点物挥发出来或高沸点物玷污	检查预处理系统，载气流速和程序器设定时间是否错或温控失控
	检测器被污染	用无水酒精清洗、烘干
	桥路稳压电源失控	检查电源稳定度和纹波
	接地不良	改变一点接地点或浮空，检查修理
	记录器已损坏	输入端短路，确认后修理
基线出现大毛刺、周期性干扰或波动	载气口有冷凝物或凝聚物，造成局部堵塞	检查测试出口流速
	载气输入压力过低或稳压阀失控	提高输入压力，使稳压阀降压大于0.05MPa或检查阀性能
	灰尘或固体颗粒进入检测器	清洗、烘干

续表

故障现象	故障原因	处理方法
基线出现大毛刺、周期性干扰或波动	色谱柱填料填装过松或柱口过滤用玻璃门松动	检查和测定色谱柱气阻
	分析器安装环境振动过大	加防振装置
	电源干扰	检查供电电路是否接在大功率设备上,改为单独供电
	供电电路不稳定	检查各级稳压电源和纹波
	电源插头接触不良	检查插头是否松动,无水酒精清洗
	继电器电火花干扰	检查继电器灭弧组件
	恒温箱保温不好或温控电路失控	检查和测定温控精度,检查温控电路
	记录器滑线电阻接触不良	无水酒精清洗
基线呈S形波动	恒温箱保温性能不好,随外界环境温度变化而变化	恒温箱外层加保温棉
	分析器安装在风口或气流变化大的环境中	更改安装分析器的地点
基线上漂至量程卡死	载气用完或泄漏严重	采用并列共用钢瓶,严格检漏

表7-2　无峰或峰太低原因及处理

故障现象	故障原因	处理方法
无峰	未供载气或载气用完	检查,改用并列共用钢瓶
	载气泄漏完	检漏
	载气气路严重泄漏	做气密性检查,对色谱接头、检测器入口的泄漏检查
	热导池未加桥流或桥路供电接线断	检查桥路供电
	桥路供电调整管或电路损坏	检查稳压或稳流电源,修复
	信号线或信号电缆折断或信号线和屏蔽线、地线相碰	用万用表检查,或信号线两端拆卸开用兆欧表检查
	未加驱动空气或驱动空气压力不够	检查驱动空气压力

续表

故障现象	故障原因	处理方法
无峰	取样阀未激励,不能取样	检查取样阀
	大气平衡阀未激励,样品不能流入定量管	检查大气平衡阀
	温控给定的温度太低,样品在柱上冷凝	检查温控电路,测定炉温温度
	汽化室温度太低,样品不能汽化	检查汽化室温度
	记录器损坏	输入端短路修理
	放大器损坏	输入端接标准信号检查,确认修复、更换
峰太低	桥流因电路故障降低	检查桥路供电电流
	载气流速太低	检查测定分析器出口载气流速
	取样阀漏,样品流量减少	检查取样阀的气密性
	大气平衡阀激励不好,样品流入定量管流速太低	检查大气平衡阀的气密性
	反吹阀或柱切断阀因程序时间设置不当,使组分被反吹、柱切或开关门设置不当	根据色谱的分离谱图重排反吹、柱切时间、重排组分出峰时间
	色谱柱因保留时间变化或载气流速变化导致组分被反吹或柱切	检查分析器出口和载气流速,标准气检查色谱柱的分离谱图,重排程序时间或更换色谱柱
	预处理系统输送管线断或堵	检查样品输送管路
	衰减电位器衰减过头或运行中衰减量发生变化	检查或重新调整衰减电位器
	炉温降低	检查炉温并重新给定
	自动调零失控基线漂移	将操作开关放在手动衰减或色谱挡,检查基线并处理
	放大器不稳定	重调放大器工作点
	继电器损坏或触点接触不良	更换继电器

表 7-3　出乱峰低原因及处理

故障现象	故障原因	处理方法
圆顶峰	进样量大	改小定量管
	记录器增益太低	调整放大量
	超出检测器的线性动态范围	改小定量管
	记录器笔尖向满刻度运动时被卡	检查排除
平顶峰	进样量过大，色谱柱饱和	改小定量管
	放大器放大量太高或衰减电位器衰减量过小	重新检查和调整
	记录器、滑线电阻或机械传递系统有故障	检查和调整
前延峰	汽化室温度太低，样品未完全汽化	提高汽化室温度，汽化温度一般高于柱温 50～100℃
	柱温设定太低，样品在柱系统中部分被冷凝	提高柱温
	载气流速太低	检查载气稳压阀，检查柱出口流速，重调
	进样量过大，造成色谱柱过载	改小定量管
拖尾峰	柱温太低	提高柱温，但不可太高
	色谱柱选择不当，拖尾峰往往是极性较强的组分、腐蚀性组分，它们和柱填料间产生强作用力	重选色谱柱，改用极性较强的填料或适当加脱尾剂
	含极性组分的样品进样量大	改小定量管
出乱峰	预处理系统工作不正常，样品中有害组分进入色谱柱，损坏或造成柱系统严重污染	观察检查预处理系统并改进
	载气严重不纯，特别换钢瓶后未做基线检查，污染柱系统	检查色谱基线，换载气瓶后检查
	载气流速或高或低，组分保留时间变化，重组分进入主分柱中，污染柱子，或重组分在下一个分析周期中流出，造成峰重叠	检查稳压阀件，阀前后压降必须大于 0.05MPa，阀才能正常工作，检查检测器和流速
	汽化室温度设定太高，样品分解	检查汽化室温度及温控系统

续表

故障现象	故障原因	处理方法
出乱峰	温控失控造成柱温太高，固定液流失严重，柱温太低，重组分不能反吹，流入下一个分析周期中和下周期组分重合	检查温控精度，检查、修复温控电路
	色谱柱未老化，气液柱的大量溶剂被吹扫出	自制的气液柱，选择适合温度进行较长时间的老化
	气固柱未再生活化好，组分分离性能差，重复性差	严格再生活化气固柱条件
	固定液全部流出，色谱柱失效	检查色谱柱分离性能、更换
	色谱柱选择不当和样品发生作用、催化作用或分解	更换色谱柱
	样品在预处理系统中发生记忆效应或交叉污染	加大预处理系统中的快速回路流量和旁路放空量，检查管道是否局部堵塞
	系统载气泄漏较严重	检漏
	检测器被严重污染或检漏时起泡剂进入检测器	无水酒精清洗检测器、烘干
	放大器部分元件损坏	放大器输入短路，检查修理、更换

表 7-4 程序设置不当及处理

故障现象	故障原因	处理方法
程序动作时的动作基线故障	程序动作时记录器干扰，程序器或信息器的继电器触点接触不良，电路的布线不合理	用信号短路法逐级检查电路中继电器触点，拨动软线，观察现象是否变化
	反吹、柱切、前吹时，由于经检测器的载气气路色谱柱更换，基线波动范围超过±1%～2%是色谱柱和平衡柱的气阻值不想等引起	若为固定平衡柱，测试气阻并调节至相等。若为气阻阀需耐心调节，有时还需改变柱前压力，旁路载气流量等
出乱峰	运行条件下，色谱分离情况正常时出乱峰，主要是反吹、前吹、柱切等的程序设定时间不准造成	标准样检查柱系统正常时，根据组分的谱图重新安排反吹、前吹、柱切时间
	反吹时间设置不当出乱峰、一些组分定量分析偏低	重组分进入预分柱、主分柱中，调整反吹时间

续表

故障现象	故障原因	处理方法
出乱峰	前吹时间设置提前	部分前吹掉的组分进入主分柱中，调整前吹时间
	前吹时间设置太后，一些组分定量分析偏低	待分析部分被前吹，调整前吹时间
	柱切时间设置提前，进入主分析柱的部分组分被柱切，组分定量分析偏低	调整柱切时间
	柱切时间设置太后，对主分析柱有害的组分进入，使主分柱中毒	调整柱切时间
自动调零时故障	基线调零时基线跑至最大，调零电路保持电容或集成块损坏，调零电路故障引起	在自动调零时观察基线变化，修理、更换
	自动调零时基线不能快速回至零位或调零时指示摆动，因自动调零电路接触不好或有故障，记录器零位和放大器零位未调整好	自动调零电路接触不良，清洗触点，进一步检查自动调零电路，检查记录器零位
	自动调零时基线回零，调零信号消失基线偏零，是放大电路中集成块失调电压未调好造成	自动调零电路正常，检查和调整放大器失调补偿电位器，使两者基线一致
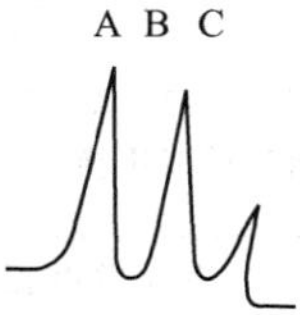 A B C	自动调零时间选择在B峰拖尾时，C峰浓度低，衰减量小，B峰浓度高，衰减量大，造成C峰定量偏低，影响下周期的正常分析	B峰拖尾严重，更换色谱柱。更改自动调零时间，必须将自动调零时间设置在基线稳定的区域或没有组分信号的区域
 开门	开门过晚造成积分定量偏低，开门晚至峰值过后再开门，峰定量更会偏低	运行时观察开门时记录器指针是否突然上升来确认，在门谱挡检查谱图，调整开门时间

续表

故障现象	故障原因	处理方法
开门 关门	关门过早造成积分定量偏低，关门在峰高之前，峰高定量更会偏低	运行时观察峰值下降过程中突然峰回零时确认，在门谱挡检查谱图，调整关门时间
A B	关门后B峰出现两大峰，原因是A、B组分浓度相差较大。A峰拖尾，关门时，衰减电位器自动切换，由于衰减量小，以至A峰拖尾信号大于B峰信号，此时峰定量分析大大偏高	更换色谱柱。关门设置时间延后或另选择运行条件

表 7-5 重复性差原因及处理

故障现象	故障原因	处理方法
峰谱重复性不好	预处理系统工作不正常	检查和改进
	无大气平衡阀，样品流速又能不稳定	检查预处理及样品流路稳压或稳流系统
	大气平衡阀在激励或释放时泄漏或串气	检查、修理或更换取样平衡阀
	取样阀瓣因划伤串气	检查、修复或更换取样阀瓣
	取样管道部分堵塞	逐段检查排除
	色谱柱填料装填太松，阻值变化造成保留值变化	测定气阻，重新装填或更换
	放大器工作不稳定或放大器中继电器触点接触不良	检查隐患，必要时更换继电器或电路元件
	桥路供电不稳定，或高或低	连续监测桥路电流和纹波
	自动调零电路工作不稳定	在色谱或门挡谱检查
	衰减电位器接触不良	无水酒精清洗，吹干后复原
	记录器灵敏度太低或过阻尼	检查和调整记录器

续表

故障现象	故障原因	处理方法
峰谱中一些组分突变	预处理系统中带气泡的液体未能消除气泡	预处理系统中增加气液分离器或采用其他方法除液沫
	预处理系统中带液体的气体未能分离液体或液沫	预处理系统中增加除液部件或采用其他方法除液或液沫
	压力较高,沸点相差大的气样因减压,节流膨胀带液或液沫	增加加热器或用其他办法防止气体中某些组分发生相变
	工艺异常时,预处理系统不能正常工作,使样品失真	改善或改进预处理系统
	预处理系统因快速回路或旁路流速调节不当引起记忆效应	重新调节快速回路或旁路放空容量
	载气严重不纯,基线波动大	色谱挡检查,更换载气瓶后必须检查,更换载气瓶

7.1.3 故障实例分析

① 石化企业某装置一色谱分析仪运行一段时间后基线不稳定，发现色谱柱的基线噪声很大。

故障分析、判断：噪声很大，说明存在很大的干扰源，它的原因可以归结为：检测器被污染；放大器发生了漂移；记录仪的放大器性能不好；热导检测器供电不稳；色谱柱被污染或固定液流失严重等。检查色谱柱发现没有异常，更换放大器后也没有什么变化，再用万用表测量时发现，供电电源变化频繁，改变供电电源。

故障处理：改变供电后仪表恢复正常。

② 生产中，装置上一色谱分析仪无法正常投入使用。

故障检查、分析：色谱分析仪在使用过程中必须保证预处理系统的可靠性，保证没有液相进入色谱柱中，否则会影响到色谱分析仪的正常使用。经全面检查发现工艺生产过程中将混醛液体窜入被测气体中，污浊色谱柱，导致色谱分析仪无法正常投用。

故障处理：更换色谱柱并重新标定后恢复正常。

③ 石化企业某装置一色谱分析仪使用一段时间，发现色谱柱的谱峰越来越小，谱峰之间间隔越来越短，并有两个相互粘连无法分开。

故障检查、分析：根据故障现象初步认为是色谱柱严重劣化所致。

故障处理结果：针对劣化原因采取以下措施，一是更换色谱柱，在有氧状态下特别是柱温较高的情况下，色谱柱劣化速度特别快。另一个是加装疏氧器，除掉载气中微量的氧气。经过处理后仪表顺利投运。

④ 石化企业某装置一型号为 GC1000S 的气相色谱仪各部分都正常，记录仪指示在最大值，改变极性则在负的最大值，调节仪器的粗细调旋钮毫无反应，热导池已清洗，而调节热导桥路电流能在正常值范围内变化。

故障检查、分析：由于桥路正常，一般可以肯定桥路钨丝未断开，应该是热导池和色谱柱室等气路系统的原因。关掉桥路电流，分别提高热导池和柱室、检测室温度，进行色谱柱二次老化，同时间断性的从进样器注射溶剂，一段时间后，降温至使用前温度，加桥流恢复正常。

故障原因是被分析样品中含有高沸物，久而久之在色谱柱中积聚，常温下这些高沸物很难排除柱外，于是断断续续随载气流过热导池，记录仪就始终有信号输入而指示在最大值，因此需要提高温度对色谱柱再次老化并用溶剂清理。

故障处理：经过清理后仪表正常运行。

⑤ 装置气相色谱仪指示值突然指示 0%。

故障检查、分析：检查色谱程序有无错误和缺失、色谱恒温箱内所有阀件有无漏气现象、二级预处理箱内进样压力状态，流路切换阀是否好用，经过检查发现流路切换阀卡死失灵。

故障处理：更换新的后，表指示正常。

⑥ 装置气相色谱指示值忽大忽小。

故障检查、分析：检查色谱程序有无错误和缺失、检查色谱恒温箱内所有阀件有无漏气现象、检查一级预处理箱内进样压力状态、检查二级预处理箱内进样压力状态，流路切换阀是否好用，经过检查发现一级预处理箱内雾化器调压器失灵造成。

故障处理：更换新的雾化器，表指示正常。

⑦ 装置气相色谱其中一个组分峰丢失。

故障检查、分析：检查二级预处理箱内进样压力状态、色谱程序有无错误和缺失、色谱恒温箱内所有阀件有无漏气现象，观察色谱图几个周期，查找相应出峰时间是否对应程序，经过检查发现有效峰存在，出峰时间改变。

故障处理：重新调整出峰时间，其中一个组分峰找回，表指示正常。

⑧ 装置气相色谱仪示值为零且点火 10s 后熄灭，当只通氮气时，气相色谱仪不熄火。

故障检查、分析：检查色谱程序有无错误和缺失、色谱恒温箱内所有阀件接头有无漏气现象、一级预处理箱内进样压力状态，二级预处理箱内进样压力状态，经检查发现是色谱阻火器堵了。

故障处理：更换新的，表指示正常。

7.2　氧化锆分析仪维修实例

氧化锆（图 7-3）分析仪由氧化锆探头和氧量变送器两部分组成。氧化锆管是由氧化锆材料掺以一定量的氧化钇或氧化钙经高温烧结后形成的稳定的氧化锆陶瓷烧结体。由于它的立方晶格中含有氧离子空穴，因此在高温下它是良好的氧离子导体。氧化锆的检测，就是利用这一特性，在一定高温下，当锆管两边的氧含量不同时，它便是一个典型的氧浓差电池。由于氧浓差导致氧离子从空气边迁移到烟气边，因而产生的电势又导致氧离子从烟气边反向迁移到空气边，当这两种迁移达到平衡后，便在两电极间产生一个与氧浓差有关的电势，在一定的高温条件下，一定的烟气氧含量便会有一对应的电势输出。氧化锆分析仪主要用于锅炉的氧量分析，对烟气的含氧量做出准确的判断。

7.2.1　氧化锆分析仪维护

① 需要对样品气进行控压处理，通常进仪器压力不得大

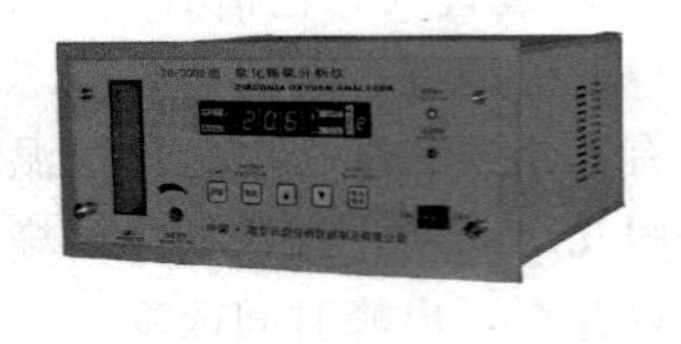

图 7-3 氧化锆分析仪

于 0.05MPa。

② 标气二次表输出压不得大于 0.3MPa。

③ 进入仪器的所有气路管线都必须经过严格的查漏，且此项工作在仪器正常工作时，每半年还必须进行一次系统查漏。

④ 气路进仪器前，必须经过物理过滤器，发现气阻现象，可先行检查过滤网（过滤器）。

⑤ 定期清洁分析仪风扇过滤网，每季度一次；环境恶劣，需要经常清理，以防止因通风不畅而导致的仪器过热现象。

⑥ 仪器的安装部位应当水平，远离振动源；以防止检测器不水平，而造成的样品对流不均所引起的误差。

⑦ 分析仪周围环境要求通风良好，切忌密闭空间，因氧量不均衡而引起的测量误差。

⑧ 分析仪周围切忌有可燃性气体，这会严重影响检测器的准确测量。

⑨ 由于检测是在高温下操作，若待测气体中含有 H_2 和 CO、CH_4 时，此物质会与氧发生反应，消耗部分氧，氧浓度降低，引起测量误差。所以仪器在测量含有可燃性物质的气体时应相应考虑此项因素，以避免测量失准。

⑩ 当测量含有腐蚀性气体时，应先用活性炭过滤。

7.2.2 氧化锆分析仪常见故障与处理

见表 7-6。

表 7-6 氧化锆分析仪常见故障及处理

故障现象	故障原因	处理方法
仪表无指示	电炉未加热	检查温度控制电路的加热器、热电耦等,找出电炉不加热的原因,处理
	信号输出回路开路	检查输出回路接线,确保接触良好
	锆管多孔铂电极断路	用数字万用表检查锆管内阻,在仪表规定的工作温度下,如果锆管两电极引线间的阻值大于100Ω,则应更换锆管
仪表示值偏高	锆管破裂漏气	检查更换锆管
	锆管产生小裂纹,导致电极部分短路渗透	检查更换
	锆管老化	测量锆管内阻,方法是在仪表规定的工作温度下,用数字万用表检测两电极引线间的阻值,一支新的锆管内阻应小于50Ω,如果锆管内阻大于100Ω时,可适当提高炉温继续使用。若仪表误差过大,超出允许误差范围时,应更换锆管
	炉温过低,造成锆管内阻过高	检查校正炉温
表头指针抖动	放大器放大倍数过高	检修放大器,调整放大倍数
	接线接触不良	检查并紧固接线端子
	插接件接触不良	清洗插接件
仪表示值偏低	样气中可能存在可燃气体	抽样检查样气,如果样气中的确有可燃气体存在,则应调整工况除去可燃气体,或者在样气中加装净化器除去可燃气体组分
	探头过滤器堵塞、气阻增大,影响被测气体中氧分子的扩散速度	反向吹扫、清洗过滤器,如果不能疏通,则更换过滤器
	炉温过高	检查校正炉温
	量程电势偏高	利用给定电势差校正量程电势

续表

故障现象	故障原因	处理方法
输出信号波动大	取样点位置不合适	和工艺配合检查、更改取样点位置
	燃烧系统不稳定，超负荷运行或有明火冲击锆管，气样流量变化大	和工艺配合检查，调整工艺参数，检查、更换气路阀件
	样气带水并在锆管中汽化	检查样气有无冷凝水或水雾，锆管出口稍向下倾斜改进样气预处理系统
仪表无论置于任何一挡，示值均指示满量程	电极信号接反	正确连接
	锆管电极脱落，或经长期使用后铂电极蒸发	检查锆管两极间电阻，如果超过100Ω，则应更换锆管

7.2.3 故障实例分析

① 一台氧化锆分析仪运行一段时间后，工艺反映指示偏低。

故障检查、分析：经检查发现氧化锆探头过滤器堵塞，气阻增大，影响被测气体中氧分子的扩散速度，造成指示偏低。

故障处理：反向吹扫、清理过滤器，如果不能疏通，则更换过滤器。

② 新安装的氧化锆分析仪投运后，工艺反映指示偏高。

故障检查、分析：经检查发现氧化锆探头安装法兰密封不严，造成漏气导致空气进入，所以指示偏高。

故障处理：更换法兰密封垫片（同时查找标气入口处是否有泄漏）。

③ 氧化锆分析仪运行突然无指示。

故障检查、分析：经检查发现氧化锆电炉未加热，检查加热器、热电偶均正常，后发现温度控制板故障。

故障处理：更换控制板，指示正常。

④ 锅炉刚投运后，氧化锆分析仪运行指示波动大。

故障检查、分析：经检查发现燃料系统不稳定，超负荷运行或有明火冲击锆头，造成气样流量变化较大。

故障处理：和工艺配合检查，调整工艺参数，使样品流量平稳。

7.3 其他氧分析仪故障实例

① 某厂采用CD-001型氧分析仪检测半水煤气中氧的含量，接通电源后加热指示灯长时间亮，仪表指示逐渐上升，直到最大，且异步电动机仍不停转。

故障检查、分析：检查接触式水银温度计接线是否短（断）路，电热炉有无损坏，但都没有问题。加热指示灯亮说明分压电路正常。怀疑可控硅出现问题，把可控硅焊下来测量发现可控硅已坏，可控硅的触发开关性能失去使测量室中的温度不断升高。

故障处理：更换可控硅触发开关，仪器正常运行。

② 某装置一CD-001型氧分析仪电源指示灯和恒温指示灯正常，而且通过人工分析的结果调节零位电阻能使指针指在人工分析值上，但时间不长，指针就渐渐回归零位。

故障检查、分析：检查接触式水银温度计既没有损坏也不存在断路问题，而且加热指示灯时明时灭，表明恒温电路正常。检查气路没有堵塞，气体流量正常。经仔细观察，发现控制器稍有振动，指针就会移动（无规律），说明存在电路接触不良现象，切断电源，打开控制器，检查发现量程电位器和工作电流电位器由于经常调动，固定螺钉松了。

故障处理：紧固螺钉，重新校准仪器，投运后正常。

③ 热磁氧分析仪在运行的过程中示值总是不稳定，来回摆动。

故障检查、分析：分析可能是直流稳压电源性能不好，致使测量电桥工作电流不稳，或者是检测器恒温性能不好，温度波动幅度太大，由于热丝的散热条件不稳定致使仪表的输出不稳定。用万用表检查电压，正常。检查恒温控制系统，也没有发现什么问题，后更换温控元件，结果恢复正常。

故障处理：温控元件不好，更换后仪表正常运行。

④ 热磁式氧分析仪校准后再投用发现仍然有偏差存在。

故障检查、分析：分析可能是仪表校准时，未待示值稳定就进行零位和量

程调整，实质上仪表并未真正校准；还有可能是标准气变质和标准气中非氧组分与被测气体的背景气不一致。重新校正后仍然有偏差，说明不是校准的问题，按被测气体背景气成分含量重新配制标准气。

故障处理：经过重新配制标准气后仪表正常运行。

⑤ 某化肥厂选用 DH-01 及 DH-01B 型原电池式微量氧分析器，用于空气分离装置纯氮气中的含氧量分析。经使用一段时间之后发现，被测的气体的体积分数由原来的 1.4μL/L 上升到 10.5μL/L，而实际被测气体含量没变。经查化学药品 KOH 及 KOH 溶液、原电池及各接头、温度控制等都完全正常。

故障检查、分析：检查仪器的传送器，发现仪表厂家在制作传送器时有两个很小的密封点，由于密封点失效，使微量的空气进入传送器，致使氧分析器指示偏高。经分析认为，密封失效的原因是密封胶同传送器的冷却及热膨胀系数不同。

故障处理：重新密封后指示正常。

7.4　热导式氢气分析仪维修实例

热导式氢气分析仪通过测量混合气体热导率的变化来实现分析被测组分的浓度，在混合气体中氢气热导率最高，因此当混合气体中背景气体（如 N_2 等）或其他成分基本保持恒定时，混合气体的热导率基本取决于氢气的多少，这样根据混合气体中的热导率不同，就可以测出所含氢气的多少。它主要由传送器、电源部分、温控部分、放大部件等组成（图 7-4）。

7.4.1　热导式氢气分析仪维护

① 打开电源，仪表升温 10～20min。

② 连接好仪表的输入、输出、干扰修正信号。

图 7-4 热导式氢气分析仪

③ 进入诊断菜单，检查仪表的运行状态。

④ 校验检查，根据仪表维护信息判断，校验时要保证废气排放系统压力维持在1.2bar。

⑤ 每周检查维护2～3次样品流量、气体过滤器、样品气体及辅助气体流量、压力及温度指示器、冷剂、测量信号以及整个外部检查。

⑥ 每月依照校验单校验一次仪表、检查模拟信号、修正信号、清理整个测量系统，并且对整个系统进行试漏。

⑦ 每年检查一次整个仪表线性化。

7.4.2 故障实例分析

① 一台热导氢气分析仪出现“仪表虽经校准，但在运行中示值与实际工况偏差很大”的故障。

故障分析：仪表的校准过于草率，通入标准气后，未等示值稳定就调整电位器。也可能是校准的重复次数不够，造成仪表虽然调校而实际上并未校准。

故障处理：按仪表操作说明书要求仔细校准仪表后正常。

② 一台氢气分析仪运行一段时间后，出现温度低报警故障。

故障检查、分析：首先用万用表检查交直流电压是否正常，若正常可继续检查加热丝是否断路，如果加热丝没问题，应是温控部分故障。

故障处理：更换温控部分后正常。

③ 一台热导氢气分析仪出现“仪表示值超出零位和满度，而调节零点和量程无反映”故障。

故障分析：首先检查桥路供电电压是否为额定值。若电压正常，则测量桥壁热丝引出线间的阻值是否相等，有无断路、短路现象。如果有断路现象，还要进一步检查是热丝断路还是热丝引出线断路。因此故障是由于桥壁损坏，造成测量电桥严重失衡所引起的。

故障处理：更换全部热丝，桥路对称，仪表正常。

④ 氢气分析仪指示值不断下降。

故障检查、分析：氢气分析仪在测量时预处理系统起着重要作用，必须保持原料气稳定的流量和压力，还有恒定的温度。检查进表前转子流量计无流量，进一步检查发现一次减压阀堵塞，没有测量气体进入分析仪。

故障处理：疏通减压阀后分析仪恢复正常。

⑤ 一台热导氢气分析仪在进行零位校准时，零位调节电位器调到端点依然不能将输出值调到零位。

故障检查、分析：从现象来看是由于电路中没有电流通过，使指针没有偏转，从而使电位器丧失调节功能。检查电路板上电位器的接点，有无脱焊现象，发现电路板正常；用万用表测试后发现，滑动触点与电阻脱开。

故障处理：将滑动触点与电阻矫正后仪表正常。

⑥ 一台热导氢气分析仪虽已校准，但在短时间内发生示值漂移、测量不准。

故障检查、分析：出现这种情况的原因有两条，一是零位调节或量程调节电位器接触不良，另一个分析电桥的工作电压出现了漂移。经检查和测量后，没有发现电位器有异常情况。检查给桥路供电的直流稳压电源，在检查作为基准元件的稳压管时，发现稳压管出现了锈蚀。

故障处理：更换稳压管后仪表恢复正常。

⑦ 一台热导氢气分析仪运行一段时间后发现，检测室内的温

度一直没有变化。

故障检查、分析：检测室内温度一直没有变化，说明检测室内没有加热应该是加热丝或温度控制电路及其元件故障。经检查没有发现加热丝有异常，可能是温控电路及其元件出现故障。

故障处理：更换温控元件后发现仪表正常。

7.5 工业 pH 计维修实例

测定溶液的 pH 值，工业上是用电位法原理所构成的 pH 值测定仪，它是由电极组成的发送部分和电子部件组成的检测部分构成（图 7-5）。发送部分时由参比电极、工作电极组成。当被测溶液流经发送部分时，电极和被测溶液就形成一个化学原电池，两电极之间就产生了电势，电势的大小与被测溶液的 pH 值成对数函数关系。所以发送部分是一个转换器，将被测溶液的 pH 值转换成电信号。

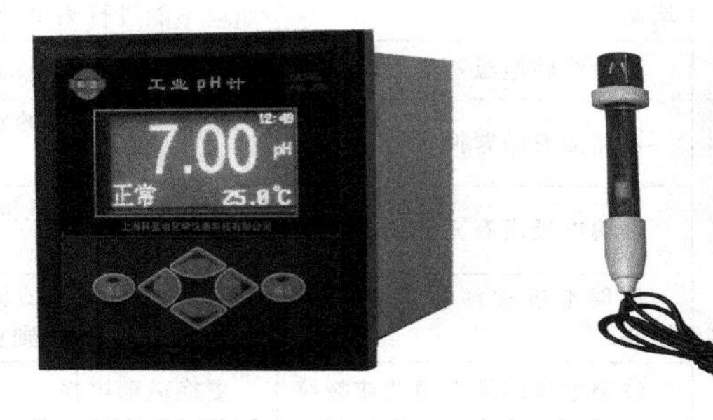

图 7-5 工业 pH 计

7.5.1 工业 pH 计维护

① 复合电极不用时，可充分浸泡在 3mol/L 氯化钾溶液中。切忌用洗涤液或其他吸水性试剂浸洗。

② 使用前，检查玻璃电极前端的球泡。正常情况下，电极应该透明而无裂纹；球泡内要充满溶液，不能有气泡存在。

③ 测量浓度较大的溶液时，尽量缩短测量时间，用后仔细清洗，防止被测液黏附在电极上而污染电极。

④ 清洗电极后，不要用滤纸擦拭玻璃膜，而应用滤纸吸干，避免损坏玻璃薄膜、防止交叉污染，影响测量精度。

⑤ 测量中注意电极的银-氯化银内参比电极应浸入到球泡内氯化物缓冲溶液中，避免电计显示部分出现数字乱跳现象。使用时，注意将电极轻轻甩几下。

⑥ 电极不能用于强酸、强碱或其他腐蚀性溶液。

⑦ 严禁在脱水性介质如无水乙醇、重铬酸钾等中使用。

7.5.2 工业 pH 计常见故障与处理

见表 7-7。

表 7-7 工业 pH 计常见故障与处理

故障现象	故障原因	处理方法
指示波动	被测溶液压力和流速变化太快	检查被测溶液状态，如必要则进行调整
	玻璃电极被污染或盐桥被堵塞	清洗玻璃电极或清洗盐桥，如应不能进行测量，则更换
	测量线路绝缘不良	清洗和干燥电缆端子
响应缓慢	被测溶液的置换缓慢	检查被测溶液的状况，如必要进行改进
	玻璃电极没有充分浸泡	重新浸泡玻璃电极直至工作状态正常
	玻璃电极被污染或盐桥被堵塞	清洗玻璃电极或清洗盐桥，如不能进行测量，则更换
指示值单向缓慢漂移	玻璃电极球泡有微孔或裂纹	更换玻璃电极
	参比电极 KCl 溶液向外渗漏太快	更换参比电极
	参比电极内有气泡	检查并补充 KCl 溶液且排除气泡
	新电极浸泡时间不够	重新浸泡电极(24h 以上)
指针跳到刻度以外	电极室周围绝缘破坏	干燥电极室，如果 O 形环损坏，用备品更换
	玻璃电极被损坏	更换玻璃电极
	测量线路绝缘电阻降低	清洗和干燥电缆端子，使其绝缘电阻大于 $10^{12}\Omega$

续表

故障现象	故障原因	处理方法
有明显的测量误差	被测溶液、压力和流速不满足电极的工作条件，带压 KCl 储瓶的压力不符合要求	检查被测溶液状态和带压 KCl 储瓶的压力，如必要，应调整使满足要求
	玻璃电极污染或盐桥堵塞	清洗玻璃电极或清洗盐桥，如仍不能进行测量，则更换
	电极室周围绝缘不良	干燥玻璃电极，如果 O 形环损坏，用备品更换
	玻璃电极的特性变坏	更换玻璃电极，然后用缓冲溶液进行校准
	参比电极内的溶液浓度变化	对可充满型敏感元件，更换内部溶液；对充满型敏感元件则清洗敏感元件内部并充满 KCl 溶液
有明显的测量误差	测量线路绝缘变坏	清洗和干燥电缆端子，使其绝缘电阻大于 $10^{12}\Omega$
	pH 变送器线路异常	修理或更换变送器的放大器
	参比电极损坏	更换参比电极
	电缆接线错误和接插件接触不良	对照接线图检查接线和接插件情况
	接地线不适当	检查更换接地线或接地点
	温度补偿电阻开路或短路	修复或更换温度补偿电极

7.5.3　故障实例分析

① PSH-3 型酸度计仪器在使用中发现，调节零调电位器时仪器不能调零，但数字可以改变。

故障检查、分析：仪器在正常的情况下，调节零调电位器，仪器能跳变。检查前置放大器，用万用表直流电压挡测量前置放大器集成块，发现电压不能调，这说明此处电路故障，进一步测量后发现是由于绝缘场效应管不配对，改变配对场效应管的电阻使之相符。

故障处理：更换后仪器正常投用。

② pH 值分析仪表指示无变化

故障检查、分析：仪表指示无变化，可能是变送器故障，或者探头污染，导致无法正常测量，用信号发送器模拟探头给变送器发送信号，变送器输出变化，变送器正常，拆检 pH 分析探头，发现探头有污染现象。

故障处理：清洗探头后仪表正常。

③ pH 值分析仪表指示剧烈波动

故障检查、分析：导致仪表指示剧烈波动的原因有变送器供电波动，电路故障或变送器与测量探头的连接线路有问题，用信号发送器模拟探头给变送器发送信号，变送器输出变化正常，变送器没有问题，检查供电也很稳定，问题出在连接电缆或线路连接上。

故障处理：更换连接电缆后仪表指示正常。

④ 工业 pH 计的玻璃电极和电路均完好，投运后测量误差大，甚至无法正常工作。

故障分析：分析由两种原因造成，一是测量电极至高阻转换器间的屏蔽电缆、接线盒或接线端子绝缘阻抗降低。因为玻璃电极内阻很高，如果电极和转换器之间的端子受潮，屏蔽电缆霉变，参比电极用的氯化钾溶液污染端子盒或渗透到电缆帘子线中，维护时手上带的油污或污水留在端子上，或端子盒未封密，尘垢积在其中等均可造成绝缘下降。二是仪器安装环境附近有大的机电设备，过大的电流干扰仪器示值。

故障处理：做相应处理。

⑤ 用 pH 计测量时，测量不准确。

故障检查、分析：检查发现被测介质中含油污，因当介质中含有较大量的有无杂质时，会污染电极。

故障处理：清洗电极。

7.6 电导仪维修实例

工业电导仪是一种使用比较广泛的成分分析仪。它是通过测量溶液的电导而间接地得知溶液的浓度。它既可用来分析一般的电解质溶液，如酸、碱、盐等的浓度，又可以分析气体的浓度。分析气体浓度时，要使气体溶于溶液中，或者为某电导液吸收，再通过测量溶液或电导液的电导，间接得知被分析气体的浓度。

在分析酸、碱溶液的浓度时，常称为浓度计。用来测量正气动力装置给水及蒸气（冷凝器中的）中含盐浓度时，常称为测盐计或盐量表（计）。

电导仪（图 7-6）主要由电导池、测量电路、指示器等部分组成，高精度的电导仪还有温度及电容补偿电路。

图 7-6　电导仪

7.6.1　电导仪维护

① 检查检测器被测溶液流量是否正常，温度是否达到仪表的要求，检查各种管路是否泄漏。

② 检查仪表指示与配套记录器指示是否一致，发现记录器断墨水或走纸应及时处理。

③ 检查仪表指示、记录情况，与工艺指标或人工分析值相比是否正常。

④ 冬季检查保温蒸汽伴热情况。

⑤ 发现不能解决的故障应及时报告，危及仪表安全运行时应采取紧急停表等措施，并通知工艺人员。

⑥ 电导池内是否有裂缝、缺口、磨损或变质的迹象、电极表面铂黑镀层是否完好、电极上有无腐蚀或变色的迹象、电极周围的防护层是否完好、有无因液体流速太大而引起电极位置变化的迹象、干的电导池的泄漏电阻是否大于 50MΩ、排空口是否堵塞。

⑦ 定期检查、维护预处理系统及其部件、检测器、转换器、记录器及报警器。

⑧ 清洗检测器时，将检测器的电极从外壳内拆下，将电极及外壳一起浸在1%～2%浓度的盐酸溶液中（注意电极的接线端不能浸入），再用毛刷刷洗电极及外壳内测，洗净后用蒸馏水或脱盐水多次冲洗至水呈中性，然后将电极装入外壳内固定好。

7.6.2　电导仪常见故障与处理

见表7-8。

表7-8　电导仪常见故障及处理

故障现象	故障原因	处理方法
仪表指示为零	电源没有接通	检查供电电路
	电极回路断线	检查电极回路连线
仪表指示最大	检测器电极连线短路	检查电极连线
	溶液电导率已超过仪表满刻度值	用实验室电导仪测量溶液电导率,或将电导池内溶液排空
仪表指示偏高	检测器两电极端子间受潮	用洗耳球吸去端子间溶液，再用过滤纸吸干

7.6.3　故障实例分析

TG49型电导仪检测器复合电极与信号电缆采用插头式连接，再连接到变送器接线端子上，其插头横截面图（图7-7）中1、2间是复合电极Ni100温补电极，25℃下阻值为114.4Ω；3、4间短路，接电极外壁；5、6间短路，接电极内壁；3、5间接复合电极的输入信号；中间一极为接地，正常情况下与1～6各端子间的电阻无穷大。图上1～6号端子对应到变送器接线端子就是11～16，按顺序一一对应。

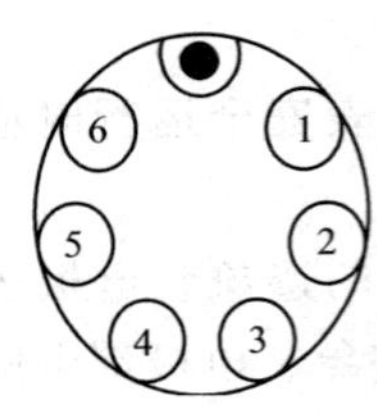

图7-7　插头横截面图

故障现象：该表在工艺介质无变化的情况下，指示超量程（表量程为20μs/cm），不见回落，手动分析结合便携式电导仪测量约为

$5\mu s/cm$，初步确定为仪表故障。

故障检查、分析：从变送器端拆下 13、14、15、16 四个端子，同时用万用表测量 14、16 间电阻为 1.82kΩ。根据计算公式，对应表头应为 $4\mu s/cm$ 左右，确定属于仪表故障。有以下方面的原因：①变送器不准；②信号传输线性能下降。

对变送器进行模拟校验，发现完好。检查信号线：电极信号经过一个插头与电缆连接后接至变送器，检查插头，旋开后发现插座内似有潮湿迹象，立即用万用表测量阻值，发现均为 8～12kΩ，绝缘不良。

故障处理：将插座做干燥处理，处理后绝缘良好，仪表正常工作。

7.7 红外分析仪维修实例

红外线气体分析仪，是利用红外线进行气体分析。它基于待分析组分的浓度不同，吸收的辐射能不同。剩下的辐射能使得检测器里的温度升高不同，动片薄膜两边所受的压力不同，从而产生一个电容检测器的电信号。这样，就可间接测量出待分析组分的浓度。红外分析仪表种类很多，较为常见的红外分析仪表，其基本结构由光源、切光片、检测池/参比池、滤光片/滤光室、检测器几部分构成（图 7-8）。

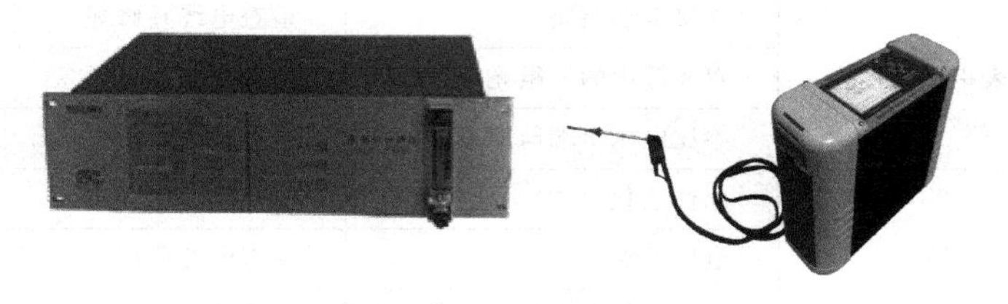

图 7-8　红外线气体分析仪

7.7.1 红外分析仪维护

① 红外分析仪表是一种精密的光学测量仪表，其对使用条件

要求十分严格，运行中的仪表严格禁止打开检测箱，以防止检测箱温度发生变化影响仪表测量。

② 红外分析仪表对样品要求严格，样品的温度压力以及各种均应保持稳定，过高、过低的样品温度会影响到分析仪表的指示，过高的压力会损害检测池的使用寿命。

③ 红外分析仪表需要使用洁净的样品，而且样品中不能夹带有液相成分，否则会造成仪表的指示失灵，偏差过大的情况，甚至造成检测池的报废。

④ 由于测量原理的不同，红外分析仪表需要的样品流量较色谱分析仪要大很多，其需要较多的样品以较快的速度更新检测池内的样品，提高分析速度，减少分析仪表的滞后作用。

7.7.2 红外分析仪常见故障与处理

见表 7-9。

表 7-9 红外分析仪常见故障及处理

故障现象	故障原因	处理方法
仪表指示回零	切光马达启动力矩不足	检查切光马达和切光片
	切光马达坏	更换切光马达
	电源未接通	检查通电
	监测器电容短路	检查确认,联系厂家
仪表指示满度	连接电缆断路	检查电缆并修理
	双光源中的一组光源断路	检查并修理光源
	参比电压单端与地短路	检查并消除
仪表灵敏度下降	元件老化	更换
	电压下降	检查电源稳压
	前置级受潮或管脚不清洁	用酒精清洗并吹干
	检测器漏气	联系厂家修理
	光源老化	更换发热丝
	光路透镜污染	拆下擦净或抛光

续表

故障现象	故障原因	处理方法
仪表零点连续正漂	工作气室被污染或腐蚀	用擦镜纸擦净,后送制造厂修理
	晶片上有尘埃	用擦镜纸擦净
	滤波气室漏气	检查密封并重新充气
	工作气室漏气	检查密封
仪表指示出现摆动干扰	马达和切光片啮合不好	重新啮合减速齿轮
	切光片松动	检查紧固
	电气系统滤波电容坏	更换电容
	稳压源不稳定	检查电压源并修理
	电气接触不良	检查接插件
	电气系统有虚焊	检查并消除

7.7.3　故障实例分析

① 一氧化碳分析仪指示偏高。

故障检查、分析：检查发现表前预处理系统工艺进料带液，测量介质带液，影响分析仪表测量的准确性，导致仪表指示偏高。

故障处理：打开排污活门将残液排出吹扫后，调节稳定表前气体流量，仪表指示恢复正常。

② 某装置HQG-71A型红外分析仪恒温系统失灵。开启恒温箱箱门，加热灯泡不亮，重新开启恒温箱开关，有时灯会闪一下，但随之熄灭。

故障检查、分析：上述现象说明通过灯丝的电流不符合要求，能出现故障的地方也只有恒温开关、可控硅、逆程二极管这三个点，然后依次检查。按下开关，用万用表测量其开关的通断情况，正常。按下可控硅，测量后发现已坏，后又把可控硅控制极上的逆程二极管按下测量，其反向电阻很小，达不到要求。

故障处理：更换可控硅和二极管后，故障排除。

③ 某装置一台QGS-04型红外分析仪，在现场通入标准气校

验时，零点与上限刻度干扰严重，反复调整，直至灵敏度电位器和调零电位器全拧到终端，零点和上限刻度仍不能兼顾。

故障检查、分析：经检查仪表灵敏度基本正常，但重调光路平衡时达不到最小值，说明该台仪表的零点噪声增大，信噪比降低。而该表的零点噪声又是通过调零电位器调节反向电流消除的，当零点噪声在正常范围内，调整上限刻度对零点虽然也有影响，但由于信号远大于噪声，所以影响并不明显，一旦零点噪声增大，在用灵敏度电位器调整刻度时，造成零点和刻度的相互牵制越来越严重，以致无法调到规定值。零点噪声主要来自光路系统和电气系统。根据零点噪声比较稳定，估计故障可能出自电气系统。

检查时将主放大器输入电缆摘除，输入电容正极对地短路，灵敏度电位器全开，调零电位器反时针关死，此时表头指示在最大位置，表示主放大器有故障，进而查找故障部位。全关灵敏度电位器，表头指示回零，说明故障出在灵敏度电位器前各级。用一只 100μF、50V 的电解电容正极接地，负极接各个基极，当电容接至 BG3 基极时表头指示立即回零，然后将电容改接至 BG2 基极，故障依然存在，说明故障出在第二级放大器上。焊下 3AG47 测试，集电极与发射极反向电阻很小，穿透电流大，应更换新管。

故障处理：更换新管后，重新接上输入电缆，调整光路平衡，调到五分度以下，此时通气校表不再出现零点和上限刻度严重牵制现象。

④ HQG-71A 型红外分析仪灵敏度低，无论如何调动调零电位器，仪表指针不动。

故障检查、分析：灯丝不发光或者发光很微弱，并且反光镜不洁净使得参比气和样气都通过很少或者没有通过红外光，所以指针不能动，因此光源电压、电流、反光镜这三处是可能产生故障的原因。用万用表量灯丝电压 5V 左右，正常，灯丝电流 1A 左右，略偏低。

故障处理：调整分压电位器使之电流达到1.2A，灯丝开始出现暗红色，然后用棉花（脱脂棉）蘸酒精擦洗反光镜，去掉雾状物。通电后，用遮光片挡住光源后，指针出现明显变化，灵敏度恢复正常。

7.8　可燃性、有毒性气体检测报警器维修实例

可燃性、有毒性气体检测报警器（图7-9）用于检测空气中存在的可燃气体的含量，如空气中的H_2、CH_4、C_2H_4、C_3H_5OH、C_3H_5O、汽油等可燃气体。当工业环境中可燃或有毒气体泄漏时，当气体报警器检测到气体浓度达到爆炸或中毒报警器设置的临界点时，可燃气体报警器就会发出报警信号，以提醒工作采取安全措施，气体报警器相当于自动灭火器那类，可驱动排风、切断、喷淋系统，防止发生爆炸、火灾、中毒事故，从而保障安全生产。一般由采样器、检测器、指示器、报警显示器和电源几个部分组成。经常用在化工厂、石油、燃气站、钢铁厂等有气体泄漏的地方。

图7-9　可燃性、有毒性气体检测报警器

7.8.1　可燃性、有毒性气体检测报警器维护

① 观察仪表电源、放大器及信息处理、报警等单元指示灯，事故灯等显示是否正常。

② 按试验按钮，检查报警回路是否正常。

③ 检查报警显示器是否正常。

④ 巡回检查中发现不能处理的故障应及时报告，发现危及仪表安全运行的情况，应采取紧急停表等措施，并通知工艺人员。

7.8.2 可燃性、有毒性气体检测报警器常见故障与处理

见表7-10。

表7-10 可燃性、有毒性气体检测报警器常见故障及处理

故障现象	故障原因	处理方法
仪表无指示或指示偏低	未送电或保险丝	检查供电电源及保险丝
	电路损坏或开路	检查电路
	检测元件因污染、中毒使用过久失效	更换新的检测元件
	检测器损坏	检查后更换
	过滤器堵塞	检查过滤器,清洗排堵
	记录器或输出表头损坏	检查记录器或输出表头修复
指示不稳定	检测器安装在风口或气流波动大的地方	更换检测器安装位置
	检测器安装位置风向不定	更换检测器安装位置
	检测器安装在振动过大的地方	更换检测器安装位置
	检测器元件局部污染	更换检测元件
	过滤器局部堵塞	检查或清洗过滤器芯
	电路接触不良,端子松动或放大器噪声大	检查电路接插件及端子
	供电不稳定,纹波大或接触不良	检查电源及波纹,检查接地线
	电缆绝缘下降或未屏蔽	改用屏蔽电缆
指示值跑至最大	现场大量泄漏	确认后配合工艺紧急处理现场
	检测元件或参比元件损坏	更换检测元件或参比元件
	未校准好仪表	更新校准仪表
	校准气不准确	用精度高仪器检查和确认
	检测器进入了脏物或液滴	检查检测器,清洗,烘干

续表

故障现象	故障原因	处理方法
仪表时而报警时而正常	现场检测点附近时而大量泄漏	配合工艺检查
	检测器安装在风口或气流不稳定的地方	更换检测器安装位置
	检测器安装位置风向不定	更换检测器安装位置
	检测环境存在使检测元件中毒的组分	用实验室仪器检查确认
	检测器进入脏物或滴液	检查检测器,清洗烘干
	检测元件或参比元件接触不良	检查端子和接线
	放大器电路故障	检查电路故障,修复
	现场大量泄漏而过滤器局部堵塞	清洗过滤芯,配合工艺紧急处理现场
探头输出不在4～20mA范围内	电路短路	检查传感器额定工作电压是否在范围内、电路板是否坏
	电路断路	检查传感器额定工作电压是否在范围内、电路板是否坏
	变送器损坏	可更换或重新调校
	传感器预热时间不够或传感器失效	可增加预热时间或更换传感器

7.8.3 故障实例分析

① 某石化装置德尔格可燃气体报警器二次表在正常情况下报警。

故障检查、分析：一次探头检查正常，没有可燃气体泄漏，经再次检查发现二次表接地不良，有虚接现象，导致二次表有报警现象。可燃气体报警器二次表接地不良，当有外部电信号干扰的情况下，输入电压发生变化，导致仪表报警。

故障处理：重新接地后，仪表正常。

② 可燃气体报警器在没有物料泄漏的情况下，报警器的示值忽高忽低，指示不稳定。

故障检查、分析：报警器出现故障的原因一般归结为：检测器安装在风口或气流波动大的地方，安装位置风向不定；安装在振动过大的地方；检测器元件局部污染，过滤器局部堵塞；电路接触不良端子松动或者放大器噪声大等。到现场检查后发现检测器由于施工时不慎将探头污染。

故障处理：清洗探头后仪表恢复正常。

③ 可燃气体报警器指示值总是在最大位置。

故障检查、分析：引起示值最大的故障原因主要是：现场物料大量泄漏、检测元件或参比元件损坏、探头污染、标准气不标准。到现场检查物料没有泄漏，然后更换检测元件，也没有发现问题，最后更换参比元件后，正常。

故障处理：参比元件故障，更换后恢复正常。

④ 可燃气体报警器运行时仪表无指示或者指示偏低。

故障检查、分析：引起故障原因可能是：电路元件损坏或者接触不良、检测元件因污染、中毒或使用过久失效、滤器堵塞。检查报警器时发现检测元件有老化迹象，由于检测器老化，失去检测功能。

故障处理：更换后报警器运行正常。

⑤ 某装置 AIA-100-9 联锁动作，观察报警器指示并没有可燃气体报警信号。

故障检查、分析：检查报警器 AIA-100-9 指示正常，无报警，略有偏低。ESD 上指示的是码值（710），核算成电流值与报警器指示相符。检查各接线端子，接线正常。分析原因是装置 ESD 升级，新 ESD 系统的模拟量通道有一项设置，当输入信号低于 3.6mA（对应码值 670）时，ESD 认为输入信号有故障，联锁信号动作。3.6mA 折算成报警器指示相当于－2.5LEL%，可燃气体报警器因受环境影响有零点漂移现象，漂移－2.5LEL%是很平常的。分析此次联锁故障原因，是由于零漂导致 AIA-100-9 联锁停泵喷淋。因为可燃气体报警器本身原因，零漂现象始终存在，为了减少联锁误动作，应将 ESD 上的设置调低，根据装置实际情况，可将故障值调至－5LEL%，就会基本消除零漂引起的联锁误动作。

故障处理：调整现场报警器零点，处理完毕。

⑥ 有毒气体报警器无故报警。

故障检查、分析：一次探头检查正常，没有有毒气体泄漏，经再次检查发现放大器损坏，导致报警器报警发生。

故障处理：更换放大器后正常投用。

⑦ 有毒气体报警器报警时而报警时而正常，不稳定。

故障检查、分析：引起仪表报警的原因主要是：放大器故障、探头真实地检测到了使检测元件中毒的组分、或者是探头被污染。现场检查时没有发现异常，经过手动分析，发现现场有使检测元件中毒的组分存在。联系工艺马上查找泄漏点，及时处理。

故障处理：处理现场泄漏点后，排除事故隐患。

⑧ 有毒气体报警器运行时示值总是在最大位置。

故障检查、分析：示值在最大位置可能是：物料大量泄漏、电路故障、检测元件损坏、检测器中进入了脏物或者液滴。到现场检查时没有发现异常情况，电路也没有出现故障，在摘下测量探头时发现原来里面有液滴存在，使仪表探头指示不准。

故障处理：除去液滴，晾干后发现仪表恢复指示正常。

⑨ 有毒体报警器指示不稳定，总是在变化，不能正常指示。

故障检查、分析：引起指示不稳定的原因可能是：检测器安装的位置不理想、检测器元件的局部污染、过滤器局部堵塞、电路接触不良、端子松动或者放大器噪声大，电源绝缘下降或者未屏蔽好等。现场检查，没有发现异常现象，更换检测元件后也没有发现问题，并且供电状况良好，探头也没有出现问题。最后在用摇表测电缆绝缘时，发现绝缘不好，结果在一隐蔽处发现电缆被啃食。

故障处理：通过对在对电缆重新处理后，仪表正常运行。

7.9　样品预处理系统故障处理

见表 7-11。

表 7-11 样品预处理系统故障及处理

故障现象	故障原因	处理方法
样气带水、带液	系统设计不当,不能满足工艺正常运行时对样气处理的能力	改进系统
	水冷器、水气分离器、制冷器设计不当或使用不当,不能满足系统要求	改进设计或正确使用部件
	水冷器、水气分离器、制冷器未及时维护检修,造成系统带水、带液	加强系统维护检修
	系统旁路排放、排污回路设计不当或调节不符合要求	改进旁路排放、排污回路,正确使用
	系统中各部件流速调节不当,产生节流膨胀制冷造成系统带水	改进节流回路,改进设定参数
	阀件压差太大产生节流膨胀制冷,致使系统带水、带液	减小阀件差压
	化学试剂失效	及时更换试剂或再生处理
样气带油雾水雾	系统设计不当,不能满足工艺在正常运行时对样气处理能力	改进系统
	系统中的除雾器、旋风分离器、静电除雾器等部件设计不当或使用不当	改进部件性能、使用条件、使用方法
	系统设计的冷却能力不足,使制冷温度或冷却温度达不到要求	改进冷却器结构或采用新的冷却方法
	系统冷却、除雾后未设排放回路,或旁路排放量不够	增设排放回路,增大排放量
	系统未设置自清扫回路,致使水雾、油雾进入分析器中	增设自清扫回路
	系统压差过大或局部堵塞,产生节流膨胀制冷,样气带水雾	改进调节阀差压设定值,检查系统是否局部堵塞

续表

故障现象	故障原因	处理方法
输出压力和流量不稳定	系统设计不当，不能满足工艺在正常运行时压力波动和流量变化的处理能力	改进系统调节要和输出流通能力，或更换适合的调节阀
	调节阀性能不良或阀件内部故障	更换调节阀或修复
	调节阀输入输出压差小于0.05MPa，阀件不能正常调节	改变调节设定参数
	调节阀后的预处理部件或管路局部堵塞	检查、修复
	系统泄漏	检查、排除
	系统旁路放空量设置过大	重新设定放空量
	样品放空管内径太小，或放空管回路局部堵塞	检查、疏通、更换放空管路
	系统局部带液	排除带液故障
	水封入口压力过大，或压力波动过大	水封入口前减压，或改用压力调节阀
	系统过滤器芯局部堵塞	清洗堵塞物
	系统使用化学试剂粒度过小，或使用中变质粉化	选择强度大、粒度适中的化学试剂，加强维护
使用过程中系统易堵塞	系统设计不当，易堵塞	粉尘、机械杂质多的样品采用多级过滤，加强维护
	系统过滤部件不能满足样品过滤质量要求	更换过滤部件
	过滤器滤芯孔径太小	更换适合的滤芯
	过滤器未设置旁路自清扫回路	改进
	系统带液	排除
	系统使用化学试剂，粉尘进入其他部件引起系统堵塞	选用强度大的化学试剂、化学试剂部件出口增设过滤器
	系统各种阀件和有节流孔的部件孔径太小，而样品中固体颗粒大造成堵塞	节流孔前增设过滤器，或允许情况下扩大节流孔径

续表

故障现象	故障原因	处理方法
样品失真或变质	系统设计不当，样品失真或变质	改进系统
	使用了不适当的化学试剂，处理过程中发生化学变化，或超出允许中的吸附、吸收量	慎用化学试剂，微量分析最好不使用
	系统对样品的温度、压力等参数预处理不当，使样品发生相变、聚合、催化、碳化或其他化学反应	改变系统对样品温度、压力等参数的预处理能力
	系统泄漏或选用不当的材质，大气反扩散致使样品失真	检漏，微量分析不宜用橡胶管、塑料管
	系统部件和公用管路选用材质不当，引起样品污染或严重的记忆效应	更换相应材质
	系统及公用管路开车时吹扫时间不够，或吹扫量不足引起交叉污染或严重记忆效应	增长吹扫时间或增大吹扫量
	系统回路或公用管路串气	检查、排除故障
样品预处理温度达不到设定要求	系统设计不当，样品出口温度达不到设定要求	改进系统
	水冷器、制冷器或加热部件性能差，质量达不到使用要求	改进部件结构，加强维护
	系统压力、流量参数设定不当	改变系统压力、流量参数
	系统因带液、机械杂质、粉尘堵塞、泄漏或其他部件工作状态不良，引起系统压力、流速波动，超过系统处理能力	排除积液，疏通堵塞处、检漏，修复或更换不良部件

第 8 章　调节阀故障实例

调节阀是自动化技术工具中接收控制信息并对受控对象施加控制作用的装置。也是控制系统正向通路中直接改变操纵变量的仪表，由执行机构和调节机构组成。执行机构是调节阀的推动装置，接受来自控制器的控制信息把它转换为驱动调节机构的输出（如角位移或直线位移输出）。调节机构是调节阀的调节装置，受执行机构的操纵，可以改变调节阀阀芯与阀座之间的流通面积，达到最终调节被控介质的目的。调节阀按所用驱动能源分为气动、电动和液压调节阀三种（图 8-1）。

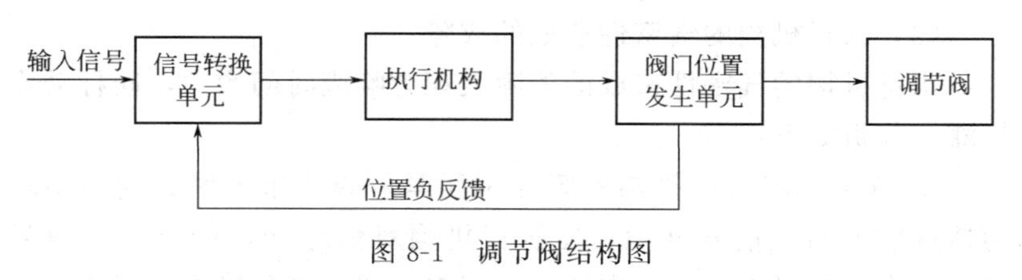

图 8-1　调节阀结构图

8.1　调节阀的故障分析

调节阀在正常运行过程中出现各种故障，它们可来自执行机构、调节机构或连接的附件装置。

8.1.1　执行机构的故障分析

（1）填料造成的故障

因填料原因造成的故障表现为外泄漏量增大、摩擦力增大及阀杆的跳动。分析如下：

① 填料材质不合适。由于填料材质不合适造成的故障主要是外泄漏量增大及摩擦力增大。例如，在高温应用场合，采用聚四氟

乙烯填料。

故障处理：更换填料。

② 填料结构设计不当。填料腔内，填料和有关附件的位置安装不合适、填料高度不合适。

故障处理：按产品说明书要求安装填料和有关附件。

③ 填料安装不合适。例如，石墨填料采用螺旋式安装造成填料压紧力不均匀，中心没有对准等。

故障处理：按层安装，使压紧力均匀。

④ 填料有杂物。填料内的杂物造成阀杆划迹。

故障处理：对填料进行清洁，除去杂物。

⑤ 上阀盖安装不当。上阀盖安装不当使填料受力不均匀。

故障处理：重新安装上阀盖的垫圈，并对上阀盖固紧螺栓平均地用对角方式压紧。

（2）执行机构的气密性造成的故障

执行机构的气密性造成的故障表现为响应时间增大，阀杆动作呆滞。分析如下：

① 气动薄膜执行机构的膜片未压紧。膜片未压紧或受力不均匀造成输入的气信号外漏，使执行机构对信号变化的响应变得呆滞，响应时间增大。如果安装了阀门定位器，则其影响会减小。

故障处理：用肥皂水涂刷检查，并消除泄漏点。

② 气动活塞执行机构的活塞密封环磨损。造成调节阀不能快速响应，阀杆动作不灵敏。

故障处理：更换密封环，并检查汽缸内壁有否磨损。

③ 气动薄膜执行机构的膜片破损。表现为阀杆动作不灵敏，可听到气体的泄漏声。

故障处理：更换膜片，并应检查限位装置或托盘是否有毛刺等。

④ 连接管线漏气。造成阀杆动作不灵敏，响应时间增大。

故障处理：用肥皂水涂刷连接管线，检查泄漏点，并更换或焊接。

(3) 不平衡力造成的故障

不平衡力造成的故障表现为调节阀动作不稳定，关不严等。故障分析如下：

① 流向不当。调节阀安装不当，造成实际流体流向与调节阀标记流向不一致，使不平衡力变化。例如，流关调节阀被安装为流开。

故障处理：重新安装。

② 执行机构不匹配。造成推力或推力矩不足，使调节阀动作不到位。

故障处理：更换执行机构。

(4) 电动执行机构的故障

电动执行机构的故障除了常见的线路短路或断路外，还有伺服放大器和电动机等故障。常见故障分析如下：

① 各接插件松动或接线断路或短路。造成接触不良，并增大或降低有关线路阻抗。

故障处理：检查和拨动连接导线，重新插拔和插入各接插件。

② 减速器机械传动部件。检查运转是否正常，齿轮啮合是否良好。

故障处理：更换或修补残缺的齿轮，添加润滑剂。

③ 电源。检查保险丝是否熔断，伺服放大器位置反馈有无冒烟和特殊气味，如变压器外壳绝缘层及电阻烧焦发出煳味。

故障处理：更换损坏的元器件。

8.1.2 调节机构的故障分析

(1) 流量特性不匹配造成的故障

调节阀的流量特性用于补偿被控对象的不同特性。如果选配的流量特性不合适，会使控制系统的控制品质变差。例如，在小流量和大流量时，控制系统的灵敏度不同。故障分析如下：

① 被控对象具有饱和非线性特性（例如，温度控制系统）。小流量时，控制系统能够正常运行，但大流量时控制系统呆滞。或小流量时控制系统极灵敏，甚至出现振荡和不稳定，但在大流量时，

控制系统能够正常运行。故障原因是选用了线性或快开流量特性调节阀。

故障处理：更换调节阀的阀内件或调节阀，或安装阀门定位器，使调节阀满足等百分比或抛物线流量特性要求。

② 被控对象具有线性特性（例如，流量随动控制系统）。小流量时控制系统运行正常，大流量时控制系统出现振荡或不稳定现象。或小流量时控制系统呆滞，大流量时控制系统能够正常运行。故障原因是选用了等百分比或抛物线流量特性调节阀。

故障处理：更换调节阀的阀内件或调节阀，或安装阀门定位器，使调节阀满足线性流量特性要求。

③ 调节阀额定流量系数选择不当。选用的额定流量系数过大或过小，使调节阀可调节的最小或最大流量变大或变小，不能满足工艺生产过程的操作要求。调节阀工作在小开度或大开度位置，控制品质变差。

故障处理：重新核算调节阀流量系数，安装符合要求的调节阀。例如，直接根据工艺管道直径选配调节阀造成额定流量系数过大，由于生产规模扩大造成额定流量系数过小等。

（2）流路设计和安装不当造成的故障

因调节阀流路设计或安装不当造成故障表现为噪声增大，污物容易积聚在阀体内部，使调节阀关闭不严，泄漏量增大或卡死等。故障分析如下：

① 双座阀泄漏量增大。双座阀未采用一体化设计，造成温度变化时阀内件膨胀系数不同而使泄漏量增大。

故障处理：选用一体化双座阀，或选用具有平衡功能的套筒阀。

② 三通阀用于合流时，由于合流的两股流体温度不同造成泄漏量增大。

故障处理：将流体的合流改为分流控制，安装三通阀在换热器前，从而保证流体温度一致。

③ 流向不当造成噪声增大。例如，流开调节阀用于流关场合，

造成小流量时的噪声增大。

故障处理：检查流向，重新安装。

④ 上、下游切断阀与旁路阀安装不当。造成污物、冷凝液或不凝性气体不能排放。

故障处理：排污阀安装在调节阀组的最低处，放空阀安装在调节阀组的最高处。

⑤ 导向轴套安装不当。造成中心未对准，使摩擦增大，阀杆卡死。

故障处理：重新安装导向轴套。

（3）泄漏量造成的故障

内泄漏造成可调比下降，严重时使控制系统不能满足工艺操作和控制要求。外泄漏造成环境污染，使成本提高。故障分析如下：

① 因空化和汽蚀造成泄漏量增大。由于空化、闪蒸和汽蚀造成阀芯和阀座损坏，使调节阀的泄漏量增大时表现为气体或液体动力学噪声的增大。

故障处理：检查阀内件，更换或研磨阀芯、阀座、阀芯堆焊硬质合金，降低调节阀两端压降，消除噪声声源，采用低噪声调节阀等。

② 因被控流体含有杂物造成泄漏量增大。在开车阶段常常因管道吹扫时未将调节阀拆下的不规范操作造成杂物进入调节阀，或在运行过程中，被控流体夹带的杂物积聚在阀体内部，这些杂物造成阀芯与阀座密封面损伤，使泄漏量增大。

故障处理：研磨阀芯和阀座，在管道吹扫时拆下调节阀，对含颗粒的被控流体，可在调节阀上游安装过滤装置，将调节阀组安装在较高位置，并定期进行排污。

③ 执行机构与调节机构连接不合适。

故障处理：重新安装，进行泄漏量测试。

④ 填料安装不当。由于填料安装不当，造成摩擦力增大或使阀杆变形。

故障处理：重新安装填料，对变形的阀杆整形。

⑤ 法兰安装不当。造成受力不均引起外泄漏.

故障处理：重新安装连接法兰和垫片，并均匀用力压紧连接法兰。

⑥ 流体流动对阀芯和阀座的磨损。

故障处理：对阀芯和阀座进行研磨。

⑦ 填料安装不当造成摩擦增大，调节阀关不严造成外泄漏量增大。

故障处理：重新安装填料，减小摩擦。

⑧ 流向不当造成泄漏量增大。流向选择不当使不平衡力增大，从而使泄漏量增大。

故障处理：核对设计图纸，重新安装。

(4) 阀芯脱落造成的故障

阀芯脱落前，调节阀会呈现较大机械噪声。故障发生后，控制系统不能正常进行调节，被控变量出现突然的上升或下降。故障分析如下：

① 调节阀流路设计不合理，造成阀芯振荡和受到剪切力，在长期运行过程中，使阀芯与阀杆的连接销钉断裂，从而使阀芯脱落。

故障处理：检查调节阀流路，更换销钉。

② 阀芯连接销钉安装不牢，造成阀芯脱落。

故障处理：重新安装销钉，并紧固。

8.1.3 阀门定位器的故障

阀门定位器的故障使串级副环的特性变差。由于阀门定位器处于串级控制系统的副环，因此，有一定的适应能力。阀门定位器的故障表现为控制系统不稳定、卡死等。

(1) 阀门定位器凸轮不合适造成的故障

阀门定位器凸轮不合适造成的故障现象与调节阀流量特性不合适造成的故障现象类似，它使控制系统在不同工作点处出现不稳定或呆滞现象。

故障处理：根据被控对象特性和调节阀流量特性选择合适的阀

门定位器凸轮，安装凸轮后需进行调试。

（2）阀门定位器放大器造成的故障

阀门定位器放大器的故障有节流孔堵塞、放大器增益过大等。前者使输出变化缓慢，后者使控制系统出现共振现象。

故障处理：检查和疏通放大器节流孔，当放大器增益过大时，可减小压紧钢珠的簧片弹力或更换放大器等。

（3）阀门定位器检测杆不匹配造成的故障

阀门定位器检测杆不匹配造成死区增大，不能正确及时反映阀位的反馈信号。因此，控制系统的控制品质变差。

故障处理：检查和重新安装反馈检测杆。

8.1.4　气动系统常见故障

气动调节阀的气源质量不良是最常见的气动系统故障。

（1）水分造成的影响和故障分析

水分是压缩机吸入湿空气后，在冷却时形成的。水分使气动装置的元件生锈、影响气动元件动作。水分造成的影响如下：

① 管道。造成管道内部生锈；管道腐蚀，造成空气漏损，容器破裂；管道底部滞留水分造成空气流量不足，压力损失增大。

② 元器件。管道生锈，加速过滤器网眼堵塞，使过滤器不能工作；管内锈屑进入阀门内部，引起动作不良，空气泄漏；锈屑使元器件咬合，不能顺利运转；直接影响气动元器件的零部件，引起转换不良，空气泄漏和动作不稳定；水滴侵入阀体内部，造成动作不良；水滴进入元器件内部，使其不能顺利运转；水滴冲洗润滑油，使润滑不良，阀门动作失灵，执行元件运转不稳定；阀内滞留水滴造成流量不足，压力损失增大；发生水击现象引起元器件损坏。

③ 环境。从排气口向外放出的泄放水，污染环境。

水分造成的故障可采用的故障处理方法是除水，即压缩机出口温度下降到使所含水分析出水滴，并排除。为此，在压缩机后应设置和安装冷却器和分离器，在压缩机入口安装空气过滤器。水平管道有一定斜度，在低端安装排水阀。出口安装干燥器。

可采用的除水措施如下。

a. 吸附除水法：用吸附能力强的材料吸附水分，例如用硅胶、铝胶和分子筛等。

b. 压力除湿法：提高压力，使体积缩小，温度降低，从而析出水滴。

c. 机械除水：用机械阻挡、旋风分离等除水。

d. 冷冻除水：用制冷设备使空气冷却到露点以下，使水汽凝结成水析出。

(2) 油分造成的影响和故障分析

压缩机润滑油呈现油雾状混入压缩空气，并经受热随压缩空气一起送出，是压缩空气含油的原因。油分的影响如下：

① 密封圈变形。密封圈收缩，空气泄漏阀动作失灵，执行元件输出力不足；密封圈泡油发胀，摩擦力增大，阀不能动作或执行元件输出力不足；密封圈硬化，摩擦面磨损，空气泄漏量增大；摩擦增大，阀门和执行元件动作不良。

② 环境。工业原料化学药品直接接触空气的场所使原料化学药品性质变化；工业炉等直接接触火焰场所引起火灾危险；使用空气的计量仪器因喷嘴的堵塞而失灵；要求极度忌油环境，由于阀门和执行元件密封部分的泄漏油造成环境污染。

油分的清除方法是采用除油滤清器。例如，用离心式滤清器除油雾粒子，用活性炭吸附或用多孔滤纸除油。

(3) 粉尘造成的影响和故障分析

压缩机吸入有粉尘的空气而流入气动装置，造成气动元件摩擦，损坏和增大摩擦力。粉尘造成的影响如下：

① 控制元件。控制元件摩擦并磨损和卡死，动作失灵和不能换向；影响调压的稳定。

② 执行元件。执行元件摩擦并磨损和卡死，动作失灵；降低输出力。

③ 放大器等具有节流件的气动元器件。使喷嘴挡板的节流孔堵塞，因油污而失灵。

粉尘的排除方法是在压缩机吸气口安装空气滤清器，进入气动装置前再用空气过滤器过滤，定期对过滤器进行清洗或更换。

8.2　气动调节阀维修实例

气动调节阀（图 8-2）的执行机构和调节机构是统一的整体，其执行机构有薄膜式、活塞式、拨叉式和齿轮齿条式。活塞式行程长，适用于要求有较大推力的场合；而薄膜式行程较小，只能直接带动阀杆。拨叉式气动调节阀具有扭矩大、空间小、扭矩曲线更符合阀门的扭矩曲线等特点，但不是很美观；常用在大扭矩的阀门上。齿轮齿条式气动执行机构有结构简单，动作平稳可靠，并且安全防爆等优点，在发电厂、化工、炼油等对安全要求较高的生产过程中有广泛的应用。

图 8-2　气动调节阀

8.2.1　气动调节阀日常维护

① 气动调节阀的气源应保持干燥、清洁，定期对与调节阀相应配合使用的空气过滤器进行放水、排污，以免进入电磁阀和调节阀，影响正常工作。

② 调节阀外表清洁，无粉尘污积。调节阀应不受水蒸气、水、油污的沾染。气动调节阀的密封应良好，各密封面、点应完整牢固，严密无损。

③ 汽缸进出口气接头不允许有损伤。汽缸和空气管系的各部

位应进行仔细检查，保持气源压力正常。

④ 管子不允许有凹陷，保持畅通，不得有影响使用性能的泄漏。不论是电磁阀、气源处理三联件、定位器的气源管路连接应完好无损，不得有泄漏。

⑤ 电气部分的电源信号或调节电流信号应无缺相、短路、断路故障，外壳防护接头连接应紧实、严密，防止进水、受潮与灰尘的侵蚀，保证电磁阀或定位器的正常工作。信号回信器应处于完好状态，以保证阀门开关位置的信号传送，手动操作机构应润滑良好，启闭灵活。

⑥ 气动调节阀上的阀门外部表面应保持清洁，经常去除灰尘、油污以及介质残渍等脏物。对于阀门的活动部位必须保持清洁，以免产生磨损和腐蚀。在运行中阀门应完好、无泄漏，开启和开闭灵活。

⑦ 各种阀件应齐全、完好。法兰和支架上的螺栓不可缺少，螺纹应完好无损，不允许有松动现象，如发现松动应及时拧紧，以免磨损连接造成开启或关闭的位置不正确，产生泄漏。填料压盖不允许歪斜，避免对阀杆部位摩擦而咬死，造成调节阀不灵或不能正常工作。

⑧ 巡回检查中注意调节阀的运行情况，侦听阀芯、阀座有无异常振动或杂音，检查阀位指示器和调节器输出是否吻合。

⑨ 及时补充、更换填料。

⑩ 正常工作情况下每月检验不少于一次，每年检修一次。

8.2.2 气动调节阀常见故障与处理

见表8-1～表8-3。

表8-1 电气转换器常见故障与处理

故障现象	故障原因	处理方法
气源压力波动	减压阀或供气管网有污物	清除污物
	反馈通道堵塞,反馈气量小	消除堵塞
	磁电转换部分有摩擦	消除摩擦

续表

故障现象	故障原因	处理方法
有输入信号时，输出信号小或没有输出	放大器有故障	检修放大器
	气阻堵塞	疏通节流孔
	喷嘴挡板位置不正	重调平行度
	信号线接反	正确接线
	线圈断开或短路	更换线圈
	背压或输出漏气	消除漏气
输出振动	输出管线长度不够	在输出管线上加气容
	喷嘴挡板有污物	清除污物
	放大倍数太高	重新调整
	输入信号交流分量过大	并联电容
无输入时有输出	背压气路堵塞	消除堵塞
	切换阀位置不正确	恢复“自动”位置
	放大器有污物	清洗放大器
输入100%信号时，输出小于100kPa	输出管线漏气	消除漏气
	平行度不好	重新调整喷嘴挡板位置
	供气量不足	调整供气压力
	磁钢退磁	重新充磁或更换磁钢

表8-2 电气阀门定位器故障及处理

故障现象	故障原因	处理方法
气源压力波动	减压阀或供气管网有污物	清除污物
	反馈通道堵塞，反馈气量小	消除堵塞
	磁电转换部分有摩擦	消除摩擦
有输入信号时，输出信号小或无输出	放大器有故障	检修放大器
	气阻堵塞	疏通节流孔
	喷嘴挡板位置不正	重调平行度
	信号线接反或接触不良	正确接线
	线圈断开或短路	更换线圈
	背压或输出漏气	消除漏气

续表

故障现象	故障原因	处理方法
输出不稳定	放大器、气阻或背压管路有污物	清除污物
	调节阀杆摩擦过大	消除摩擦
	膜头阀杆与膜片有轴向松动	消除松动
	放大倍数太高	重新调整
	输入信号交流分量过大	消除交流分量
	喷嘴挡板组装不良	调整挡板对喷嘴的中心线
无输入时输出压力不下降	背压气路堵塞	消除堵塞
	切换阀位置不正确	恢复“自动”位置
	放大器有污物	清洗放大器
线性度不好	背压漏气	消除漏气
	喷嘴挡板平行度不好	重新调整喷嘴挡板位置
	膜头径向位移大	重新检修
	可动部件有卡碰现象	重新调整、消除卡碰
	放大器有污物	清除污物
	调节阀本身线性差	重新调整
	紧固件松动	消除松动
	安装调整不当	重新调校
回程误差大	紧固部件松动	紧固各部件，重新调校
	滑动件摩擦力大	消除摩擦
	力矩转换线圈支点错动	更换力矩转换组件

表 8-3　气动调节阀常见故障及处理

故障现象		故障原因	处理方法
阀不动作	定位器有气流，但无输出	定位器中放大器的恒截流孔堵塞	疏通
		压缩空气中有水分凝聚于放大器球阀处	排出水分
	有信号无动作	阀芯与衬套或阀座卡死	重新连接
		阀芯脱落（梢子断了）	更换梢子
		阀杆弯曲或折断	更换阀杆
		执行机构故障	更换执行机构

续表

故障现象		故障原因	处理方法
阀的动作不稳定	气源信号压力一定，但调节阀动作不稳定	定位器有毛病	更换定位器
		输出管线漏气	处理漏点
		执行机构刚度太小，推力不足	更换执行机构
		阀门摩擦力大	采取润滑措施
阀振动，有鸣声	调节阀接近全闭位置时振动	调节阀选大了，常在小开度时使用	更换阀内件
		介质流动方向与阀门关闭方向相同	流闭改流开
	调节阀任何开度都振动	支撑不稳	重新固定
		附近有振源	消除振源
		阀芯与衬套磨损	研磨或更换
阀的动作迟钝	阀杆往复行程动作迟钝	阀体内有泥浆和黏性大的介质，有堵塞或结焦现象	清除阀体内异物
		四氟填料硬化变质	更换四氟填料
	阀杆单方向动作时动作迟钝	气室中的波纹薄膜破损	更换波纹薄膜
		气室有漏气现象	查找处理漏源
阀的泄漏量大	阀全闭时泄漏量大	阀芯或阀座腐蚀、磨损	研磨或更换
		阀座外圆的螺纹被腐蚀	更换阀座
	阀达不到全闭位置	介质压差太大，执行机构输出力不够	更换执行机构
		阀体内有异物	清除异物
填料及连接处渗漏	密封填料渗漏	填料压盖没压紧	重新压紧
		四氟填料老化变质	更换四氟填料
		阀杆损坏	更换阀杆
	阀体与上、下阀盖连接处渗漏	紧固六角螺母松弛	重新紧固
		密封垫损坏	更换密封垫片

8.2.3 故障实例分析

(1) 防止调节阀堵卡方法

a. 清洗法。管路中的焊渣、铁锈、渣子等在节流口、导向部位、下阀盖平衡孔内造成堵塞或卡住使阀芯曲面、导向面产生拉伤和划痕、密封面上产生压痕等，这些现象常发生于新开车的装置和大修后投运初期，也是调节阀最常见的故障。遇到这些情况，应卸开进行清洗，除掉渣物，同时将底盖打开，冲掉渣物，并对管路进行冲洗。投运前，将调节阀全开，让介质流动一段时间后再投入正常运行。

b. 外接冲刷法：对一些易沉淀，含有固体颗粒的介质采用普通调节阀时，经常在节流口、导向处堵塞，可在下阀盖底塞处接冲刷气体或蒸汽。当调节阀堵塞或卡住时，打开外接的气体或蒸汽阀，即可在不拆卸调节阀的情况下完成冲洗工作，减小仪表工的维修工作量。

c. 安装管道过滤器：对于小口径的调节阀，尤其是较小流量调节阀，其截流间隙小，介质中不能有渣物，最好在阀前管道上安装过滤器。

（2）调节阀阀卡故障实例

① 某石化装置流量调节系统调节阀（FISHER 调节阀），工艺反映控制室给调节阀阀位但是阀不动作。

故障检查、分析：现场检查发现连接定位器与阀杆的梢子断了，无法将输出送给调节阀，导致阀不动作。由于工艺管线振动较大，整个阀体及定位器随管线振动，导致梢子固定不牢固脱落，导致调节阀卡住不动作。

故障处理：更换梢子。

② 合成气裂化气脱硫塔液位控制是 LV402 气动调节阀，溶液中含有硫膏。某日，工艺反映 LV402 调节阀关不到位，液位保持不住。

故障检查、分析：检查、调校调节阀，阀关到 75%就不动了，反复几次仍是关不到位，分析因 LV402 是套筒阀，介质中含有硫膏，黏度又很大，在套筒表面附着多了，就会使阀卡住，关不到位。

故障处理：拆检、清除套筒表面的硫膏回装后，调校正常。

③ 某液位控制系统调节阀在改变输入信号大小时，液位无

变化。

故障检查、分析：现场观察发现，调节阀在接受输入信号时阀位没有变化，现场排除了定位器的故障，判定为调节阀卡。

故障处理：将阀解体后清洁阀内卫生，重新安装后好用。

④ 某装置一台进料调节阀，该阀在 50%～100%动作正常，50%以下不动作。

故障检查、分析：确认工艺条件允许后，将该阀从腰兰处解体，发现阀芯与套筒之间有异物卡住，导致调节阀不能动作。

故障处理：将阀芯与套筒分开后，进行研磨处理，回装调节阀后，该阀正常运行。

(3) 调节阀阀芯、阀内件故障

① 空分车间基于节水考虑，空冷塔改用循环水，在不停车的条件下，把进水口改在调节阀（气动双座调节阀）的上游侧，投入自动后，调节阀振动很大，有一天出现调节阀指示全开，但液位过高以至于水泵跳车，空分空冷塔液位调节失控阀全开而液位不降。

故障检查、分析：根据调节阀虽然指示全开，但液位不降这一现象，判断可能调节阀阀芯脱落，因调节阀振过大而振脱阀芯。工艺打手动并把阀搭副线，对阀进行解体检查，发现调节阀确实阀芯脱落，重新固定阀芯，安装好阀，同时要求工艺利用停车机会尽快更改工艺管线，消除阀的振动。

故障处理：工艺利用停车机会更改工艺管线，消除阀的振动后，以后再未出现此现象。

② 某石化装置一台流量调节阀投用后工艺反映该阀调节作用不明显。

故障检查、分析：经检查确认为阀芯结构不合理，无法起到调节作用。

故障处理：结合工艺条件，进行阀芯结构的重新选型，安装后调节阀运行正常，调节和控制作用正常。

③ 某化工厂锅炉装置有一高压减温水阀，全关后仍然有漏量。

故障检查、分析：确认为调节阀本体故障，将该阀阀芯取下，发现该阀芯密封面被高压减温水冲刷，损坏严重。

故障处理：更换该阀芯，回装后该阀正常使用。

④ 一台蒸汽调节阀，在冬季不能全开和全关的现象，并且泄漏量很大。

故障检查、分析：首先到现场有用信号发生器检查，发现阀门动作的力量很大，判断故障不是执行机构的问题，由工艺情况判断，问题可能在阀芯上。从腰兰处解体阀门，取出阀芯，发现阀芯弯曲。

故障处理：矫正后故障消失。

⑤ 一台蒸汽调节阀，操作人员反映调节器偏差跟踪，但始终消除不了。

故障检查、分析：检查信号回路，无问题，校验调节阀，行程及阀位都正确，从外观看无问题，此现象有可能是阀芯脱落，后经拆检确是阀芯脱落。因阀芯脱落，虽然执行机构动作，但内件不动作，因此不起调节作用，偏差也就消除不了。

故障处理：恢复后投用正常。

⑥ 合成氨一台调节介质为高压锅水的调节阀（气开阀），在阀开度为 0 时，仍然还有流量。

故障检查、分析：分析引起这种现象的主要原因有：调节阀未全关、调节阀内件磨损、副线有漏量。现场检查调节阀已经全关、副线无漏量，将调节阀拆检后发现调节阀阀杆头部和阀座磨损严重。

故障处理：更换阀内件后，投入正常。

（4）膜片故障

① 工艺人员在对空分装置 Y 套分子筛进行操作时，V-1223Y 调节阀打不开。

故障检查、分析：检查现场调节阀的气源部分，观察气源压力表发现气源压力没有，但电磁阀的输入输出回路一切正常，然后通过对现场控制柜内手动开关的反复试验，发现气路不太正常。通过仔细观察分析，发现还是现场调节阀有问题。由于 V-1223Y 调节阀安装位置很高，当仪表维护人员登上高处把调节阀的减压阀断开后，发现减压阀侧的气路正常，调节阀侧的气路不正常。经过眼观、耳听、手摸，发现调节阀的膜头有漏气现象，进一步判断是调节阀膜片漏。与工艺操作人员进行配合，将调节阀膜头部分拆开检修，发现膜片破裂。

故障处理：替换膜片，调节阀膜片重新安装完毕，调节阀恢复正常。

② 某工厂在线使用的大口径调节阀，在运行当中经常出现膜片撕裂和支架断裂故障。

故障检查、分析：膜片撕裂一般认为是橡胶膜片的质量问题或安装问题，后更换铭牌厂家的优质膜片，仍然解决不了问题。进而解剖调节阀，怀疑是膜片托盘下沿有毛刺，用锉刀处理，甚至采用机械方法处理也解决不了问题。

故障处理：从膜片断裂的裂痕来看，是在膜片直立部位上半部，由于此处抗折能力较差，设想如把托盘加厚，使膜片受力折叠处下移至弯曲部位，以增加膜片的抗折能力，按照这一想法加厚托盘后，投入运行效果很好。由于膜片经不住反复弯折而断裂，致使托盘下弹簧突然放松而使支架受不平衡力而崩裂，从而造成支架断裂。

③ 某流量控制系统调节阀突然全关，被控量降到零，造成系统被迫停车事故。

故障检查、分析：检查调节器输出正常，但调节阀全关，打手轮操作，配合工艺恢复正常生产。将定位器输出管拆下，用手堵上，掀动喷嘴挡板机构，输出信号可达0.1MPa，说明问题可能出在调节阀上，向膜头送气信号，膜头泄气孔有气体放出，证明膜片破了。

故障处理：更换调节阀膜片后投入运行，使系统恢复正常。

④ 调节阀全开后流量低。

故障检查、分析：用信号发生器在阀门定位器处加全开信号，发现阀行程不够，排除流量仪表故障，初步认定为阀内有异物卡住，关闭前后截止阀，用副线控制，打开导淋阀排放物料后，拆开调节阀腰兰，发现阀体内并无杂物（将执行机构与阀体）。再次向定位器加全开信号，发现执行机构本身行程不够。拆开膜头，发现膜片上部有很多积冰。因该阀的上部防雨帽已经破损，夏季雨水进入膜头内，待冬季气温降低雨水结冰，致使阀行程不足。

故障处理：清除积冰后，回装阀体，阀运行正常。

⑤ 某石化装置一台流量调节阀开不到位，DCS 给百分之百，调节阀开度只到百分之七十。

故障检查、分析：检查 4～20mA 信号正常，放大器拆了，里面气路膜片有氧化物，清除回装后调节阀还是开不到位，换新的阀门定位器，故障未解除，检查膜头放空帽，阀放空帽损坏，用6mm 铜管接的，拆开发现管堵了。

故障处理：通开后阀开度正常。

（5）设计不当故障

某调节系统在运行中，发现当偏差大时，阀开度达极限值时，难以进行自动调节。

故障检查、分析：在调节系统的设计时，由于工艺条件所提供的技术数据不准确，或由于计算调节阀的流通能力有差错等，引起调节阀口径选择过小，而造成调节系统无法进行调节。装置在生产过程中无法更换调节阀，应急的办法是打开调节阀的旁通，使其部分恒定调节量自旁通阀通过，其过渡过程曲线如图 8-3 所示。这就相当于晶体管电路中的静态工作点的设置（直流分量），故放大器的输出即为直流和交流信号的叠加。

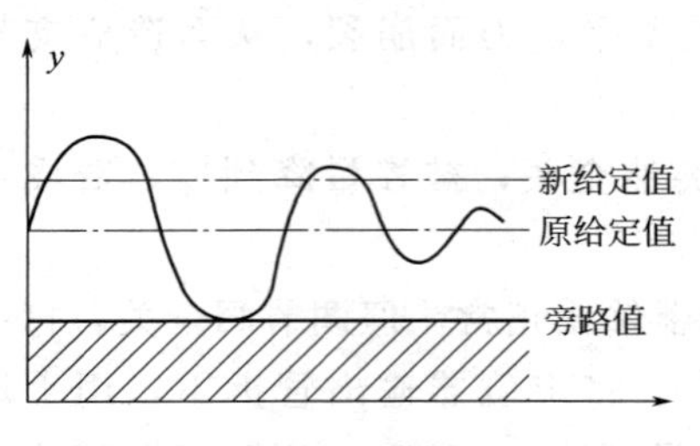

图 8-3 带旁路的过渡过程曲线

故障处理：据系统情况，使调节阀的旁通有合适的开度，以适当的旁通量来补充系统的调节量。待装置计划检修时更换口径合适的调节阀。

（6）阀体附件故障实例（定位器、电气转换器、电磁阀）

① 空分空压机防喘振阀（汽缸阀）电磁阀（三通电磁阀）卡，总是处于打开状态，造成调节失灵。

故障检查、分析：检查定位器正常，电磁阀带电，放空的电磁阀一直处于排气状态，不正常，放空的电磁阀不应排气，用螺丝刀碰动阀芯，阀芯回位，多次试验后，时好时坏，阀芯卡。

故障处理：更换新的电磁阀后，调节阀受控正常。

② 在一次检修后开车过程中，一台压力调节阀打不开，压力太高，导致安全阀起跳。

故障检查、分析：检查故障原因时发现手动限位开关被强制，电磁阀未得电，调节阀没有打开，因操作人员疏忽，没有将复位开关及时复位导致电磁阀没有得电。

故障处理：将开关复位，电磁阀得电后调节阀打开。

③ 一台蒸汽调节阀（气开、机械式阀门定位器），DCS 输出 50%，但现场全关，不受控。

故障检查、分析：分析引起这种现象的主要原因有：气源故障、阀门定位器放大器故障、阀门电/气转换部分故障、反馈单元故障，检查上述各个部分，发现阀门定位器反馈杠杆脱落。

故障处理：恢复后正常。

④ 流量调节阀工艺反映开度不够。

故障检查、分析：检查发现定位器故障输出达不到最大，更换定位器投用后发现该阀变成两位式调节，定位器怎么调也无法起到作用。后经检查发现定位器凸轮的作用形式与原有的不同。

故障处理：改变凸轮的作用形式后该阀投用一切正常。

⑤ 某装置有一台正在运行的调节阀，控制室给出控制信号后，现场调节阀却不动作。

故障检查、分析：确认控制室发出控制调节阀的电流信号到达阀门定位器，检查无误后，再检查阀门定位器的放大器恒节流孔、喷嘴及背压管是否阻塞，发现恒节流孔阻塞。

故障处理：清洗恒节流孔后，调节阀运行正常。

⑥ 某石化装置一台温度调节阀当“开”信号时，调节阀开的很慢只能开到50%。“关”信号时，调节阀关的非常慢，从开50%到全关需要十分钟以上。此状态的调节阀根本不能起到调节作用，不能调节。

故障检查、分析：根据故障现象分析，调节阀能开但开不到位，能关但反应太慢了。初判为调节阀排气阻塞故障。此阀为进口调节阀，作为温度调节正常的阀位波动并不大。可能的故障有三点：调节阀膜头排气口阻塞、气动放大器恒流孔阻塞、电/气阀门定位器排气孔阻塞。按所判断的逐一检查，查出为电/气阀门定位器排气孔阻塞。

故障处理：把排气丝头拆下疏通，重新调校，调节阀全程开关自如好用。

⑦ 某石化装置一台调节冷却水的调节阀（SIEMANS 6DR4010智能阀门定位器），调节阀输出波动。

故障检查、分析：分析引起这种现象的主要原因有：调节器输出波动、阀门定位器故障。检查调节器输出不波动。检查阀门定位器一直上下小幅度波动。

故障处理：更换阀门定位器后，故障消失。

⑧ 一台流量调节阀（气动薄膜调节阀），工艺反映手动、自动状态下均振荡。

故障检查、分析：现场测量回路输出电流，DCS卡件输出电流稳定，检查气源信号输出稳定，定位器输出气信号不稳定，判断结果为定位器的放大器故障。故障处理：更换定位器后正常。

⑨ 焦化放火炬调节阀HV1502回讯器失灵，经常出现回讯漂移现象，而现场调节阀阀位不动作。

故障检查、分析：现场分析为定位器的回讯器故障。

故障处理：与工艺联系，现场改副线控制，更换新的定位器调校准确后，调节阀运行正常。

⑩ 柴油加氢高分罐液面LV-8109全关，造成高分罐液位升高，液位开关高高，三取二联锁动作，以至全装置停车。高分罐内的介

质是柴油、汽油、氢气，罐内压力高达 7.0MPa。

故障检查、分析：现场检查判断液位开关高高三取二信号确实发出，从而证实液位升高是由调节阀 LV-8109 关造成的，后经工艺人员确认操作人员没有给出关阀信号。检查调节阀和定位器发现调节阀全关是由于定位器失灵造成的，而造成定位器失灵的原因是风线进水。

故障处理：排出风线内的积水，加装气动三组件，更换分罐过滤器硅胶，再未发生因风线进水而停车现象。

⑪ 某石化装置调节阀关不严，影响工艺进行。

故障检查、分析：现场检查阀没有关到位，调阀门定位器零点，阀杆向下关到位。投运试用一会，调节阀又关不严，阀门定位器零漂，仔细检查阀门定位器发现量程调整锁紧螺钉没有拧紧。

故障处理：重新调校零点、量程，拧紧量程调整锁紧螺钉，投“自动”再也没有上述故障出现。

⑫ 某温度调节系统温度调节阀突然关闭。

故障检查、分析：现场检查发现反馈杠杆脱落。

经检查发现：滑道全长 12cm。在滑道中部有长 6mm，深 3mm 的（不应该有凹陷）定位器反馈杆与滑道通过活动螺丝杆连接；螺丝杆直径 ϕ6mm，全长应 40mm，其中 20mm 为螺纹长度，20mm 无螺纹，实际仅有 20mm 的螺纹长度（无螺纹部分已断裂）。

反馈杠杆脱落原因：定位器反馈杆与滑道连接螺丝杆由于部分断裂，连接长度不够。

螺丝杆部分断裂的原因：

a. 从螺丝杆断裂的裂痕判断，原螺丝杆材质存在质量缺欠，断裂的两部分原来仅有 2/5 的连接接触面，连接强度不够。

b. 滑道不平滑，造成螺丝杆在移动过程中滑动力距增大，引起螺丝杆断裂。

故障处理：现更换一套新配件。

⑬ 调节输出信号稳定，而调节阀严重波动，从而使被调量时大时小，造成整个系统大幅波动，致使安全阀起跳。

故障检查、分析：仪表人员和工艺操作人员到现场对调节阀进行机械限位，检查发现调节器输出到现场电/气转换器的控制信号正常，分析判断问题可能在现场调节阀上。检查电/气转换器输出0.02～0.1MPa信号压力波动，说明问题出现在电/气转换器上，进一步检查发现电/气转换器的调零振断。由于该阀为放空阀，阀体本身振动的较大，安装于阀体上的电/气转换器长期处于振动状态，使得电/气转换器的调零弹簧振断，造成电/气转换器的输出信号压力波动，使阀位时大时小，致使安全阀起跳。

故障处理：更换电/气转换器的调零弹簧，调校好电/气转换器后，由工艺人员配合调整好阀位，正常工作。

⑭ 某石化装置液位控制系统调节阀是气动偏心旋转调节阀。开车后不久，液位出现大幅度波动，投不上自动。

故障检查、分析：检查调节器，反应灵活，现场阀可以关到位，但从整个回路信号看，调节器输出在4mA以下时，电气转换器才回零，阀才关严。此阀是气开阀，并且要求必须能关严，当它关严时，调节器输出已在零下，这样使得调节器的调节范围在零点上下进行调节，而调节器的最佳调节范围不能在两端，应是上下限中间某一位置。

故障处理：调整调节阀，调节器输出4mA时，阀位正好全关，范围在0%～40%之间，由副线操作，调整电气转换器，联校后投入运行，自动稳定。

⑮ 某流量控制的调节阀（气关式气动薄膜调节阀）配用电气阀门定位器，在运行当中该阀经常出现波动。用肥皂水检查发现该阀门定位器的功率放大器外壳有漏气现象。某日该阀再次波动，采取提高气源气压的方法，该阀停止波动，但随后却突然全开。

故障检查、分析：该放大器为一种力平衡式气动功率放大器，拆开检查发现问题出现在背压室膜片上，该膜片为橡胶膜片，膜片有一边缘处较窄且凹陷进去，装配时未能压好而漏气，当输入信号变化，即背压变化时，调节阀就会波动。当时由于气压力太高，膜片变形凹陷，使得背压室与排气室彻底相通，背压急剧下降，定位器输出为零，阀门全开。

用限位螺杆将阀位顶至工艺要求的开度。检查输入电信号、接线均无问题，再检查定位器电器转换部分也有输出，但定位器的排气孔一直排气，定位器无输出，判断气动功率放大器有故障。

故障处理：更换上同一型号定位器的气动功率放大器后，定位器有输出，经在线调校，调节阀恢复正常。

（7）电缆故障

① 某石化装置 HV101 调节阀突然出现故障，阀门处于全开状态。

故障检查、分析：将调节阀切换到手动控制（HV101 调节阀带手轮控制）检查，发现 HV101 阀门气路正常，但没有输入电流信号，控制室 DCS 上输出不受控，于是初步判断信号回路有异常，检查输出信号回路，确定从现场中间接线箱到现场 HV101 之间约 50m 的传输电缆中间有断路，因电缆老化造成电缆断路。

故障处理：敷设一段临时电缆，HV101 控制回路恢复正常。

② 合成气氧气流量调节阀 FV102（气动薄膜调节阀）是合成气系统入炉量的主要控制阀，氧气流量低和阀位关都是联锁参数值。某一阴雨天气，氧气流量波动，现场阀位波动，为了安全只好倒炉处理。

故障检查、分析：停用后调校阀门定位器，正常。调节器校验正常，加入模拟信号投自动观察运行稳定，两天后又阴雨，又出现阀位波动，波动时测量定位器输入信号电压有 110VAC，电流信号不稳，怀疑有感应电，并且此现象均是在阴雨天出现，便怀疑由于潮湿和电缆有损坏，造成感应不稳定的交流电，使定位器输入信号波动，造成阀位波动，自调不稳。

故障处理：更换电缆，投入运行，此故障现象消失，恢复正常。

（8）调节阀安装故障实例

① 调节阀（吴忠 HEP-16 阀门定位器）定位器损坏，需更换，安装后调校，但始终不动作。

故障检查、分析：检查发现调整量程的执行机构装反，调节阀无法正常打开，由于阀门定位器量程调整机构有正反向与调节阀的正反作用正好颠倒，因此造成调校不出来。

故障分析：反转后调校正常。

② 调节阀原用DZF-3115阀门定位器，由于此定位器已经无备件，需更换 HEP-16 阀门定位器，安装后调校，始终校不出来。

故障检查、分析：对照说明书查找原因，发现量程调整机构装反，由于 HEP-16 阀门定位器量程调整机构有正反向，对应调节阀的正反作用，此阀又正好是反作用，而 HEP-16 阀门定位器出厂是正作用，疏忽了这一点，因此造成调校不出来。

故障分析：反转后调校正常。

③ 一台西门子智能阀门定位器（带 4～20mA 回讯指示，型号 6DR4010），现场调节阀小幅波动。

故障检查、分析：引起故障的主要原因有：安全栅故障、电缆接触不好、阀门定位器故障、回讯单元故障。检查上述可能出现问题的部位，更换阀门定位器。

故障处理：更换阀门定位器后仍波动，更换回讯单元后故障消失。

④ 某流量调节系统流量调节阀（FISHER 调节阀），控制两个反应器间的进料。在一次开车过程中发现该阀关不严。

故障检查、分析：经检查阀体、信号线路都正常，将调节阀上阀盖拆下后发现阀体内部藏有 5 个小螺母，调节阀阀杆被阀体内部螺母卡住，使调节阀阀杆无法下落，使调节阀关不严。

故障处理：去除后回装恢复正常。

⑤ 调节阀密封填料漏。

故障检查、分析：一般采用的方法是，首先将调节阀从工艺系统中切除，将执行机构和阀体分开，拆下上阀盖并取出阀芯和阀杆，用一根比阀杆稍粗的一点的杆从填料函底部插入，并把旧的填料从阀盖的顶部顶出去。

故障处理：安装填料为了把上阀盖装回原处，将连接阀体和上阀盖的螺栓拧紧；安装新的填料时，为了把上阀盖装回原处，应将连接阀体和上阀盖的螺栓拧紧，并且一定要小心，不能让阀杆螺纹刮伤填料环。

⑥ 检定一台调节阀（吴忠单输出阀门定位器 HEP-16、气开阀），行程不线性。

故障检查、分析：引起故障的主要原因有：安装时，50%阀位反馈杠杆不水平、喷嘴挡板不水平、调整不当。检查上述各个单元。

故障处理：重新调整 50%阀位反馈杠杆位置，问题消失。

8.3　电动调节阀维修实例

电动调节阀也由执行机构和调节阀两部分组成（图 8-4）。在防爆要求不高且无合适气源情况下，可使用电动执行机构作为调节机构的推动装置。

图 8-4　电动调节阀

8.3.1　电动调节阀日常维护

① 定期检查机构零部件是否缺损与松动，由于长期运行使用及周围环境影响，会使部分零部件缺损与松动，包括电动机、减速机构、过力矩保护机构、位置反馈装置的检查，如发现异常，应及时修复，还应注意机构外部是否有螺钉松动以防止内腔进水，一般

情况下使用二至三年后，应彻底清洗减速器内部，并更换润滑脂以保证正常使用。

② 检查电动调节阀周围环境通风、散热，执行机构工作温度一般应在－20～60℃，相对湿度应在85%以下，要严格控制环境温度因素影响，在露天使用的调节阀，下雨天尽量不要开启调节阀护罩。

8.3.2 电动调节阀常见故障与处理

见表8-4。

表8-4 电动调节阀常见故障与处理

故障现象	故障原因	处理方法
电机不转	电源相线、中线接反	调换电源接线
	分相电容损坏	更换
	电机一侧线圈不通或短路	测量电机线圈电阻
	机械部分失灵	检修电机
	操作器保险丝断或插座接触不良	检查操作器保险丝及插座
	操作器开关接触不好	检查操作器开关
无反馈信号	反馈信号回路线路不通	检查信号回路及接线
	导电塑料电位器接触不好	测量电位器阻值，检查焊接点
	位置反馈线路板电子元件损坏或反馈模块损坏	更换电子元器件及反馈模块
电动机温度过高	电机动作次数过于频繁	整定好调节系统参数使调节器输出稳定
	制动器有卡滞现象	整定好制动器间隙
电机有惰走现象	制动器制动力太小	紧固制动器部分螺钉，调整制动器间隙
	制动轮与制动盘之间磨损严重，间隙变大，两只杠杆顶力有差异	更换制动盘，调整杠杆顶力

8.3.3 故障实例分析

（1）电动执行机构故障分析

电动执行机构在使用中出现的故障主要表现为电气部分故障和

机械部分故障。

电动执行机构在安装和调试时，应严格按使用说明要求，尤其在行程限制的调整中，应在满足使用条件下保证机构不至于关得过严或开得过大，引起卡滞。

在实际使用中，常会受工况影响，如差压过大，腐蚀磨损而使阀门卡滞，引起电动执行机构电动机过热或保护动作。对这种故障的判断，可断开执行机构电源，手动试一下阀门即可。若电动机构动作正常但对介质不能调节，则主要原因是电动机构与阀门连接松脱或阀门本身故障。

电动执行机构的故障查找方法一般是：首先将电动执行机构转入“硬操”控制状态，即直接手动给定，看电动机构是否正确执行。如果“硬操”正常，则再转入“软操”，即输入 4～20mA 信号来操作，看是否正常；如果“硬操”不正常，则应检查执行机构电气控制部分是否正常，调节机构是否卡滞等。

① 电动机电路部分

a. 功率较大的电动执行机构一般采用三相交流电动机驱动，由于电动执行机构工作环境差和动作频繁，极易使交流接触器的接点烧蚀，接触不良，从而产生电动机缺相过热，正向或反向不动作的故障。这就要求检修时，加强对交流接触器的检查，防止故障的发生。

b. 功率较小的电动执行机构，一般采用单相交流电动机驱动，直接利用固态继电器来控制电动机，比较容易出现的故障是：启动电容变质或损坏，固态继电器烧坏而引起的电动机不动作或某个方向不动作。

② 控制模块部分。

新型整体式电动执行机构把主要控制功能集中在主控模块、位发模块及电源模块上。位发（位置发送）模块和电源模块的检测比较简单，用万用表测量位发模块的反馈信号是否正确，电源模块输出电压是否正常即可。对主控模块则可以通过更换备用模块，或在正常的机构上试验来检验。模块本身损坏的概率比较小，使用中常见的故障是由于振动或安装的原因使模块上的接线松脱、断开、虚连，以至于模块工作不正常。例如位发模块因受强电压冲击或本身薄弱元件损坏，出现故障时，使反馈信号错误，导致反馈显示异常，自动控制失灵。这就要求安装或维护时认真仔细，保证模块接线牢固可靠。

③ 电位器和行程控制部分。

电位器和行程控制部分是与电动执行机构的转动部分相连的，常常会因为与转动部分连接不好而发生故障。例如电位器如果与转动部分连接松脱，则使位发模块输出不能反映机构的实际位置，从而使电动执行机构控制失灵；行程控制部分如果因连接不好，不能反映机构运行位置，则易使保护不起作用，机构机械受损。

④ 信号干扰。

电动执行机构采用 4～20mA 的信号来控制，极易受到干扰，使机构动作不正常，例如机构频繁动作稳定不下来。因此，信号线必须做好屏蔽，布线时应避开强干扰源，保证信号的正确传输。

(2) 故障实例分析

① 锅炉启炉初期，给水电动调节阀调节机构不动作。

故障检查、分析：将电动执行机构转入“硬操”，机构仍不动作，观察主控模块反应正常，控制电路应该没问题。后来，手动转动调节阀门，异常费力，原来，启炉初期，给水调节阀前后压差过大，导致机构不能动作。

故障处理：手动开启阀门，减小压差后，动作正常。

② 引风机挡板调节机构正向正常，但反向不动作，电动机过热。

故障检查、分析：将电动执行机构转入“硬操”，反向操作，交流接触器吸合，但机构不动作，且电动机声音不正常，很快发热，经查，原因是反向交流接触器接点烧蚀，接触不良造成。

故障处理：更换接触器后正常。

③ 给水电动调节阀执行机构 CRT 显示器上反馈显示为全开状态，但给水流量没有，且给定不起作用、调节失灵。

故障检查、分析：将电动执行机构转入“硬操”，机构动作正常门检查给定和反馈信号回路，给定信号正常，但反馈信号一直保持在50mA左右，不随阀门位置变化而变化，造成反馈显示全开状态，而给水流量没有的故障，检查反馈电位器动作正常，阻值变化正确，那么，问题一定出在位发模块上。

故障处理：更换位发模块后，反馈正确，故障排除。

④ 给电动执行机通电后发现电指示灯不亮，伺放板无反馈，给信号不动作。

故障检查、分析：因电源指示灯不亮，首先检查保险管是否开路，经检查保险管完好，综合故障现象，可以推断故障有可能发生在伺放板的电源部分，接着检查电源指示灯，用万用表检测发现指示灯开路，因此电源指示灯开路会造成整个伺放板不工作。

故障处理：更换指示灯故障排除。

⑤ 调试中发现，电动执行器的执行机构通电后，给信号开可以，关不动作。

故障检查、分析：先仔细检查反馈线路，确认反馈信号无故障，给开信号时开指示灯亮，说明开正常，给关信号时关指示灯不亮，说明关可控硅部分有问题，首先检查关指示灯，用万用表检测发现关指示灯开路，因此关和开指示灯不亮（开路）时可控硅不动作。

故障处理：将其更换后故障排除。

⑥ PSL210执行机构通电后，给定一个信号（例75%），执行机构会全开到底，然后回到指定位置（75%）。

故障检查、分析：根据以上故障现象，首先要判断是伺放板和执行机构哪一个有问题。将伺放板从执行机构上拆下，直接将电源线接到X5/1和X5/4端子上，执行机构关方向动作，将电源线接到X5/1和X5/2端子上，执行机构开方向动作，如果执行机构动作不正常，说明故障在执行器上。用万用表测电机绕组正常，再测电容两边的电阻发现有一个开路，

故障处理：将其更换后故障排除。

⑦ 电动执行机构通电后给关信号（4mA）执行机构先全开后再全关。

故障检查、分析：先拆除伺放板，直接给执行机构通电发现仍然存在原故障，检查电阻，电阻阻值正常，说明电阻没问题，检查电机绕组，发现阻值正常，电机没问题。由此故障推断有可能电容坏。

故障处理：重新更换电容，故障排除。

⑧ 现场只要送 AC220V 电源，保护开关立即动作（跳闸），执行机构伺放保险已烧。

故障检查、分析：首先用万用表检测执行机构上的电机绕组，发现电机绕组的电阻趋向于零，说明电机已短路，再检测抱闸两端电阻，电阻趋向于无穷大，说明抱闸已坏，正常应是 1.45kΩ 左右。此情况应是由于抱闸坏了之后把电机抱死而现场没有及时发现，使电机长期处于堵转发热，工作最终使电机相间绝缘破坏所导致的。

故障处理：更换新的抱闸和电机，把伺放板的保险管装上，重新调试，恢复正常运作。

⑨ 电动执行机构的动作方向不受输入信号的控制。

故障检查、分析：先检查两个限流电阻和移相电容均没有异常，用万用表检查电机的绕组阻值，发现电机的电阻值为 1.45MΩ（且不时地发生变化），说明电机绕组不对。

故障处理：更换电机。

⑩ 电动执行机构的动作方向不受伺放板的控制。

故障检查、分析：首先用万用表检测两个限流电阻和移相电容及电机的绕组阻值，检查结果和厂家最终数据一致。除了这三个因素以外再没有其他的可能性，发现其中一个限流电阻开路。

故障处理：替换限流电阻。

⑪ 无论现场给什么信号电机都不动作。

故障检查、分析：直接在电机绕组间通电，电机也不转，抱闸拆下通电电机还是不转，检测电机绕组阻值均正常，手轮摇执行机构动作正常。检测的结果都正常，就是通电时电机不转，此时怀疑电机的转子，把电机拆开，发现转子用手都拧不动，原来转子和电机端盖之间已有一层坚固的灰，把这层灰清除之后，加上一点润滑油，用手就可以拧动了。

故障处理：重新把电机装好并与执行机构配合装上，通电正常，重新调试。

第 9 章　辅助单元仪表故障实例

9.1　安全栅故障实例

安全栅又称安全保持器。它能在安全区（非本质安全）和危险区（本质安全）之间双向传递电信号，并可限制因故障引起的安全区向危险区的能量转递。

安全栅应用在本安防爆系统的设计中，是实现安全火花型防爆系统的关键仪表。它是安装于安全场所并含有本安电路和非本安电路的装置（图 9-1），它一方面起信号传输的作用；另一方面通过限流和限压电路限制了送往现场本安回路的能量，从而防止非本安电路的危险能量串入本安电路，它在本安防爆系统中称为关联设备（一种安装在安全场所，本安电气设备与非本安电气设备之间的相连的电气设备），是本安系统的重要组成部分。由于安全栅被设计为介于现场设备与控制室设备之间的一个限制能量的接口，因此无论控制室设备处于正常或故障状态，安全栅都能确保通过它传送给现场设备的能量是本质安全的。一般安全栅有齐纳式和隔离式（图 9-2）。

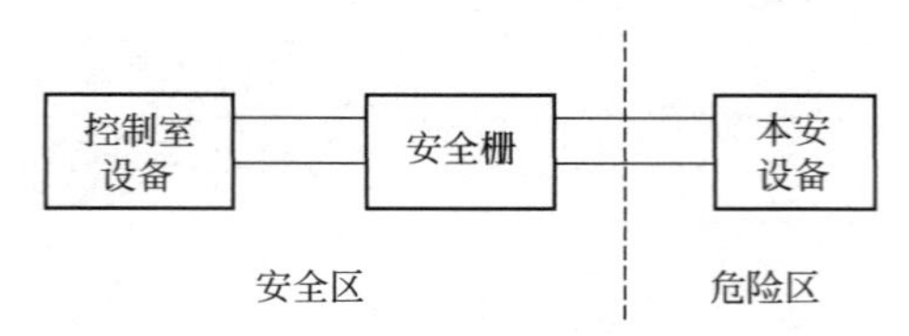

图 9-1　安全栅安装位置示意图

9.1.1　安全栅的日常维护

① 定期清除仪表内、外灰尘。

图 9-2　安全栅

② 查看仪表供电是否正常。

③ 查看表体是否有泄漏、损坏、腐蚀。

④ 对可能导致工艺参数波动的作业，维护前必须事先取得工艺人员的认可。

⑤ 若需要全部抽出表芯，必须先切断电源。

⑥ 每 6 个月进行一次基本误差的检查。

9.1.2　安全栅常见故障与处理

见表 9-1。

表 9-1　安全栅常见故障与处理

故障现象	故障原因	处理方法
输入安全栅连接的变送器无电	接线不正确	分清有源和无源端子及端子的正负，重新接线；
	电源故障	处理电源故障
输入无信号	接线端子松动	拧紧端子
热电阻输入式安全栅无输出	A、B、C 三根线接线错误	查看接线图，重新接线
安全栅输出信号偏差大，不线性	安全栅参数设置不对	重新核对参数设置
安全栅输出正常，但 DCS 无输入信号	安全栅与 DCS 之间信号不匹配	重新核对，进行信号转换，或重新选型

9.1.3　故障实例分析

① 某石化装置采用的是 MTL3000 系列安全栅，工艺反映有一块表没有量。

故障检查、分析：检查仪表正常，当检查安全栅时发现有信号却没有输出，进一步检查发现，安全栅 24V 电源虚接，安全栅电源直接影响仪表信号输出，电源虚接导致仪表信号输出错误。

故障处理：恢复供电后，仪表指示正常。

② 一台隔离式安全栅（P+F 安全栅），现场变送器无 24V。

故障检查、分析：引起故障的主要原因：安全栅坏、连接电缆问题及安全栅连接问题，检查上述各个单元，发现问题出现在安全栅与主板供电连接部分。

处理结果：重新连接，仪表正常。

③ 一台电磁流量计（KRONHE 电磁流量计，四线制连接），在接入 DCS 时，无指示，安全栅为 P+F 安全栅。

故障检查、分析：引起故障的主要原因：电磁流量计输出方式不对，不是电流信号；安全栅选型不对；信号电缆有故障。检查上述各原因。发现是电磁流量计输出的信号为 4～20mA，不需要 24V 电源，但安全栅为隔离式安全栅，不但接收电流信号，还为变送器提供 24V 电源。

故障处理：经更换正确的安全栅后正常。

④ 安全栅输出最大或最小。

故障分析：主要是环境温度过高导致内部电子元件产生漂移所致。

故障处理：降低环境温度或更换安全栅。

⑤ 安全栅输出值固定在某一值不动。

故障分析：安全栅已损坏。

故障处理：更换安全栅。

⑥ 输入信号正常，安全栅输出不正常

故障分析：输入端接线不正确或安全栅坏。

故障处理：检查输入接线，使接线正确；更换安全栅。

9.2 报警设定器故障实例

报警是指生产工艺过程中发生异常并达到事先设定的程度的提示。一旦出现报警，就提示人们要根据预先制定的方案采取措施，以确保整个系统的安全运行。在实际应用中，通常有两种方式来实现过程参数的报警设定：一种采用独立的报警设定器来完成（称为硬报警）；另一种通过 DCS 或 PLC 中的软件来完成（称为软报警）。与软报警方式相比，采用报警设定器的硬报警方式更加安全、可靠、经济、灵活，并且操作方便，便于控制。

图 9-3 报警设定器

报警设定器（图 9-3）主要有热电偶、热电阻信号报警器，电流、电压信号报警器，频率量信号报警器。

报警形式有上限报警、下限报警，上下限报警、上上限报警、下下限报警等。此外，又有励磁报警与非励磁报警之分。所谓励磁报警就是报警以前继电器处于非励磁状态（即不通电），报警时，继电器被励磁。非励磁报警与此相反。报警设定器组成见图 9-4。

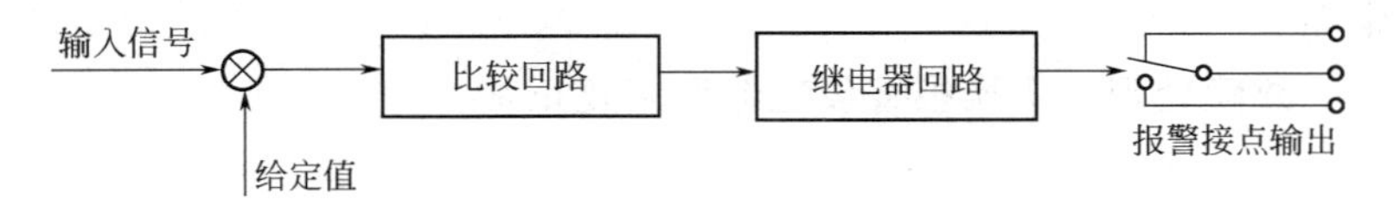

图 9-4 报警设定器组成框图

9.2.1 报警设定器常见故障与处理

见表 9-2。

9.2.2 故障实例分析

① 某装置一温度 TT0310 报警设定器在输入信号正常范围内出现报警。

表 9-2 报警设定器常见故障与处理

故障现象	故障原因	处理方法
输入无信号	接线不正确或不牢	重新接线
	电源故障	处理电源故障
热电偶输入的报警器偏差大	输入端子排到冷端补偿端子间没用补偿导线	换接补偿导线
在报警值附近报警灯频闪	报警死区范围为 0%	设报警死区范围为 1% 或 2%
更换报警设定器后报警设定器没有报警，但操作台上灯屏报警	报警器输出触点与灯屏输入接点类型不匹配	查看联锁原理图，重新接线

故障检查、分析：检查接线情况发现输入端子松动，信号线脱落，造成报警。

故障处理：重新接线后恢复正常。

② 合成气—液位调节系统的液位要严格控制在一定范围内，过高影响气体洗涤，过低又容易串气，形成有毒气体外泄造成事故。某日，工艺反映下限报警指示灯常亮。

故障检查、分析：经检查，断开报警设定器输出线，灯则灭，判断为报警设定器故障，经校验确定输入信号大于设定值时输出点仍接通，报警设定器的输出信号的通断是靠内部的继电器控制的，当输入信号大于设定值时继电器也不释放，继续吸合，因此指示灯常亮。

故障处理：更换报警设定器后恢复正常。

9.3 手操器故障实例

智能手操器，可自动接系统（或调节仪）的给定信号和阀位的反馈信号，根据二者的偏差进行调节，输出相应的控制量，并可取代小功率伺服放大器直接驱动阀门，可接在各种调节器或计算机控制系统之后作备用仪表（图 9-5）。

HART 手操器是支持 HART 协议设备的手持通讯器，主要用于工业现场对 HART 智能仪表进行组态、管理、维护、调整以及对运行过程中的仪表进行过程变量的监测，完全支持所有符合标准 HART 通讯，一般跟变送器配套用。

图 9-5　手操器

9.3.1　手操器常见故障与处理

见表 9-3。

9.3.2　故障实例分析

① 用 HART275 给变送器编程，无法通讯。

故障检查、分析：分析引起故障的主要原因有：HART 边接线连接不好、没有串 250Ω 电阻、变送器不支持 HART 协议，检查上述问题，发现没有串电阻。

故障处理：在用 HART 编程时，回路阻值必须在 250～600Ω 之间。将回路串入电阻后正常。

② 在检查一块差压变送器过程中使用 HART 手操器，但始终通讯不上。

故障检查、分析：检查电源、接线均正常，最终发现插件插在总线位置上，在使用 HART 前疏忽大意，没有将插件选在正确的挡位上，造成通讯不上。

故障处理：更换插件位置后可以正常通讯。

③ 某装置一新安装的 EJA 差变，支持 HART 通讯，现要检查它的设定数据，与 HART 挂上后，不通讯。

表 9-3 HART 手操器常见故障与处理

故障现象	故障原因	处理方法
通讯时断时续	回路电阻不足于 HART 频率	在回路中串接额外的 250Ω 电阻
		将手操器通过电阻连接，确认通讯是否已经恢复
	现场回路噪声干扰	确认现场屏蔽线仅仅是一根接地
		一般地，在控制系统中将屏蔽接地，现场设备浮空
	来自控制系统的噪声或信号失真（例如：从电源供应现场设备带来的噪声或控制系统的模拟信号回路可能使 HART 信号失真）	断开现场接线，在回路中串接 250Ω 电阻器并更换供应电源，然后回路上电。确认通讯是否恢复正常。如果是，则使用示波器检查控制系统中可能的噪声或信号失真。噪声一般在 800Hz 至 10kHz 范围，振幅为 0.5Vpp 或更大。在此频率范围以外的噪声也可能影响通讯 将一个 0.1～0.22F（电容器参数：工作电压：非极性 50VDC）的电容器接在控制系统的终端。确认通讯是否恢复正常。如果没有，请串接 250Ω 的电阻器再确认通讯正常与否
与现场设备无通讯	回路电阻不足于 HART 频率	在回路中串接额外的 250Ω 电阻。将手操器通过电阻连接，确认通讯是否已经恢复
	现场设备接线端的回路电流和电压不足	确认在现场设备接线端至少有 4mA 电流和 12VDC 电压
	现场设备可能将 HART 地址设为非 0（多点模式）	将手操器模式设置为数字轮询
控制系统可进行 HART 通讯，但手操器通讯不完全	与 HART 手操器的 HART 通讯被控制系统所禁止	停止控制系统的 HART 通讯，然后确认手操器与现场设备之间的通讯是否恢复正常
电池包没有充电	电池包超过正常范围未充电	卸下电池包充电

故障检查、分析：检查接线无错误，电源没接反，但电源用电源分配器供电，无 250Ω 负载电阻，由于没接入负载电阻，相当于 HART 接在电源两端，这两端电阻极小，实际上相当于一点，这

样通讯器自然无法和变送器通讯。

故障分析：接入负载电阻后上线，通讯正常。

④ 用 HART275 在控制室内检查现场一台变送器，无法通讯。

故障检查、分析：引起故障的主要原因：HART275 通讯线断路、仪表未供电、变送器不支持 HART 协议，检查仪表供电正常，检查仪表型号，但阅读说明书表明此表不支持 HART 协议，支持 BT200。

故障处理：更换手操器。

⑤ 某装置仪表组 HART375 在使用时由于误操作导致机器死机。

故障处理：将 FN 钮和灯钮同时按，系统关机，然后重新开机（这种操作在必要时使用，尽量少用）。

⑥ 1151SMART 变送器不能通讯。

故障处理：1151SMART 变送器不能通讯绝大多数是膜盒故障或损坏，可进行更换，重新校验或格式化，即可通讯。

9.4　FLUKE744 故障处理

FLUKE744 多功能过程认证校准器，集成了多功能校准和 HART 通讯能力（图 9-6）。是 HART 和其他仪表的理想的校准、维护和检修工具。即可测量源输出、模拟和测量压力、温度和电信号等多种参数，几乎可以完成单独通讯器所完成的所有通讯任务。

FLUKE744 故障处理如下。

① 开机无指示，可检查电源是否送上，仪器保险丝是否正常，如有异常，处理后，重新送电检查仪器是否能够正常工作。

② 当保险丝频繁烧毁，仪器不能正常工作时，不要继续使用仪器，应送专业部门修理。

③ 使用时感觉不准，检查信号连接是否正确，检查挡位是否处于正确位置，调整正确后再继续使用。

④ 使用时不属于信号连接和挡位位置造成不准时，可使用其

图 9-6 FLUKE744 校准器

它仪器进行比对，确实不准时，将仪器送到专业部门修理，检定合格后可再继续使用。

案例：某装置用 FLUKE744 给一台四线制仪表供电，未成。

故障检查、分析：引起故障主要原因：仪表故障、FLUKE744 使用不当，经检查，FLUKE744 为仪表提供电源正确，仪表本身无故障。经查阅说明书，FLUKE744 只能为二线制变送器提供不大于 1W 的电源。

故障处理：四线制仪表不在范围内。

9.5 电阻箱故障实例

若干定值精密电阻的组合体，它们安装在同一箱内，通过转换装置改变其阻值。

按电阻箱改变电阻的形式，可以分为插头式、开关式、接线式三种。

9.5.1 电阻箱的维护

① 避免阳光暴晒、雨淋和受潮。

② 避免长期放置在有腐蚀性气体的环境中。

③ 使用时轻拿轻放，防止剧烈撞击造成损坏。

④ 使用时不允许超过额定使用功率，防止烧损或失准。

⑤ 保护好粘贴的检定标签、铅封，保管好检定证书。

⑥ 注意检查检定周期，按期送检。

9.5.2 电阻箱故障处理

① 旋钮使用不灵活，可将旋钮拔下，盖板拆下，检查机械部件有无松动、变形、错位和卡涩现象，处理和更换配件后，重新送检定部门检定加铅封和粘贴合格证才能使用。

② 旋动旋钮，输出电阻值没有变化或变化不稳定，可将旋钮

拔下，盖板拆下，检查线路和元件有无短路、断路和接触不良现象，处理和更换配件后，重新送检定部门检定加铅封和粘贴合格证才能使用。

③ 使用时感觉不准，可以用另一台进行比对，确实有问题，要送检定部门进行检定确认，无修理价值时，要作报废处理，由检定部门出具报废手续，报废后的电阻箱不允许作为计量器具使用。

④ 接线端子因锈蚀接触不良，将贝帽拧下，用细砂纸或小组锉处理掉锈蚀面，重新拧上贝帽后即可使用。

案例：某装置仪表组在一次校验仪表过程中发现电阻值与实际值有偏差，出现超差。

故障分析：电阻箱出现故障，没有及时校验导致测量结果不准确。

故障处理：将电阻箱重新检定后校验恢复正常。

第 10 章　控制系统故障实例

10.1　简单控制系统故障实例

简单控制系统又称单回路反馈控制系统，是指由一个被控对象、一个测量变送器、一个控制器和一只调节阀组成的单回路闭合控制系统。它是石油、化工等行业生产过程中最常见、应用最广泛、数量最多的控制系统。简单控制系统结构简单，投资少，易于调整和投运，能满足一般生产过程的控制要求，因而应用很广泛。它尤其适用于被控对象纯滞后小，时间常数小，负荷和干扰变化比较平缓，或者对被控变量要求不太高的场合。简单控制系统常用被控变量来划分，最常见的是温度、压力、流量、液位和成分五种控制系统（图 10-1、图 10-2）。

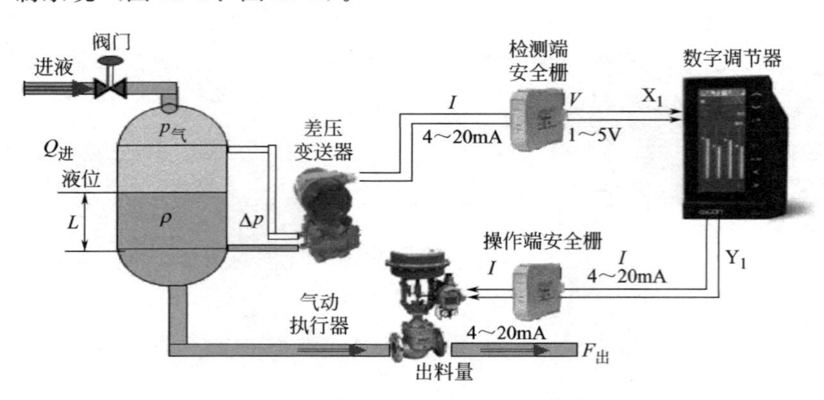

图 10-1　简单液位控制系统示意图

10.1.1　简单控制系统故障判断

控制系统是在检测系统的基础上加上控制单元和执行单元形成

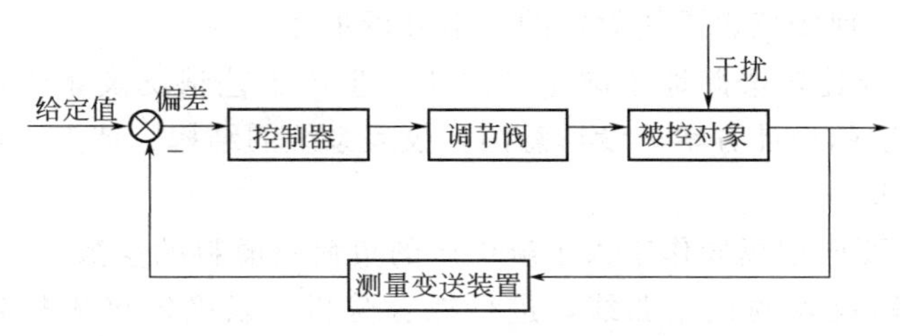

图 10-2　简单控制系统框图

一个闭合回路，不但检测系统的故障现象控制系统都承袭过来，而且控制系统自身的控制原理和控制规律，使控制系统出现故障的复杂性，远远超过相应的检测系统。

现以流量简单控制系统为例说明故障判断过程。控制系统由电动差压变送器、单回路指示控制器、带电气阀门定位器的气动薄膜调节阀组成。故障现象是控制系统不稳定，流量指示波动大。在处理这类故障时，应清楚控制系统的组成，了解工艺，如工艺介质，简单工艺流程，是加料流量还是出料流量，或精馏塔回流量，是液体、气体还是蒸汽（图 10-3）。

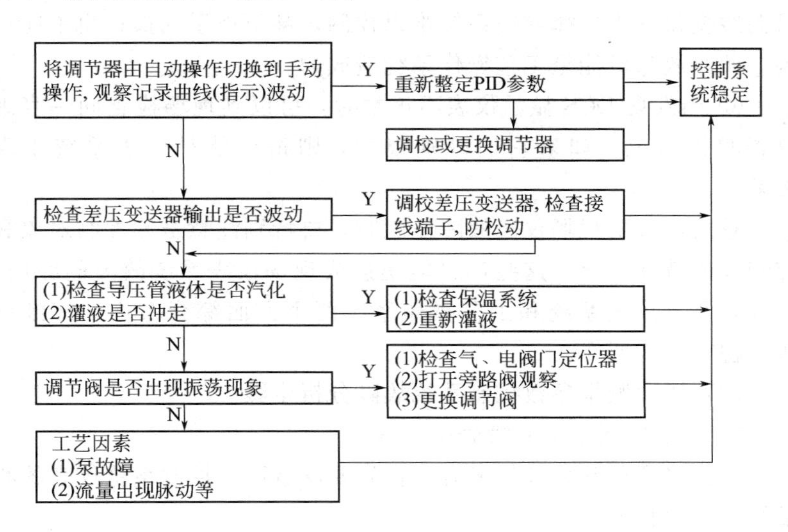

图 10-3　简单流量控制系统故障判断

（1）现场仪表系统故障的基本分析步骤

① 要比较透彻地了解生产过程、生产工艺情况及条件，了解仪表系统的设计方案、设计意图，仪表系统的结构、特点、性能及参数要求等。

② 要向现场操作工人了解生产的负荷及原料的参数变化情况，查看故障仪表的记录曲线，进行综合分析，以确定仪表故障原因所在。

③ 如果仪表记录曲线为一条死线（一点变化也没有的线称死线），或记录曲线原来为波动，现在突然变成一条直线，故障很可能在仪表系统。因为目前记录仪表大多是DCS计算机系统，灵敏度非常高，参数的变化能非常灵敏地反映出来。此时可人为地改变一下工艺参数，看曲线变化情况。如不变化，基本断定是仪表系统出了问题；如有正常变化，仪表系统没有大的问题。

④ 变化工艺参数时，发现记录曲线发生突变或跳到最大或最小，此时的故障也常在仪表系统。

⑤ 故障出现以前仪表记录曲线一直表现正常，出现波动后记录曲线变得毫无规律或使系统难以控制，甚至连手动操作也不能控制，此时故障可能是工艺操作系统造成的。

⑥ 当发现DCS显示仪表不正常时，可以到现场检查同一直观仪表的指示值，如果它们差别很大，则很可能是仪表系统出现故障。

总之，分析现场仪表故障原因时，要特别注意被测控制对象和控制阀的特性变化，这些都可能是造成现场仪表系统故障的原因。所以，要从仪表系统和工艺操作系统两个方面综合考虑、仔细分析，检查原因所在。

（2）四大测量参数控制系统故障分析步骤

① 温度控制系统故障分析步骤。

分析温度控制系统故障时，首先要注意温度控制系统仪表的测量往往滞后较大。

a. 记录指针突然跑到最大或最小，一般为仪表故障。因温度仪表系统测量滞后较大，不可能“突变”。故障原因多是热电偶、热电阻补偿导线断线或变送器放大器失灵造成。

b. 记录指针快速振荡，多为控制参数PID整定不当造成。

c. 记录指针大幅度波动，如当时工况有大变化，一般为工艺原因；如当时工况无大变化，一般为仪表原因。此时可将调节器切手动。若波动大大减小，则为调节器故障，否则为记录放大器故障。

d. 如出现仪表记录线笔直、曲线漂移等异常现象，则应怀疑是否是假指示。仪表人员可拨动测量拉线盘，看上下行是否有力矩；如有力矩，属正常；如无力矩或力矩太小，则属仪表原因。

e. 如工艺人员怀疑温度值有误差，仪表人员检查时，可先将调节器切手动，对照有关示值协助判断，必要时可用标准温度计在现场同一检测位置测试核对。

f. 如温度记录值无大变化的前提下，调节器输出漂移或输出电流突然最大或最小，一般为调节器放大器失灵或输出回路问题。

g. 如调节器输出电流回不到零或有较大反差时输出反而增大，为调节器问题。

h. 温度控制系统本身故障分析：检查调节阀输入信号是否变化，如不变化，调节阀动作，则调节阀膜头膜片漏了；检查调节阀定位器输入信号是否变化，输入信号不变化，而输出信号变化，定位器有故障；检查定位器输入信号有变化，再查调节器输出有无变化，如果调节器输入不变化，输出变化，则是调节器本身故障。

② 压力控制系统故障分析步骤

a. 压力控制系统仪表指示出现快速振荡波动时，首先检查工艺操作有无变化，这种变化多半是工艺操作和控制器PID参数整定不好造成。

b. 压力控制系统仪表指示出现死线，工艺操作变化了压力指示还是不变化，一般故障出现在压力测量系统中，首先检查测量引压导管系统是否有堵的现象，不堵，检查压力变送器输出系统有无变化，有变化，故障出在控制器测量指示系统。

③ 流量控制系统故障分析步骤

a. 流量控制系统仪表指示值达到最小时，首先检查现场检测仪表，如果正常，则故障在显示仪表。当现场检测仪表指示也最小，则检查调节阀开度，若调节阀开度为零，则常为调节阀到控制器之间故障。当现场检测仪表指示最小，调节阀开度正常，故障原因很可能是系统压力不够、系统管路堵塞、泵不上量、介质结晶、操作不当等原因造成。若是仪表方面的故障，原因有：孔板差压流量计可能是正压引压导管堵；差压变送器正压室漏；机械式流量计是齿轮卡死或过滤网堵等。

b. 流量控制系统仪表指示值达到最大时，则检测仪表也常常会指示最大。此时可手动遥控调节阀开大或关小，如果流量能降下来则一般为工艺操作原因造成。若流量值降不下来，则是仪表系统的原因造成，检查流量控制系统的调节阀是否动作；检查仪表测量引压系统是否正常；检查仪表信号传送系统是否正常。

c. 流量控制系统仪表指示值波动较频繁，可将控制改到手动，如果波动减小，则是仪表方面的原因或是仪表控制参数 PID 不合适，如果波动仍频繁，则是工艺操作方面原因造成。

④ 液位控制系统故障分析步骤

a. 液位控制系统仪表指示值变化到最大或最小时，可以先检查检测仪表看是否正常，如指示正常，将液位控制改为手动遥控液位，看液位变化情况。如液位可以稳定在一定的范围，则故障在液位控制系统；如稳不住液位，一般为工艺系统造成的故障，要从工艺方面查找原因。

b. 差压式液位控制仪表指示和现场直读式指示仪表指示对不上时，首先检查现场直读式指示仪表是否正常，如指示正常，检查差压式液位仪表的负压导压管封液是否有渗漏；若有渗漏，重新灌封液，调零点；无渗漏，可能是仪表的负迁移量不对了，重新调整迁移量使仪表指示正常。

c. 液位控制系统仪表指示值变化波动频繁时，首先要分析液面控制对象的容量大小，来分析故障的原因，容量大一般是仪表故障造成。容量小的首先要分析工艺操作情况是否有变化，如有变化很可能是工艺造成的波动频繁。如没有变化可能是仪表故障造成。

10.1.2　故障实例分析

① 空分装置一液位自动控制系统，液位测量采用电动Ⅲ型差压变送器，计算机指示控制，气动薄膜调节阀，开车初期，投自动液位波动很大，无法满足生产要求。

故障检查、分析：开车初期，由于系统冷量未达到平衡，同时液位导压管内冷热不均，造成导压管内气液混合，且测量值本身波动很大，投入自调后，更加重了波动。

故障处理：首先打至手动状态，手动控制，对液位差变进行排表处理，对正负导压管从塔壁排至挂霜后，开表。待手动稳定一段时间以后，投入自动。经过以上处理之后，基本可以达到工艺要求，使波动较小。

② 有一简单控制系统，控制器的偏差、控制器的输出均正常，但有偏差时控制器仍然按照原控制规律动作，而被调参数仍不回给定值，有时向反向动作。

故障检查、分析：从故障现象看，系统中的测量部分、控制部分及信号传递无问题，故障可能在调节阀部分（阀杆位移、膜头堵塞、阀门定位器故障）或控制器输出到阀门定位器的传递信号线部分。检查控制器输出信号至调节阀间线路正常，检查调节阀膜头时发现膜头接头气路被砂粒堵塞，导致控制器不能正常工作。

故障处理：疏通后，系统恢复正常。

③ 有一中压蒸汽压力是靠 PV108 放空来控制的简单控制系统，某日，操作工发现压力降低，控制器输出阀位正确，但是偏差消除不了。

故障检查、分析：从故障现象看，控制器输出到安保器无问题，可能是安保器输出到阀门定位器、调节阀问题。先检查阀门定位器及调节阀，均无问题，再用万用表量安保器输出信号，结果无输出。

故障处理：更换输出安保器，系统即恢复正常。

④ 某装置一简单控制控制回路（DCS 控制系统，PID 控制器），在投入自动后，控制器无动作。

故障检查、分析：引起控制器不动作的原因可能是：DCS 组态是否有问题、控制器自调参数是否正确。检查 DCS 组态全部正确，但检查控制器 P、I、D 参数时发现不正确。

故障处理：将 P、I、D 参数正确设置后，投用正常。

⑤ 横河 DCS 系统单回路，产生 IOP。

故障分析：IOP 表示输入开路，可能是变送器线断或者是变送器输入信号低于 4mA 或大于 20mA。

⑥ 横河 DCS 系统单回路，产生 OOP。

故障分析：OOP 代表输出开路，可能是接线松动所致。

⑦ 有一个单回路控制系统，投自动时经过长时间整定仍无法稳定投用，利用给定值加干扰后有回调趋势，并且调节周期和调节幅度正常，可是无法稳定。

故障分析：从故障现象看，这个系统的整定参数是合适的，无法稳定的原因不在参数上。

故障处理：重新分析回路正确设定控制器正反作用，使系统达到负反馈，投用后正常。

⑧ 有一个控制回路从开车正常投用使用多年，正艺条件未变化，控制效果越来越差。

故障检查、分析：原来能正常投用说明参数正常，效果逐渐变差说明有渐变条件影响控制。检查调节阀时，发现阀芯冲蚀严重。

故障处理：阀修复后投用正常。

⑨ 一控制回路，原来一直正常使用，后因输点通道坏，将 AO 点通道更换后，无法控制现场阀开度。

故障检查、分析：因为换过通道引起故障，所以从改动处入手分析问题。因为 AO 卡通道更换过，并且重新下装，控制点找不到原先的通道，所以不能控制。

故障处理：将对应的控制点重新下装后，可以正常控制。

⑩ 一锅炉汽包液位控制系统原来正常投用，突然出现较大的

波动，打到手动控制，液位波动。

故障检查、分析：从故障现象说明工艺操作条件已经和原来投用的条件不一样了，需要重新整定参数。

故障处理：经过加大控制强度，克服干扰波动后正常。

⑪ 某塔液位控制是单回路控制系统，在负荷调整的过程中发现液位不稳定，波动较大。

故障检查、分析：检查发现液位调节阀 LV0405 阀开度只有 7%，阀位不断变化，调节阀在小开度下易产生喘振，定位器输出不稳，因此调节阀不稳。

故障处理：将调节阀打开到 15%以后调节阀恢复正常，但过量大无法保证液面，使用前后手阀限量才保证了正常控制。

⑫ 某石化装置一液位单回路控制系统，由于负荷降低，LV402 阀开度只有 5%，结果产生了振动，液位不稳。

故障分析：调节阀在小开度下极易产生振动，振动时就影响阀门定位器振动，输出不稳，因此自调不稳。

故障处理：将前或后截止阀稍关小一些，限一部分流量，到阀位开到 15%时，振动消失，阀门定位器也稳定了，投自动运行正常。

⑬ 一液位简单控制系统（DCS 系统 PID 控制器，调节阀为气开调节阀）无法投入自动控制。

故障检查、分析：引起无法投入自动的主要原因是：控制器参数不当、控制对象问题或调节阀有问题，检查上述处个故障点，在对调节阀检查时发现，调节阀内漏量很大，调节阀只要有小开度，就有很大的流量。

故障处理：对调节阀内件进行处理后，问题消失。

⑭ 蒸汽压力控制系统的故障一例

a. 蒸汽管路压力记录值突然降到零，而安全阀起跳，为仪表原因。在引压管与记录仪表之间出现故障时，调节阀开度突变，引起蒸汽压力猛增，而记录仪表却无反应，此时可先切到手动遥控调节阀，再处理故障。

b. 蒸汽管路压力记录值未高于设定值，安全阀即起跳，仪表人员可以对照相关仪表，如各点温度正常，则安全阀未调好；如各点温度值升高，则为压力记录值低于真实压力。

c. 压力波动虽大，但缓慢，一般应从工艺上查找原因。

d. 压力波动呈快速振动状态要从参数整定及仪表本身查找原因。

e. 如负荷、加料回流、温度等变化以及操作不当，均会引起设备内部压力的变化，要从工艺操作上找原因。

f. 对每台仪表的平时压力波动情况应心中有数，分清是异常情况还是正常情况，并可参照其他工艺参数作出判断。

⑮ 液位控制系统（图 10-4）故障一例

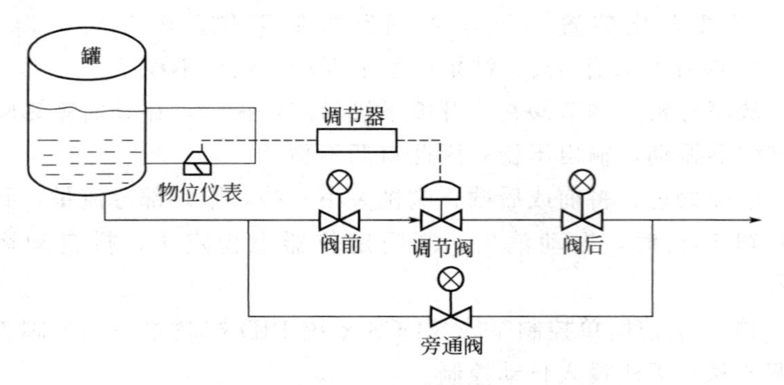

图 10-4　液位控制系统

a. 液位记录值跑向最大或最小，可先对照一次表。如一次表正常，则为二次表故障。如一、二仪表一致，则手控调节阀检查液面有无变化。有变化一般为工艺原因，如无变化一般为仪表问题。

b. 带负迁移的仪表示值跑向最大，应怀疑负压侧泄漏。有气相压直接引到负压侧的仪表示值跑向最小，应怀疑负压侧集液罐液体上升过高。

c. 记录示值波动频率高，一般可能是参数整定不当或一次仪表振荡等原因所致。如波动缓慢，一般为工况原因。

d. 如怀疑仪表为假液位指示，一般可将系统切到手动，工艺、仪表人员共同用校准压力表测出气相压力进行分析。

⑯ 温度系统故障一例。

某装置一重油温度控制系统（图 10-5），重油通过热交换器，采用蒸汽加热，改变蒸汽调节阀开度，重油温度变化缓慢，投到自动控制时温度大幅波动。

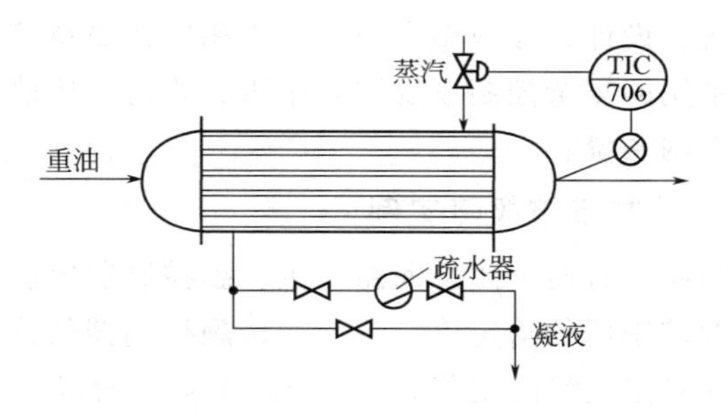

图 10-5　重油温度控制系统

故障分析：改变蒸汽流量、重油温度不能明显变化，说明检测系统有滞后，检查热电偶测量系统，确认没有问题，说明传热系统可能有问题。为了充分利用蒸汽潜热，中压蒸汽要冷凝成水后再通过疏水器定时排放掉。蒸汽和重油通过热交换器进行传热，热交换过程需要一定时间。中压蒸汽温度 280℃，加热后重油为 150℃，当加热蒸汽温度由 280℃逐渐冷却，与热交换后的重油温度 150℃相接近时，热交换几乎达到相对平衡（由于热阻存在，有一点温差），此时加热蒸汽尚未全部冷凝成液体，它仍占据着热交换器的空间，即使开大调节阀，新的蒸汽也补充不进来，即便补充也是微量。这样造成用于热交换的蒸汽温度达不到设计值 280℃（虽然外来蒸汽温度是 280℃），而是在 280℃与蒸汽冷凝成水的温度之间变化。由于实际用于热交换的蒸汽温度低于设计值，热交换时间增加，造成温度测量滞后，测量滞后大就造成系统不稳定。

故障处理：针对该系统，整定 PID 参数，增加微分作用，加适量的积分作用，加大比例作用，$P=50\%$，$T_i=5\text{min}$，$T_d\approx 1.5\text{min}$，结果比较理想。

10.2 复杂控制系统故障实例

凡是多参数，两个以上变送器、两个以上控制器或两个以上调节阀组成多回路的自动控制系统，称之为复杂控制系统。当然，这类系统的分析、设计、参数整定与投运也相应比简单控制系统要复杂些。目前常用的复杂控制系统有：串级、均匀、比值、前馈、选择、分程等控制系统。

10.2.1 串级控制系统故障实例

串级控制系统有两个闭合回路。主、副控制器串联，主控制器的输出作为副控制器的给定值，系统通过副控制器的输出操纵控制阀动作，实现对主变量的定值控制（图 10-6）。所以在串级控制系统中，主回路是个定值控制系统，而副回路是个随动系统。

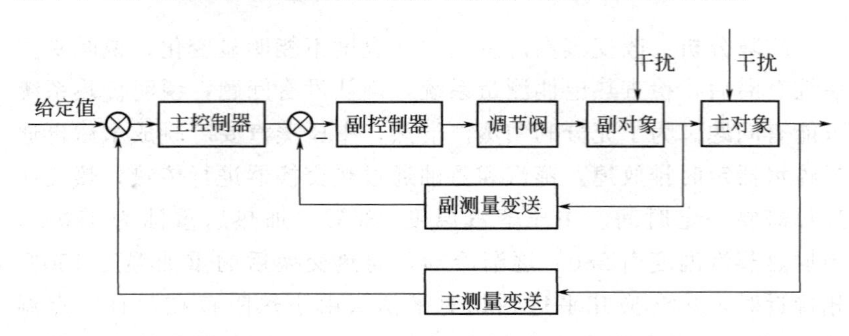

图 10-6 串级控制系统框图

故障实例分析：

① 某石化装置一个液位与流量串级控制系统（液位为主环，流量为副环，DCS 系统），控制品质不好。

故障检查、分析：引起故障的原因有以下几个方面：控制器控制参数设置不当、控制对象不在正常工况、控制对象滞后大、调节阀调节不线性。对控制器控制参数进行重新整定，重新校验调节阀，检查测试滞后时间。

故障处理：经综合调整测试发现是液位控制滞后时间太长，无法实现串级调整。

② 丁辛醇装置 LIC0406 与 FIC0411 为串级控制系统，控制 400A 反应器采出，该控制系统副环能投自动，但是无法投串级，投串级以后波动很大。

故障检查、分析：检查测试发现由于串级控制 PID 参数设定不合理，又根据工艺实际情况进行设定，导致无法投用串级。

故障处理：在重新调整设定 PID 参数以后，才将串级投用。

③ 一串级控制系统的主控制器为蒸汽压力控制器，输出正常，其输出和压力管道的流量信号经微分加法器后至流量副控制器的外给定。发现外给定突然下跌，但主控制器输出正常。

故障检查、分析：此系统因主控制器的输出和副控制器的外给定通道，加一个具有前馈作用的微分加法器相加后输出作为副控制器的外给定。检查发现故障是因为微分加法器的保险丝接触不良，引起断电，其输出为零，导致副控制器的外给定下跌。

故障处理：更换保险丝使其接触良好，故障消除。

④ 一液位-流量串级控制系统，串级调节波动较大，达不到控制指标。

故障检查、分析：分析判断故障原因是由于副控制器的控制参数设置不当造成，副控制器积分作用过强，使回路不易控制。串级控制系统对主参数要求较高，不允许有误差，主控制器一般选择比例积分控制规律，当被调对象滞后较大时，可引入适当的微分作用。但对副参数要求不严，因副参数是跟随主控制器输出变化而变化，所以副参数一般采用比例控制规律就行，必要时引入积分作用。

故障处理：重新设置副参数。

10.2.2　比值控制系统维修实例

合成气在汽化炉的调整过程中，发现汽油比在低给定值 10% 时，炉温正常、有效，气才合格。

故障检查、分析：汽化炉的渣油裂解过程中，蒸汽的加入量是靠一个比值系统（汽/油比）来控制的，汽油比下降，蒸汽量也减少，但炉温正常、有效气合格，这说明实际蒸汽量并没有减少。首先检查回路信号是否正常，通过测量，信号传输无问题，又对一次差变校验，无问题。又检查了可以进汽化炉的蒸汽管道的阀门，结果发现，停车用的事故蒸汽切断阀处于开位，蒸汽是从这进入汽化炉的。

故障处理：关闭事故蒸汽手阀，汽油比慢慢恢复正常。然后检查切断阀，原来是因为电磁阀气路堵，造成错误位置，更换了电磁阀，一切恢复正常。

10.2.3　均匀控制系统维修实例

某串级均匀控制系统（图 10-7）在投运时发现，主参数液位稳定在定值，而副参数波动较大，给后续工序造成较大干扰。

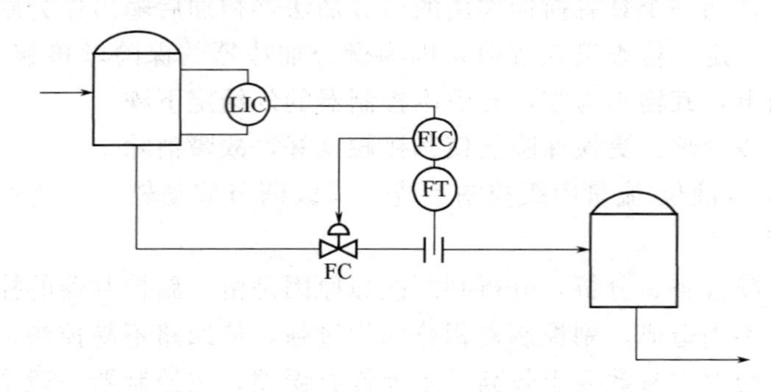

图 10-7　串级均匀控制系统

故障分析：均匀控制系统通常是对液位和流量两个参数同时兼顾，通过均匀调节，使两个互相矛盾的参数保持在所允许的范围内波动，即两个参数在调节过程中都应是缓慢变化的，而不应该稳定在某一恒定值上。

发生以上情况显然是控制器参数整定思路及方法不对造成的，应按如下步骤整定液位控制器和流量控制器参数。

① 将液位控制器的比例度调至一个适当的经验值上，然后由小到大地调整流量控制器的比例度，同时观察调节过程，直到出现

缓慢的周期衰减过程为止。

② 将流量控制器的比例度固定在整定好的数值上，由小到大地调整液位控制器的比例度，观察记录曲线，求取更加缓慢的周期衰减过程。

③ 根据对象情况，适当给液位控制器加入积分作用，以消除干扰作用下产生的余差。

④ 观察调节过程，微调控制器参数，直到液位和流量两个参数均出现更缓慢的周期衰减过程为止。

10.2.4　选择控制系统维修实例

某合成氨厂节能控制系统中合成驰放气自动控制系统在投入自动控制运行中突然发生压力高报警，该系统是合成系统压力控制系统 PIC 和合成驰放气气体组分控制系统 AIC 组成的选择性控制系统（图 10-8）。

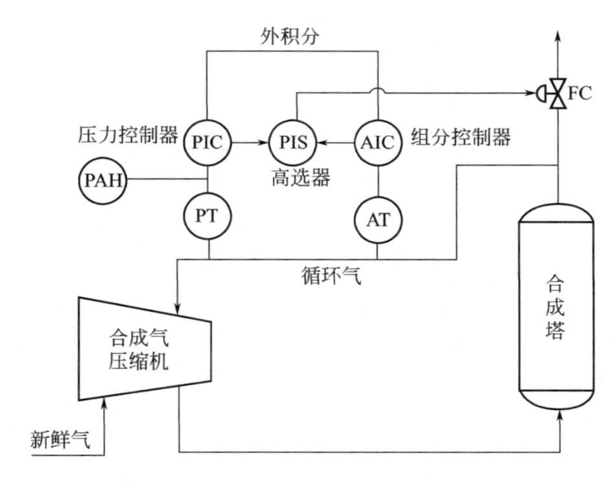

图 10-8　合成驰放气自动控制系统

故障分析：该系统在投入自动控制时，由组分变送器 AT 测量出循环气中惰性气体 CH_4 和 Ar 的总量，由 AIC 控制以保证合成系统惰性气体组分为一定值，这样，可使合成气放空损失减到最小，起到节能效果。当合成系统压力超过额定值，压力控制器 PIC 将根据压力变送器 PT 检测信号，使输出不断增大，通过 PIS 高选器，取代 AIC 控制器进行压力定值控制，以防止合成系统超压。

发生系统压力高报警，应立即在现场用手轮操作，并首先判断压力变送器、报警器等无故障后，进一步检查压力控制器输出是否取代组分控制器输出值。若压力控制器工作正常，且输出值已达正常取代值而未通过高选器取代组分控制器，则判断为高选器故障，若为压力控制器故障，则迅速将此控制器切至手动，不断调大输出值，控制合成系统压力。

第 11 章　DCS 故障实例

集散控制系统 DCS（Distributed Computer System）是以应用微处理器为基础，结合计算机技术、信号处理技术、测量控制技术、通信网络和人机接口技术，实现过程控制和工厂管理的控制系统。其实质是利用计算机技术对生产过程进行集中监视、操作、管理和分散控制。DCS 系统的构成概括起来分为三部分：集中管理部分、分散控制监视部分和通信部分（图 11-1）。

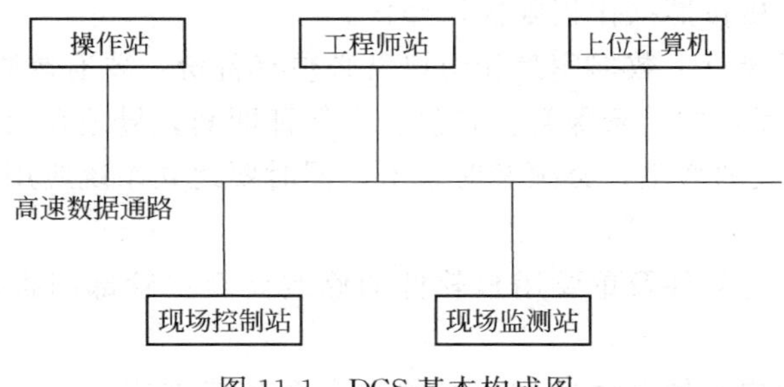

图 11-1　DCS 基本构成图

DCS 是工厂控制过程的核心，保证 DCS 可靠稳定地运行，延长其使用寿命，对 DCS 性能的发挥及工厂生产的连续性是非常重要的。集散控制系统的检修与传统仪表系统的检修有很大的差异，迅速、准确地判断出故障点的位置是排除故障的关键。

11.1　集散控制系统日常维护

（1）硬件日常维护

① 检查环境条件（温度、湿度等）使其满足系统正常运行的要求。

② 检查供电及接地系统使其符合标准。

③ 采取防止小动物危害的措施。

④ 保证电缆接头、端子、转接插件不被碰撞，接触良好。

⑤ 观察系统状态画面及指示灯状态，确认系统是否正常。

⑥ 检查系统风扇的运转状况。

⑦ 各种过滤网必须定期更换或清洗。

⑧ 系统中的电池要定期更换。

⑨ 定期对运动机件加润滑油。

⑩ 建立硬件设备档案及维护档案。

(2) 软件的日常维护管理

① 键锁开关的钥匙要有专人保管，密码要注意保密。

② 严格按照操作权限执行操作。

③ 系统盘、数据库盘和用户盘必须有备份，要有清晰的标记，应放在金属柜中妥善保管。备份至少保证两套，异地存放。应用软件如果有大的变更，必须及时备份。同时要建立系统应用软件备份清单。

④ 系统软件及重要用户软件的修改要经主管部门批准后方可进行。

⑤ 用户软件在线修改，必须有安全防范措施，有监护人，且要做好记录。软件变更要入档，并通知操作和维护人员。

11.2 集散控制系统故障诊断

11.2.1 集散控制系统故障分类

(1) 现场仪表设备故障

现场仪表设备包括与生产过程直接联系的各种变送器、各种开关、执行机构、负载及各种温度的一些元件等。在 DCS 控制系统故障中，这类故障占绝大部分，这类故障一般是由于仪表设备本身的质量和寿命所致。因这类故障属于单点故障，对工艺影响不大，只需按常规仪表处理即可。

（2）系统故障

这是影响系统运行的全局性故障，系统故障可分为固定性故障和偶然性故障。如果系统发生故障后可重新启动使系统恢复正常则可认为是偶然性故障。相反若重新启动后不能恢复正常而需要更换硬件或软件系统才能恢复则认为是固定性故障。这种故障一般是由于系统设计不当或系统运行年限较长所致。

（3）硬件故障

这类故障主要指 DCS 系统中（I/O 模块）损坏造成的故障。这类故障一般比较明显且影响也是局部的，它们主要是由于使用不当或使用时间较长，模块内元件老化所致。

（4）软件故障

这类故障是软件本身所包含的错误所引起的。软件故障又分为系统软件故障和应用软件故障。系统软件是 DCS 系统所带来的，若设计考虑不周，在执行中一旦条件满足就会引发故障，造成停机或死机等现象，此类故障并不常见。应用软件是用户自己编定的，在实际工程应用中，由于应用软件工作复杂，工作量大，因此应用软件错误几乎难以避免，这就要求在 DCS 系统调试及试运行中十分认真、仔细，及时发现并解决。

（5）操作使用不当造成故障

在实际运行操作中，有时会出现 DCS 系统某功能不能使用或某控制部分不能正常工作，但实际上 DCS 系统并没有故障，而是操作人员操作不熟练或操作错误所引起的。

11.2.2　集散控制系统故障诊断步骤

① 是否为使用不当引起的故障。这类故障常见的有供电电源故障、端子接线故障、模块安装错误、现场操作错误等。

② 是否为 DCS 系统操作错误引起的故障。这类故障常见的有某整定参数整定错误、某设定状态错误造成的。

③ 确认是现场仪表设备故障还是 DCS 系统故障。若是现场一次仪表故障，修复相应现场仪表或更换一次仪表。

④ 若是系统故障，应确认是硬件故障还是软件故障。

⑤ 若是硬件故障，则找出相应硬件部位，修复或更换硬件模块。

⑥ 若是软件故障，还应确定是系统软件故障还是应用软件故障。

⑦ 若是系统软件有故障，可重启动看是否能恢复正常或重新装载系统软件，重新启动后若不能恢复则与系统管理人员或系统厂家联系解决。

⑧ 若应用软件故障，可检查用户编写的程序和组态的所有数据，找出故障原因。

⑨ 利用 DCS 系统的自诊断测试功能。DCS 系统的各部分的设计有相应的自诊断功能，在系统发生故障时，一定要充分利用这一功能来分析和判断故障的部位和原因。

11.2.3　集散控制系统常见故障

（1）系统硬件故障

① 系统模块和元件故障，可能产生的原因是元器件质量不良、使用条件不当、调整不当、错误的接线引入不正常电压而形成的短路等。有时由于现场环境的因素，如温度、湿度、灰尘、振动、冲击、鼠害等原因也会造成系统硬件故障。

② 线路故障：可能产生的原因是，电缆导线端子、插头损坏或松动造成接触不良，或因接线错误、调试中临时接线、折线或跨接线不当，或因外界腐蚀损坏等。

③ 电源故障：可以产生的原因是供电线路事故，线路负载不匹配可引起系统或局部的电源消失，或电压波动幅度超限，或某元件损坏，或误操作等产生电源故障。

（2）软件故障

① 程序错误，设计、编程和操作都可能出现程序错误，特别是联锁、顺控软件，不少问题是由于工艺过程对控制的要求未被满足而引起的。

② 组态错误：设计和输入组态数据时发生错误，这可以调出组态数据显示进行检查和修改。

11.2.4　集散控制系统常用的故障判断方法

① 直接判断法：根据故障现象、范围、特点以及故障发生的记录直接分析判断产生的原因和故障部位，查出故障。

② 外部检查法：对一些明显的有外部特征的故障，通过外部检查，判断故障部位，如插头松动、断线、碰线、短路、元件发热烧坏、虚焊、脱焊等。有的故障，特别是暂时性故障，可以通过人为摇动，敲击来发现故障。

③ 替换对比法：对有怀疑的故障部件，用备件或同样的插卡或模块进行替换，或相互比较，但要注意，替换前，要先分析排除一些危害性故障，如电源异常、负载短路等引起元件损坏的故障，若不先排除，则替换上的插件或模块会继续损坏。

④ 分段查找法：当故障范围及原因不明时，可对故障相关的部件、线路进行分段，逐段分析检查、测试和替换。

⑤ 隔离法：可以分段查找法相配合，将某些部位或线路暂时断开，观察故障现象变化情况，逐步缩小怀疑对象，最终查出故障部位，进行处理或更换。

11.3　横河CS3000系统故障实例

(1) 网络故障

① 操作站流程图画面实时数据出现*号。

故障检查、分析：检查系统报警窗口，显示信息“VNET1、VNET2FAIL”，检查网络连接，测量网络电阻，对接触不良处进行处理，重新连接，报警及数据恢复正常，故障为网络接口接触不良所致。

故障处理：网络恢复正常，数据恢复正常。

② 所有操作站数据点都不能正常显示，出现*号，时好时坏。

故障检查、分析：很多台操作站都有故障说明和控制站之间通讯有问题，检查发现V网电缆有一根在故障状态，测量其两端电阻，有一端电阻过大。

故障处理：更换同一型号终端电阻后，系统正常。

③ 下装时操作站出现等值化请求报警。

故障检查、分析：检查E网时，发现E网中断，在工程师站修改组态数据下装时，操作站出现此现象，对操作站重启机，检查HUB集线器，对操作站进行等值化操作，恢复正常。

故障处理：对操作站进行等值化操作后，系统恢复正常。

④ CS3000系统有一个控制网络V网，连接控制站和操作站，为了保证系统的可靠性，有两条冗余的电缆，这两条电缆同时工作，并且互为冗余。当有一根电缆故障时，系统将使用另一条电缆通讯，保证系统正常工作。系统运行一年后出现了一条电缆故障报警，系统变成不冗余工作状态，这时如果不及时处理，另一条再出现问题，这样将造成整个生产装置停车故障。

故障检查、分析：出现这种故障可能有以下几方面原因：网络连接不好、控制站通讯卡有问题、操作站V网卡有问题、终端电阻连接问题，或者电阻值发生变化。检查每一个操作站、控制站，控制站通讯卡状态指示灯共计四个，有两个在半暗状态。依次按上述各项检查，发现一个操作站的V网上的状态指示灯比别的更暗一些，关掉这台操作站，系统两条通讯电缆都正常，查到问题是这台机器的VF701卡故障，

故障处理：因没有备件更换，DCS人员用万用表检查这个卡，发现一个小锈丝阻值无穷大，DCS人员焊上一个类似的锈丝，把V网卡安装回操作站，操作站启动后，V网正常。

⑤ CS3000有两个网络，一个是V网，用来操作站和控制站之间传输控制数据；另一个起辅助作用的E网，用来传输各程组态数据从工程师到操作站。但是系统运行一段时间后，一直很正常，但有一次出现修改数据不能完成下装任务故障。

故障检查、分析：组态数据经过从工程师站向其他操作站PING后，有的能通过而有一个操作站不能通过，则说明是不能通过的操作站的E网有问题，检查发现E网接触不好，造成组态数据不能下传。

故障处理：重新连接HB后，还是不能通过，重新变换了一个HB的接线端子口后，系统工作正常，能够把组态数据传到操作站。

（2）通讯故障

① 流程图画面部分数据出现＊号，联锁动作，装置停车。

故障检查、分析：查历史报告，报警信息显示DCS与PLC通讯数据中断，造成仪表联锁动作，装置停车。分析故障原因主要是因为通讯数据量大，造成通讯数据阻塞中断。查联锁逻辑，部分联锁条件为与PLC的通讯信号，当通讯中断时，造成数据中断，联锁条件成立，导致装置停车。

故障处理：将联锁条件为通讯信号的点改为硬线连接，并于大检修时予以实施。

② 苯胺生产装置选用了独立的紧急停车系统，HIMA公司的ESD产品。在生产开车调试阶段，CS3000与HIMAESD通讯出现了问题，系统之间不能通讯。

故障检查、分析：CS3000向ESD传送的数据，ESD接收不到，同时ESD向CS3000传送的数据，CS3000接收不到。经过反复测试发现，两套设备之间的数据地址对不上，传过去的数据不在对方规定的地址上。

故障处理：经过修改地址后，CS3000能够接收到ESD的数据，但是由CS3000传送到ESD的数据时好时坏，总共10个数据，发现10个数据对应的地址的前一位地址上的数永远设为1的情况下系统正常。

（3）板卡故障

① 操作站流程图画面有很多数据点同时出现＊号.

故障检查、分析：检查有故障的几个点都在同一个卡件上，该卡件的故障指示灯，在正常状态，输入卡有故障，造成相应的现场数据不显示。

故障处理：更换一块新卡件后，系统正常。

② CS3000操作站上一个流程图画面，其中的个别输出数据点

的阀位值，时好时坏，出现 * 号，而其他点都显示正常。

故障检查、分析：输入点显示正常，只有输出点个别点显示不正常，分析原因可能是系统通讯有问题、输出卡件有问题或控制卡件有问题。检查中发现冗余的一块控制卡经常 COPY 另一块的控制卡数据。因此，怀疑是控制卡问题。

故障处理：更换一块冗余的控制卡后系统正常。

③ CENTUM CS3000 系统正常运行时，在系统报警中出现卡件故障，如何处理?

故障处理：把相应的故障卡件拔出，重新插入即可解决。

④ CENTUM CS3000 系统控制站中的 DI 开关卡频频出现损坏。

故障检查、分析：由于是多点卡，可能由于个别几个点的损坏，造成整个多点卡的报废。在对坏卡进行解剖分析中，发现都是输入开关管击穿损坏。而且是接收来自电气开关室的电机状态信号，出现的坏点较多，还发现在开关卡输入端叠加有数百伏的静电电位。

故障处理：取自装置现场的开关信号，在卡的输入端并联一个 50～100μF 的电容器，给交流扰动电压提供一个交流通路，防止静电电位的积累。对于来自电气开关室的状态信号，由于干扰造成的叠加电位比较高，则采用开关栅方式隔离，也可以采用微型继电器进行隔离，这样可以有效地隔离扰动电压对开关卡输入开关管的冲击，从而防止 DI 开关输入卡的损坏。

（4）软件故障

① 横河 CS3000 控制系统，开车调试阶段，一 AO 卡 8 个通道输出电流低于正常值 1 到 2 毫安，而其他卡件都正常。

故障检查、分析：更换现场接线端子板和控制卡件都未能有效解决，重新对输出点进行组态，还是不好用。后来发现模拟量输出卡件选择都是冗余结构，两个卡件输出通过一块现场接线端子板，组态时第二个卡件应选为冗余状态，否则会出现上述故障。

故障处理：修改组态后，系统正常。

② 系统增加点时，点的功能块建立完成，但是后来发现有很多问题，需要更改点的参数，DCS 工程师按照要求修改了组态，下装到操作站，下装过程中也没有出现错误的信息，但是，系统的点调出后，还和修改前的一样，没有变化。

故障检查、分析：检查点的功能块组态信息，是修改过来了，但系统运行情况下，调了这个点的调整画面，参数修改的参数没有变化，反复进行了几次，都没有效果。

故障处理：把这个点的功能块删除，重新按要求建立了一个新的功能块后，点正常。

③ 横河 CS3000 系统扩容后，增加了一台操作站，选用是 DELL 机器 GS270，装载 WINDOWSXP 和操作站程序后，系统不能等值化，操作站不能使用。

故障检查、分析：在 XP 系统上，网上邻居中看不到其他操作站，而在 WIN2000 中网上邻居可以看到其他操作站，包括新增加的操作站。PINGV 网和 E 网都能返回，说明系统硬件没有问题，只是软件的问题。进行了一系列调试后，最后怀疑是 XP 家庭版的问题。

故障处理：操作站重新装载了 WIN2000 系统、CS-3000 系统操作程序后，系统能够等值化。顺利完成操作站下装任务，操作站工作正常。

④ CENTUM CS3000 趋势组不能正常显示，且与在工程师站看到的显示不一致。

故障处理：这时需进入不能正常显示的操作站内，调出趋势画面，在出现的画面中，点击 PENASSIGNMENT，然后点 initialize，即可解决。

(5) 硬件故障

① 操作站的主要硬件有：工控机（DELL）、21in 显示器、光电鼠标、专用操作员键盘、VF701 网卡等，操作站装有相应的系统软件包，特殊的还有长趋势软件包。当有长趋势软件包操作站安装冗余的双硬盘过程中，出现了死机的现象，而且速度还慢。

故障检查、分析：系统在单一硬盘时计算机工作正常，改双硬盘时工作不正常，这时计算机又重新变回单硬盘，结果还是一样出现故障，检查计算机发现一个风扇不转动，电源线给碰掉了。

故障处理：重新接好线，安装双硬盘，计算机正常。

② 横河 CS3000 系统运行一年后，操作工反映一个操作站几组历史趋势没有，而其他点都正常，且其他操作站正常。

故障检查、分析：DCS 工程师检查历史趋势组，没有发现问题，重新下装有问题的操作站后，系统还是一样，最后，把不能显示的几组数据点重新组态到别的空组中，下装后，系统正常。分析原因可能是硬盘个别磁道坏，造成数据不显示。

故障处理：在大检修时，对系统硬盘进行检查，发现有很多坏的磁盘扇区，重新格式化硬盘，按照步骤装载 WINDOW 系统、CS3000 程序、用户组态程序，系统正常。

③ CENTUM CS3000 操作站死机故障的一般处理方法。

故障处理：重新启动所在操作站的计算机，步骤：停掉死机操作站的电源（手动按 power），然后供电（再按一次 power），在用户名为 CENTUM 下面的密码输入框中输入 CENTUM 即可。

④ 某石化生产装置控制系统选用横河 CS3000 系统，安全栅选用 P＋F 公司的隔离栅，隔离栅统一由空气开关供电，同时隔离栅给现场变送器供电，一个空气开关给 100 个左右隔离栅供电，系统操作站上大量数据出现＊号，导致装置停车。

故障检查、分析：原设计给 100 个隔离栅供电所需电流和所选择的空气开关不符合，开关的容量和隔离栅容量相比基本相等，没有余量，现场仪表有波动就导致空气开关跳闸，造成大面积仪表失灵，影响装置的正常运行。因此故障是由于空气开关容量小，造成隔离栅断电，导致生产系统停车。

故障处理：更换一个容量是隔离栅容量 1.5 倍的空气开关后，系统没有出现空气开关跳闸现象。建议设计隔离栅供电系统是时，每个空气开关供电隔离栅数量不应太多，并且重要仪表的隔离栅应该单独供电，这样空气开关有故障跳闸时，不至于影响整个生产装置停车。

⑤ CENTUM CS3000系统试车初期，调试各种现场设备，在控制室操作站前使用对讲机和现场通话，有时出现操作站莫名其妙地死机，严重时还不能启动。

故障分析：非防爆对讲机对操作站有非常大的干扰，造成操作站的各种卡件（显示卡）损坏，以至造成操作站不能启动。

故障处理：在控制室严禁使用非防爆的通讯器材。

⑥ 生产装置选用横河CS3000系统，系统运行一段时间后，用来接收来自现场数字量信号的接线端子板失电，造成一个板子板上的32个点显示不正常，影响工艺装置的正常生产。

故障检查、分析：横河CS3000一个数字量控制卡经过一个现场接线端子板和现场各种状态信号相连。接线端子板上所有回路由一个空气开关供电，当其中的某一个回路现场接线电缆在任意点对地短路，那么空气开关跳闸，造成接线端子板上所有点显示不正确，以至联锁停车。

故障处理：避免电缆在现场处对地短路，重要的数字量点应加装隔离栅，端子板要求每个回路单独供电。

⑦ 横河CS3000系统每次控制站断电后，总要重新装载控制程序。

故障分析：分析可能是数据保护电池故障，测量电池电压低于正常值，数据保护电池每两年应更新一次。故障主要是因控制站数据保护电池电压过低，不能保护程序导致。

故障处理：更换三节电池后，控制站能够保护数据。

11.4　霍尼威尔TDC-3000系统故障实例

（1）网络故障

① 一套HONEYWELL DCS系统，操作员画面上的现场数据经常出现*号，系统显示有NIM和PM的冗余部分故障，重新上电装载程序后系统正常，但是过一段时间后，系统还会出现同样的

故障，如此经过了好几次，给生产操作造成了一定的影响。

故障检查、分析：从表面现象上看是控制站有问题，但是经过检查后发现，NIM站和PM站冗余部分都故障，重新上电装载程序后正常，但是过几天后系统还是出现上述故障，经过分析后原因可能为220VAC电源有问题、系统接地不良和UCN电缆有问题，经过测量电压和接地电阻后认为前两项没有问题，最后确定为UCN电缆有问题，且两根电缆同时有故障。

故障处理：更换UCN终端电阻，UCNTAP头重新连接后系统正常。

② 在SYSTSTATS状态下，显示“UCN01”红色闪烁字样。

故障检查、分析：系统网络报警，网络出现故障。

故障处理：系统网络报警，应首先观察收集系统网络诊断信息，根据网络诊断信息，确认故障可能存在的节点位置，对发现的故障卡件进行更换，系统网络状态恢复正常后，进一步观察测试。

(2) 通讯故障

① GUS无法对LCN和UCN设备进行操作。

故障处理：观察GUS上LCNP4指示灯的颜色，绿色为正常，黄色为故障；检查电缆连接是否松动；检查GUS地址设定是否正确；复位RESETLCNP，地址依次显示-13、-16、-A，设定地址；正常LOADGUS软件和NCF文件；GUS正常工作，右下角灯为绿色，可对LCN和UCN设备进行操作。

② 历史趋势丢失。

故障检查、分析：查HM节点，数据采集功能被DISABLE。

故障处理：激活数据采集功能，恢复正常。

③ 一套TDC3000系统所用的主板卡件是HKP2，运行初期NIM网络接口模件出现故障，造成US操作站和PM控制站不能通讯，出现操作画面突然间所有的数据没有了，出现*号，操作工被迫停车。

故障检查、分析：从故障现象分析看，造成操作站US上的现场数据全部没有显示，最大的可能是和控制站PM没有通讯上，出现通迅故障。检查时发现网络接口模件NIM站两个都故障，有时一个NIM在故障状态，而另一个在工作。

故障处理：重新装载过程接口NIM站程序后正常，而过一段时间，系统又现同样的故障，对系统进行了硬件和软件方面的升级，主要硬件HPK2换成了K2LCN，系统软件从R320升到R530，问题解决。

(3) 板卡故障

① HONEYWELL DCS系统检修后LOADHPM失败。

故障检查、分析：更换HPMM控制卡和I/OLINK卡，LOADHPM仍无效，重新插拔主、备HPMM后LOADHPM，恢复正常，故障为卡件接触不良。

故障处理：重新插拔主、备HPMM控制卡后LOADHPM，恢复正常。

② 一套TDC3000，工艺操作工反映，历史数据不能访问，有的流程图画面重新调，调不出来，有的流程图还能调出来，严重影响了正常的安全生产。

故障检查、分析：检查发现HM历史模件工作不正常，处在故障状态，于是造成了操作站上不能访问HM历史模件上的数据，其中流程图运行文件也在历史模件上，因此调不出来，那为什么有的流程图还能调出来呢，是因为工程师做系统组态时，为了流程图快速地显示出来，让系统操作站启动后装入内存，这样的流程图调入过程不访问HM历史模件而直接从内存中调出来。因此，故障是因HM各个板卡故障，造成系统不能访问HM，各种系统状态参数和历史数据不能存储。

故障处理：把HM断电新启动后，故障现象一样，检查HPK2的故障代码，分析可能是LLCN卡有问题，于是更换一个LLCN接口卡后，重新启动HM，后过大约5分钟后系统恢复正常。

其他HM卡件出现故障后也能造成上述现象。建议系统组态时，尽量把重要的流程图画面加到内存中去，再出现类似的故障时，不至于影响系统生产。

③ HPM 下线。

故障检查、分析：重新插拔后 LOAD 该卡，恢复正常，但一段时间后又下线；更换 HPMM，LOAD 后正常。判断为卡件性能不好。

故障处理：更换 HPMM，LOAD 后恢复正常。

④ 操作工反映在一台操作站上现场数据不更新，不能输出阀位值，造成操作失灵，且有时操作站还发生很大的声音。

故障检查、分析：在其他操作站上看有故障的操作站显示信息正常，且其他站都正常，认为是故障操作站本身卡件问题，造成 US 操作站死机。

故障处理：重新给操作站上电后启动装载程序，不能启动，检查故障指示灯 EPDG，卡故障灯常亮，更换一块 EPDG 卡后，重装系统后操作站工作正常。其他卡件如 K2LCN、LCN 接口卡也可出现相同的故障，有时，吹扫一下卡件也可能正常。

⑤ 在操作站上突然发现几个点同时不显示，出现 * 号，或者几个点同时不能输出的故障。

故障检查、分析：检查有故障的几个点发现都在同一个卡件上，则说明故障在该卡件上，或者是与它相连的 FTA 现场接线端子上以及相应的安全栅 24V 供电系统上。检查发现安全栅电源提示灯正常，故障确定在 I/O 卡上或 FTA 上。

故障处理：更换一块新的 I/O 卡件后，重新给卡件装载程序后系统正常。

（4）软件故障

① 工艺进行生产技术改造，增加很多现场仪表设备，需要往计算机里加点，组态时发现有的点不能加入内存。

故障检查、分析：检查组态的各种参数都正确，卡件没有故障，卡件的通道还是空的通道，后来发现卡件的槽位是在 active 状态，而槽位在 inactive 状态的点才能加入。

故障处理：把槽位在 active 状态的改成 inactive 状态。

② Honeywell TDC3000 系统，增加调节回路，对现场仪表阀门调试过程中，发现阀位来回变化。

故障检查、分析：检查 FTA 现场接线端子电流信号，大小也在某两个值之间变化，造成这种现象，原因可能是现场接线端子 FTA 和模拟量输出 AO 卡件有问题。更换 FTA 和 AO 卡件，故障未解除。再调出控制点，发现这个点的阀位值也在某两个值之间来回波动，而其中的一个值为调节回路的阀位输出值，另一个值是另一个回路的输出，也给这个控制点，两个值引起调节阀阀位来回变化。

故障处理：修改组态，删掉另一个输出，现场调节阀稳定。

(5) 硬件故障

① DCS 操作站由于长时间运行，导致操作站死机，画面显示没有变化，无法正常调节。

故障分析：操作站长时间运行，主机电源、卡件难免出现故障，造成操作站死机。

故障处理：重新启动操作站主机后，操作站恢复正常。

② 丁辛醇 DCS 工艺反映 LV08010 调节阀关闭无法正常调节。

故障检查、分析：检查调节阀阀体、定位器正常，气源压力正常，测量输出电流始终小于 4mA，进一步检查发现 FTA 板通道保险丝烧坏，导致输出电流小于 4mA，调节阀无法打开。

故障处理：更换保险丝后恢复正常。

③ LCN 节点数据连接失败。

故障分析：LCN 节点故障导致数据连接失败。

故障处理：记录模件板卡 LED 的状态，记录板卡上三位数字显示的数值，使用 SMCC 观察模件故障信息，打印一份拷贝，卸空模件存储信息，拷贝 CSY 路径下的内容到磁盘，重装节点属性文件，如仍有故障，打印事故的实时记录送往霍尼韦尔技术服务部 TAC，若硬件故障消除，运行 HVTS 软件测试，如故障节点是 HG 或 NIM，其所有故障信息在冗余的节点上显示。

④ 某 DCS 系统运行多年，操作站显示器严重老化，有时出现

流程图画面颜色发生改变，显示现场数据不清晰，缺少某一种颜色，操作不能正常进行，影响安全生产。

故障分析：显示器成像原理为三基色成像，缺一不可，造成颜色发生改变现象，是有一种颜色没能正常显示。而画面模糊不清析，出现一片色彩变化是显示器不能消磁。如果画面颜色正常，图像不清晰是高压包聚焦电压不正确。

故障处理：如果是缺色，更换一块三色驱动卡后显示正常；如果是一片色彩变化，按外部消磁开关进行去磁，如果不好用，故障还在，应更换消磁电阻。图像不清晰调高压包电压。

⑤ 加氢车间一套 HONEYWELL DCS 系统运行了几年，经常出现问题。一次操作员键盘的各种功能键全部不好用，工艺操作工不能输入数据，操作失灵，且有时操作站数据还不更新，监视数据都不能正常进行，操作站处在死机状态。

故障检查、分析：怀疑是系统软件问题，断电后，重新装载操作站程序，故障未排除，判断为硬件问题。拆卸键盘，发现印刷电路板的螺丝和接口有松动的现象。键盘故障造成 US 不能输入数据，甚至造成操作站死机。

故障处理：重新连接键盘，上电，装载程序，操作站键盘恢复正常。

⑥ 一套 DCS 系统运行多年，硬件设备老化严重，一个控制站控制突然失灵，控制卡件和 I/O 卡件全部是在故障状态。

故障检查、分析：造成上述故障状态，最大可能性是电源问题，检查 PM 站电源，发现输出电压比正常电压低的很多，PM 站只有一个电源，没有电源冗余，故电源故障后，PM 站控制失灵。

故障处理：因没有电源备件，拆开电源，更换三个大的电容器，因为系统运行多年，大电容坏的可能性最大。电源通电测试后，电压输出正常，系统 PM 站运行正常。

⑦ 流程图画面上很多温度点不显示，出现 * 号。

故障检查、分析：检查发现有故障的温度点在一块输入卡件上，更换卡件，装载程序，故障还在，怀疑是现场接线端子有问题。

故障处理：现场还没有可更换的多点温度FTA接线端子板，把所有的现场点拆除后，重新接上，发现只有一个现场温度信号接上后，FTA上的温度显示都不正常，端子板有一个通道故障，通道不隔离，通道间互相干扰，造成整个板子的现场点不显示。

⑧ DCS系统所有操作站，一个接着一个黑屏，而且时好时坏，几乎不能进行现场控制，但是，现场控制站还都正常。

故障检查、分析：操作站黑屏故障，有很多原因，但很多台操作站都有故障说明和控制站之间通讯有问题，检查发现LCN电缆一根在挂起，为了装置不停车，DCS人员关闭了两个操作站，这样通讯负荷减少了，系统正常。检查挂起的LCN通讯电缆，发现其两端电阻，有一端电阻无穷大。

故障处理：更换同一型号终端电阻后，系统两条电缆都正常，重新装载了另外两台操作站，系统正常。

⑨ 某装置开车初期，雨天打雷造成了TDC3000系统故障，NIM卡件、模拟量输入卡件烧坏，造成很多数据点上不来，生产装置被迫停车。

故障检查、分析：雨天打雷，产生巨大的电压，因生产装置周围避雷系统不太好用，DCS系统接地也不太符合系统接地要求，故造成系统多处DCS卡件故障。

故障处理：在装置内重新安装避雷系统，重新埋设地线，接地电阻为0.67Ω，符合系统接地要求，系统再未出现类似故障。

⑩ 工艺检修动焊时，错误地将电焊机的地线接在了DCS的地线上，焊接操作时，控制室里的操作工发现所有的操作站显示屏一闪一闪的，同时有的个别输出阀不能输出阀位值了。

故障检查、分析：检查系统发现有一个输出卡的两个输出通道软件故障，测量UPS的输出电压没有波动，UPS没有问题。发现外边电焊机的弧光和显示屏闪烁的频率一样，查看发现电焊机的地线和DCS的地线在一起，让焊工把地线取下来，操作站屏幕不闪烁了。分析故障原因为电焊机的强大电流，产生强感应电压，感应电压干扰了显示屏的正常显示，并烧毁了输出卡上的两个通道。

故障处理：DCS要专用地线，标明清晰，不能做它用。

⑪ 丁辛醇装置HONEYWELL DCS系统在检修过程中进行点检、除尘，控制器重新上电后发现通讯故障，无法正常启动。

故障检查、分析：因系统采用冗余控制器，必须保持使用控制器与冗余控制器上电时钟同步，冗余控制器固定不牢固，造成两控制器不同步，所以无法正常启动。

故障处理：将冗余工作的控制器拆下后安装紧固，再次上电后恢复正常。

⑫ DCS操作站由于长时间运行，导致操作站死机，画面显示没有变化，无法正常调节。

故障分析：操作站长时间运行，主机电源、卡件难免出现故障，造成操作站死机。

故障处理：重新启动操作站主机后，操作站恢复正常。

第 12 章　PLC、ESD 系统故障实例

12.1　PLC 故障实例

PLC 主要由中央处理单元、输入接口、输出接口、通信接口等部分组成（图 12-1），其中 CPU 是 PLC 的核心，I/O 部件是连接现场设备与 CPU 之间的接口电路，通信接口用于与编程器和上位机连接。

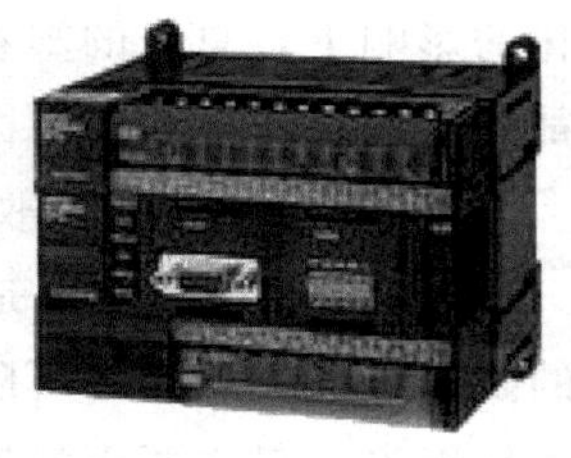

图 12-1　PLC

对于整体式 PLC，所有部件都装在同一机壳内；对于模块式 PLC，各功能部件独立封装，称为模块或模板，各模块通过总线连接，安装在机架或导轨上。

12.1.1　PLC 系统故障分析

PLC 控制系统故障分为软件故障和硬件故障两部分。PLC 系统包括中央处理器、主机箱、扩展机箱、I/O 模块及相关的网络和外部设备。现场生产控制设备包括 I/O 端口和现场控制检测设备，如继电器、接触器、阀门、电动机等。

（1） 软件故障

PLC 具有自诊断能力，发生模块功能错误时往往能报警并按预先程序作出反应，通过故障指示灯就可判断。当电源正常，各指示灯也指示正常，特别是输入信号正常，但系统功能不正常（输出无或乱）时，本着先易后难、先软后硬的检修原则首先检查用户程序是否出现问题。

用户程序储存在 PLC 的 RAM 中，是掉电易失性的，当后备电池故障系统电源发生闪失时，程序丢失或紊乱的可能性就很大，

强烈的电磁干扰也会引起程序出错。

（2）硬件故障

① PLC 主机系统故障

a. 电源系统故障。电源在连续工作、散热中，电压和电流的波动冲击是不可避免的。

b. 通讯网络系统故障。通讯及网络受外部干扰的可能性大，外部环境是造成通讯外部设备故障的最大因素之一。系统总线的损坏主要由于 PLC 多为插件结构，长期使用插拔模块会造成局部印刷板或底板、接插件接口等处的总线损坏，在空气温度变化、湿度变化的影响下，总线的塑料老化、印刷线路的老化、接触点的氧化等都是系统总线损耗的原因。

② PLC 的 I/O 端口故障。

I/O 模块的故障主要是外部各种干扰的影响，首先要按照其使用的要求进行使用，不可随意减少其外部保护设备，其次分析主要的干扰因素，对主要干扰源要进行隔离或处理。

③ 现场控制设备故障

a. 继电器、接触器。减少此类故障应尽量选用高性能继电器，改善元器件使用环境，减少更换的频率。现场环境如果恶劣，接触器触点易打火或氧化，然后发热变形直至不能使用。

b. 阀门或闸板等类设备。长期使用缺乏维护，机械、电气失灵是故障产生的主要原因，因这类设备的关键执行部位，相对的位移一般较大，或者要经过电气转换等几个步骤才能完成阀门或闸板的位置转换，或者利用电动执行机构推拉阀门或闸板的位置转换，机械、电气、液压等各环节稍有不到位就会产生误差或故障。

c. 开关、极限位置、安全保护和现场操作上的一些元件或设备故障，其原因可能是因为长期磨损，或长期不用而锈蚀老化。对于这类设备故障的处理主要体现在定期维护，使设备时刻处于完好状态。对于限位开关尤其是重型设备上的限位开关除了定期检修外，还要在设计的过程中加入多重的保护措施。

d. PLC 系统中的子设备，如接线盒、线端子、螺栓螺母等处故障。这类故障产生的原因主要是设备本身的制作工艺、安装工艺及长期的打火、锈蚀等造成。根据工程经验，这类故障一般是很难发现和维修的。所以在设备的安装和维修中一定要按照安装要求的安装工艺进行，不留设备隐患。

e. 传感器和仪表故障。这类故障在控制系统中一般反映在信号的不正常。这类设备安装时信号线的屏蔽层应单端可靠接地，并尽量与动力电缆分开敷设，特别是高干扰的变频器输出电缆，而且要在 PLC 内部进行软件滤波。

f. 电源、地线和信号线的噪声（干扰）故障。

12.1.2 PLC 系统故障实例分析

(1) 软故障实例

一台停机一段时间的 PLC 控制系统上电后无法启动。

故障检查、处理：检修人员在检查后认为程序出错，很自然地将 EPROM 卡插入 PLC 中，总清后拷贝程序，完成后重启，故障依旧，由于程序不大，逐条把 EPROM 上的程序读出，与手册上的指令核对后发现完全一样，重复拷贝无效后认为是 PLC 硬件故障。用 PG 将备份程序调出，与 EPROM 上的程序进行比对，结果语句指令表相同，但程序存放地址发生了变化，把备份程序发送到 PLC 后设备运行正常。可见 EPROM 上的程序也出现了错误，用紫外线擦除后重新写入问题解决。

(2) 硬件故障

① 某石化装置西门子 PLC（S7-300，CPU315-2DP）在使用时，突然停止运行。

故障检查、分析：检查报警灯、程序、供电电源，在检查报警时，发现 CPU 上 BAT 灯亮起。

检查程序时，发现没有对电池失效进行故障处理。

故障处理：更换 CPU 电池，对电池失效故障在程序中进行相应处理。

② 某日晚，压缩机 PLC 与主控 PLC 通讯突然中断，主控 DCS 上显示压缩机 PLC 与主控 PLC 通讯中断报警，压缩机控制室里的电机信号在主控合成 DCS 上均显示红色（停止状态），压缩机控制室里的一些流量、压力、温度等信号，在主控合成 DCS 上均显示高低报警。由于通讯中断使压缩机控制室里一些重要联锁不能送到主控，从而使全厂停车。

故障检查、分析：从理论上讲，引起压缩机 PLC 和主控 PLC 通讯中断的原因主要是两个：一个是软件不同步；另一个是由于硬件如 CP525 卡、CPU 卡故障。

首先从软件方面进行处理。在主控 PLC 进行了同步操作，强制通讯数据字 DW13 的第 14 位，结果通讯仍然没有建立起来，看来不是主控 PLC 不同步引起的。接着在压缩机 PLC 对其进行了同步操作，强制通讯数据字 MW10 的第 14 位，结果通讯建立。从而确认这次压缩机的 PLC 与主控 PLC 通讯中断的原因是由于压缩机 PLC 程序不同步引起的，造成程序不同步的原因是外界的电磁干扰。

故障处理：为了避免此类故障的再次发生，应加强控制室的屏蔽，禁止在控制室使用移动电话等通讯工具。

③ 西门子 PLC（S7-300）的 SF 灯报警。

故障检查、分析：SF 灯报警说明输入点有故障。

故障处理：检查各个输入点工作状态，在检查时发现现场一台变送器没有输入信号，经处理后故障消失。

④ PLC 某个输入点外部没有被接通（即使拆开该输入端子上的连接线效果也相同），但该输入点实际已经被接通而且相应输入指示灯常亮。

故障分析：判断该端子的相邻端子已经被接通，而 PLC 的输入端子之间存在铁屑，导致了该输入点被接通，或该输入点已经被损坏。

故障处理：拆开 PLC 的所有输入端子的连线，发现输入端子排上存在很多铁屑，将端子上的铁屑吹干净，然后恢复接线，故障被排除。

⑤ 控制系统 PLC 数字输入卡 SF 灯变红色。

故障检查、分析：将卡件电源重新送电后，故障现象依然存在；重新启动 PLC 主机后，故障指示灯仍旧是红色。于是对卡件所接收的现场信号一一进行检查后发现一回讯开关有异常。用万用表测量后发现，回路电阻无穷大，这说明回讯开关坏而被数字输入卡检测到。

故障处理：更换备件后故障指示灯灭。

⑥ 造粒机 PLC 控制系统模拟输入卡接收的现场信号在 DCS 上指示无穷大。

故障检查、分析：分析可能是现场压力变送器和接线箱之间相互连接的通讯电缆出现故障，于是更换通讯电缆，但现象依然如故。仔细检查分析整个回路后发现，在回路中容易出现的地方有三个，变送器本身、通讯电缆、卡件，变送器、通讯电缆都已排除。将卡件拆开来看后发现里面的一个小的集成块已经被烧毁。

故障处理：更换卡件。

⑦ 两个 PLC 互为热备的控制器中只有一个能够运行，另一个始终处于停止。

故障检查、分析：将整个控制柜断电、送电后同时启动两个 PLC 主机还是只有一个 PLC 主机运行。查询相关资料后发现 OB70，OB72 两个系统功能块负责冗余故障，如果没有插入这两个功能块则系统冗余丢失，即只有一个 CPU 能够运行。

故障处理：插入这两个系统功能块后，控制系统恢复正常。

12.2　ESD 系统故障实例

ESD 是紧急停车系统，它用于监视装置或独立单元的操作，如果生产过程超出安全操作范围，可以使其进入安全状态，确保装置或独立单元具有一定的安全度。

（1）空压机为保证正常运行，设有油压，轴位移，排气压力等联锁，正常开车时继电器处于带电状态，电源电压为 24VAC，一天，突然跳车，而工艺条件完全正常。

故障检查、分析：首先检查继电器状态，发现继电器失电，进一步检查电源电压，发现只有 19VAC，确认电压低是造成联锁跳车的主要原因。

故障处理：联系供电提压后重新开车，一切正常。在检修时，增加电压稳定装置后，再未出现类似问题。

（2）丁辛醇 LAHH0701 联锁动作，造成 700A 单元停车。

故障检查、分析：工艺操作人员在监盘过程中有疏漏，在液面表 LT0704 液面控制较高的情况下，没有采取措施，LT0704 为差压变送器，超出最大液面后负管带液，液面指示降低，LAHH0701 为液位开关，没有液面显示，所以造成联锁直接动作。

故障处理：排除差变故障，重新开车，正常。

（3）空压机开车过程中，防喘振阀突然打开，联锁电磁阀失电。

故障检查、分析：空压机联锁电源为 24VAC，而电磁阀电源为 24VDC，工艺反映空压机防喘振阀打开，到现场检查发现电磁阀无电，保险丝烧断，对电磁阀进行测试，一切正常，无接地及短路现象，继续分析回路，与电磁阀共用 24VDC 电源的还有防喘振阀受控指示灯，检查指示灯，发现指示灯短路，确认指示灯造成保险丝烧断。

故障处理：重新更换保险丝，更换指示灯后开车，一切正常。

（4）压缩机转子位移检测信号 ZAHH-3502 的测量达到 240μm 的联锁动作值，引起 GB301 联锁，压缩机停车。

故障检查、分析：从 DCS 的记录趋势看，测量信号一直有指示，说明信号传输线路没有断线，打开前置放大器接线盒，发现放大器与探头连接的插口上有油滴（压缩机润滑油），将插口断开，仪表指示最大值；将油滴清除，插口重新连接，仪表指示正常值。可见，故障是插口处有油滴，造成接触不良所致，油滴是机体内部润滑油渗出，顺着挠性管传递到前置放大器接线盒里。

故障处理：将前置放大器与探头连接的插口进行除油处里后，仪表信号指示正常，系统恢复开车。在停车检修期间，处理设备本体漏油的部位。

（5）C-201压缩机吸入罐V-201液面高联锁LZ-201-01/LAZ201-02停车指示灯亮，压缩机液面联锁系统故障，造成C-201压缩机停车。

故障检查、分析：到现场检查吸入罐V-201/V-202/V-203液面仪表均指示正常；打开2#R继电器柜，发现C-201压缩机DC24V电源总开关NF1跳闸，送电后，还是跳闸，进一步判断液面联锁系统接地或短路造成总电源跳闸。检查所有与现场连接的信号线、用万用表测接地和短路，均正常，C-201压缩机联锁液面、油路、AC跳闸系统钥匙开关E1/E2/E3，经过切换实验没有发现问题，可以判断钥匙开关正常，接触不良可能性不大。怀疑继电器故障，更换跟液面系统有关的继电器。对继电器校验后，发现R0303继电器2和10接点短路，造成DC24V电源短路，NF1跳闸，C-201联锁系统断电故障停车，反映到第一原因灯为液面故障。

故障处理：把C-201压缩机联锁系统继电器全部更换，钥匙开E1/E2/E3切换到正常，NF1送电后正常，系统复位正常，系统开车。

（6）压缩机C-320机械检修后开车出现负载加不上。

故障检查、分析：现场检查仪表、联锁均正常。协助工艺查出去负载氮气止逆阀坏故障。待工艺、机械处理完止逆阀故障后，负载仍加不上去，此时仪表现场操作盘50%、100%负载指示灯不亮。检查控制柜，发现电磁阀SV-1（100%）的接线端子147、148和SV-2（50%）的接线端子149、150，均无24VDC。查PLC柜，两个信号灯POS11、POS12不亮，查其端子25、26和27、28（其中25、27为公用端子）无24VDC。再查保险丝，发现SV-1、SV-2共用公用端也无24VDC，拆下发现保险丝已断。故障原因是工艺人员频繁开关0%、50%、100%按钮。而电磁阀已经用很多年了，线圈老化、可动部件锈蚀等，导致电磁阀动作反应慢，启动电流增大，保险丝烧断。

故障处理：更换一个 0.5A 保险丝，重新启动 C-320 运转正常。建议：大修时拆下电磁阀检查线圈电流值，如果电流太大就更换；电磁阀机械可动部件要清洗加油润滑；向工艺人员讲明按钮的正确用法，就是停车时也不能频繁开关。

（7）循环气压差测量仪表 PDSLL-222 出现报警信号，联锁动作使 PDV-222 阀自动关闭，循环气流量波动造成氧气混合站停车。

故障检查、分析：PDSLL-222 联锁回路由现场变送器、电流开关、ESD 和现场切断阀构成。经对整个测量回路的各个环节进行逐一检查，确认现场变送器测量管线内存有少量液体，造成测量出现偏差，由于该压差变送器量程较小，很小的偏差就会造成测量值的波动，达到联锁值，造成联锁停车。

故障处理：对测量管线进行排液处理后，消除了仪表测量偏差，控制系统恢复正常，装置恢复正常生产。

（8）某石化装置 PDSLL222 报警，PDV222 与 FV204 阀关闭，操作人员作了处理。但是，PDSLL222 报警反复出现，操作人员反复操作，导致 FDSLL124 下限跟踪差联锁停车，将 PDSLL222 旁路后开车正常。

故障检查、分析：在 ESD 上和电流开关上观察到 PDSLL222 报警依然反复出现，去现场观察仪表的运行状况，现场指示表头指示零下，因而怀疑电源线有故障，动了动仪表进线，此时指示表头有了变化，进一步查找，发现进线电缆的开口处没有用胶布包住，屏蔽线裸露，而且当屏蔽线触到仪表外壳时，仪表指示就跑零下，用胶布包好后此现象就不再出现。因此，发生故障的原因就是屏蔽线接壳，与 DCS 接地发生了联系，使现场变送器不带电。

故障处理：用胶布包好屏蔽线。

（9）某石化装置操作人员在操作过程中发现 PDI-222 指示偏低，指示值在 26kPa 处上下无规则波动。指示偏低会导致 PDSLL-

222联锁动作。

故障检查、分析：检查PDT-222现场仪表，指示60kPa，正常。对照ESD与DCS上PDT-222的指示，发现ESD指示与现场仪表指示相符，DCS指示偏低。更换DCS通道，PDI-222指示正常，运行了一段时间，指示又向下波动。再检查发现在ESD柜内，PDT-222的隔离栅有两路输出信号，一路去ESD联锁信号，另一路空着。分析由现场仪表、PDT-222隔离栅、DCS组成的仪表回路中，DCS输入卡与PDT-222隔离栅信号不匹配，造成DCS输入通道损坏，导致指示不正常。

故障处理：从DCS到ESD柜敷设一根电缆，将PDT-222隔离栅的另一路输出信号直接引入DCS，指示恢复正常。

（10）装置联锁停车，辅操盘报警器上显示TDSHH102高联锁，随后装置正常开车。

故障检查、分析：

① 观察ESD上CU的报警灯窗显示，显示“RUN”，这说明：a. 系统正常，卡件运行正常。b. 灯窗上无信号通道报警，说明外接线路正常，无短路、断路及软硬件故障。

② 观察SOE事件报警显示，于13时42分10秒出现TDSHH102联锁信号，持续时间300ms左右，随之OMS停车。并没有发现其他能导致OMS停车的联锁信号，从而确定此次停车是由于TDSHH102温差超过联锁值12℃，使OMS停车。

③ 在DCS报警菜单上显示如下信息：a. DCS时间13时38分43秒，TDI102高报警及高高报警，显示值均为17.946℃；b. DCS时间13时38分44秒TDI102恢复高高报警，显示值9.918℃。同一时间恢复高报警，显示值8.569℃，这说明TDI102出现过瞬间超温，持续时间很短后恢复正常。

④ 在DCS上观察TDI102运行趋势，因为超温过程持续时间短，没有记录下来。

根据以上检查，参比以前出现类似故障现象分析，测温元件与检测回路、ESD联锁回路均运行正常。

第 13 章 旋转机械状态监测故障实例

13.1 旋转机械状态监测常见故障分析与处理

(1) 探头安装的常见错误

① 在安装探头时，测量的不够准确，因而就不能把探头装在正确位置。应重新设计，正确安装。

② 在机器壳体上钻的孔，对于轴的中心线偏一个角度。导致探头的表面距轴的中心线一侧太远，这样无法校准，并有不正确的低的峰-峰值读数。应重新设计，重新开孔，正确安装。

③ 探头被用来探测有镀铬的表面，联轴节凸缘上的皱缩处。导致探头信号的读数不稳定。

④ 测量轴向位移的探头，被装在轴的某一端的对面，而这一端是远离止推轴承的，探头无法反映止推轴承的位置变化。虽然探头输出的轴向位移信号会有很大的变化，而它与止推轴承的状态已无联系。

⑤ 安装探头支架的刚度不够。导致在工作的频率范围内，共振会使探头有很大振幅的振动。振动信号读数没有意义。

⑥ 探头安装间隙 1.0mm(40mils)，因为它有 2.0mm(80mils)的线性范围。探头安装间隙，并未处于它的线性范围的中部，因为线性范围开始于 0.25mm(10mils) 的地方并不是 0。

⑦ 导管附在探头体上，这样会使探头过分拉紧，导致探头所带电缆可能损坏或者探头被破坏。

⑧ 探头所带电缆以及延伸电缆，在有机械破坏可能的危险地区，没有足够的保护，导致在机器旁边正常工作的电缆可能被

破坏。

⑨ 铺设延伸电缆的导管密封不当。导致在安装前置器的箱子里，会充满润滑油或者油在箱子内以凝结的形式出现。

⑩ 在安装探头时，是使用其所带电缆把探头拧进的。导致探头电缆会损坏。

⑪ 当调整探头间隙，以便有一合适的间隙电压时，延伸电缆没有拆下来，导致延伸电缆或探头所带电缆会被扭转或破坏。

⑫ 在安装时，加到探头壳体上的扭矩过大，导致探头壳体或螺纹破坏。

⑬ 延伸电缆电长度、型号与探头所带电缆和前置器不匹配，导致读数或很高或很低，不能校准。

⑭ 很多延伸电缆，都安装在普通的管道里、但没有标志，导致探头往往接到错误的前置器上。

⑮ 装在内部的探头所带的电缆没有固紧，气流的力量会损坏探头所带电缆。

⑯ 探头互相安装得太靠近，导致读数或很高或很低，无法校准。

⑰ 正确的探头安装，要求轴上被观测部分表面应是规则的、光滑的，并没有剩磁。否则，会导致测量误差。

(2) 涡流传感器系统故障检查

当传感器发生故障时，对于所发生的错误，要检查其发生的可能原因，并按照程序分离并校正错误，采用数字万用表去完成电压和电阻的测量。

① 故障的标记#1：

在前置器公共端（COM）与其电源Vt终端之间，其电压不在－23V～－26V DC的范围内（如用安保器，则为－17.5～－26V DC）。

可能的原因：电源错误；在电源和前置器之间的连线错误；前置器有问题。

分离和校正：

从监测器上的电源接线端，拆下外接电缆，测量电源输出电压，如果电源输出电压不在－23～－26V DC的范围之内，则要更换电源。如果电源输出电压在－23～－26V DC范围内，则问题出在电源和前置器之间的连接电缆或者出在前置器上。在监测器电源接线端上重新接上电缆，而把接在前置器一端的电缆拆下，如果接到前置器上这一端电缆的电压不正确，则要更换有问题的电缆，如果电压没有问题，则要更换前置器。

②故障标记# 2：

在前置器输出和公共终端之间的电压保持在OV DC。

可能的原因：电源电压不对；现场接线短路；接到前置器输出端的仪器短路；前置器有问题。

分离和校正：首先要保证上述的# 1错误不存在。把接在前置器输出端的电缆拆下，测量前置器输出与公共终端之间的电压。如果所测电压不是OV DC。则要更换用于连接输出端的电缆或者更换连在前置器输出终端的仪器，如果所测电压依然为OV DC，则要更换前置器。

③ 故障标记# 3：

在前置器输出端与公共端之间的电压，保持在O～－1.0V DC之间，但不等于OV DC。

可能的原因：电源电压不对；前置器有问题；探头短路或开路；延伸电缆短路或开路；接头短路或开路；在探头顶部与被测表面之间的间隙小于0.25mm（10mils）；探头探测到的是安装探头的埋头孔或机壳，而不是轴表面。

分离和校正：首先要保证上述# 1错误不存在。从前置器上拆除延伸电缆，把一个已知的性能完好的探头直接接在前置器上，而不用延伸电缆，并且不要把探头对着金属表面，测量在前置器输出和公共端之间的电压。如果该电压保留原样没有变化，则要更换前置器。如果电压发生变化，变化后其电压与前置器的公共端和电源（Vt）端之间的电压（当电源为－24V DC时，一般是－23.5V DC）相差在几伏之内，则原来的探头或延伸电缆存在短路或闭路的问题。还应该检查探头所带电缆与延伸电缆的接头，要保证连接的完好和清洁，如果探头脏了，要用诸如异丙基酒精溶液清洗。还要测量连接在探头上的延伸电缆的外层导体（不是铠装编织物）和内部导体之间的电阻，正常的电阻对于5m（16.4ft)长的系统，应该是（8.73±0.70)Ω。对于9m长（29.5ft）的系统，应该是（9.87±0.90)Ω。如存在有断路或短路的情况，要把延伸电缆拆下来，分别测量探头所电缆和延伸电缆，把有问题的探头或延伸电缆换掉。

④ 故障标记# 4：

在前置器输出与公共端之间的电压，保持在和公共端与电源（Vt）终端之间的电压相差几伏之内，但和公共端与电源（Vt）终端之间的电压（当电源是－24V DC时，一般是－23.5V DC）并不一样。

可能的原因：在探头顶部与被观察表面之间，对于传感器测量来说，其间隙太大；前置器有问题。

分离与校正：首先要保证# 1错误不存在。把延伸电缆从前置器上拆下来，测量前置器的输出电压，如果电压在－0.4～－1.1V DC之间，说明探头的间隙不正确。如果电压不在－0.4～－1.1V DC之间，则要把前置器换掉。

⑤ 故障标记# 5：

在前置器输出和公共终端之间的电压与公共终端和电源（Vt）终端之间的电压保持相等。

可能的原因：电源电压不对；前置器输出和电源（Vt）终端之间短路；前置器失效。

分离与校正：首先要保证上述故障# 1不存在，把连在前置器输出端的连线拆掉，测量在前置器输出和公共终端之间的电压，如果这一电压小于电源电压，则在前置器输出与其电源终端，存在短路，如果该电压不变则要换掉前置器。

13.2 本特利3300监测系统故障实例

（1）3300系列轴位移监测器，信号送入HS2000计算机系统中，现计算机显示负值偏低，接近跳车限。

故障检查、分析：分析原因可能是安装时探头没固定好，压缩机运行时的振动使探头慢慢接近压缩机轴，或安装时，探头与空压缩机轴充分接触，根据工作原理，这是产生较大电涡流，趋近器送回路损失较大或最大，其输出偏小或最小，则计算机显示偏低，接近跳车线。

故障处理：将探头重新安装，并调整其位置，指示正常。

(2) 空压机运行过程中，一对轴振动中的一点指示超高，报警。

故障检查、分析：空压机轴振动采用本特利公司的3300系列轴振动监测器，成对安装的轴振动，另一点正常，该点温度正常及实际情况都无异常，判断为假报警，有可能是延伸电缆中间接头松动或接触不良造成。

故障处理：利用停车机会，打开延伸电缆的中间接头，发现接触不好，重新拧紧后，并用尖嘴钳紧固1/8圈后正常。

13.3 本特利3500监测系统故障实例

(1) 合成氨BENTLY3500振动监测系统停车检修后，有一个振动探头Bypass。

故障检查、分析：有几种可能原因：前置器坏、延长线接触不好、探头坏、安装调整不当。检查上述各部分，发现前置器为故障。

故障处理：更换前置器后故障消失。

(2) 氨冰机透平段（BENTLY3500系统）XT13626X指示波动。

故障检查、分析：故障可能原因：探头安装松动、探头接触不好、前置器性能不稳定、连接线有问题。检查上述各个部分，经检查各单元均无问题，后在现场发现机组安装探头部位，机组气封漏气严重，导致局部温度过高，探头延长线阻值发生变化。

故障处理：将漏气处隔开，故障消失。

13.4　Woodward505调速器故障实例

（1）一台合成气压缩机，WOODWARD505调速器（执行器WOODWARD CPC）在正常工作时，转速波动。

故障检查、分析：故障可能原因：505输出波动、CPC输出波动、转速探头调整不当。检查上述各个部分，判断转速探头调整不当造成故障。

故障处理：在机组检修时，对转速探头做适当调整后，故障消失。

（2）一台压缩机，WOODWARD505调速器（执行器WOODWARD CPC）在检修后，显示ACT1故障。

故障检查、分析：故障可能原因：连接电缆未连接好、CPC故障、505输出电路损坏。检查上述各个部分，经测量505电流输出为40mA，说明505输出电路损坏。

故障处理：将执行器更换为通道2后，故障解决。

（3）一台压缩机，WOODWARD505E调速器（执行器WOODWARD CPC，带抽气调节）在检修后，低压阀无法投入自动调节。

故障检查、分析：故障可能原因：505故障、低压阀PID调整不当、抽气管网压力太高、高低压阀不匹配，检查上述各部分，低压阀原行程为8～16mA，但现场检修后按行程为4～20mA进行的调整，导致低压阀不能与高压阀匹配。

故障处理：将原行8～16mA改为4～20mA后，故障解决。

参 考 文 献

［1］ 簿永军，李骁，姜秀英等．仪表维修工工作手册．北京：化学工业出版社，2007．
［2］ 付宝祥，王桂云，施引萱．仪表维修工．北京：化学工业出版社，2008．
［3］ 左国庆，明锡东．自动化仪表故障处理．北京：化学工业出版社，2003．
［4］ 国海东，刘江彩．自动化装置安装与维修．北京：化学工业出版社，2005．
［5］ 李骁，姜秀英，刘慧敏．测量仪器使用与实验．北京：中国铁道出版社，2010．